文庫
ション

大西洋の脅威U99

トップエース・クレッチマー艦長の戦い

テレンス・ロバートソン
並木 均訳

光人社

THE GOLDEN HORSESHOE

by
Terence Robertson

序文

本書は基本的に、開戦から一九四一年三月のU99撃沈に至るまでの一Uボート艦長、クレッチマー大佐の武勲を扱っている。同人が、ドイツの輩出した最も俊敏有能なUボート艦長であったことは疑いない。クレッチマーは、わが国の守りがゆっくりと構築され、依然はなはだしく無力な時に全盛を極め、事実、他の誰よりも連合軍船舶に重大かつ手痛い損失を与えたのであり、それゆえ同人とそのUボートの喪失は、ほぼ同時期のプリーンとシェプケのそれと相まって、Uボート司令部にとって痛烈な一撃であったに違いない。大西洋の戦いという暗鬱な物語を照らす希望の光がほとんどなかった一時期、それはわが国にとって、一筋の光明となったのだった。

私は、初期の対船団戦の一つにクレッチマーが関与していたことを、証拠をつなぎ合わせながら解明したのをよく覚えている。それは、大方の者が潜望鏡深度での正統的水中攻撃の見地から物事を考えていた頃だった。私が下した結論は、我々が相手にしているのは、発見しにくい小さな輪郭を頼りに水上で攻撃をなすUボートだということだった。魚雷の命中頻度と、船団の様々な縦列中におけるクレッチマーの目標位置をみると、同人のUボートは浮上しているのみならず、船団を斜めに通過しているに違いないということが確信できた。

これは新たな発見だった。しかし私は同時に、そうした操艦はあまりに危険なので、クレッチマーはたまたまそうやったのだと見なしたことを覚えている。本書は、それが注意深く入念に編み出された戦術であり、輝かしい戦果をもって実施されたことを明らかにしてくれる。

幸いかな、この点において同人には模倣者がほとんどいなかった。にもかかわらず、クレッチマー、プリーン並びにシェプケの所業は、わが国にとって不幸なことに、三人が大西洋の戦いで果たした役割を終えて長らく後にも残ったのだった。三人の他にも、同輩の中には模範となった者が何人かいたし、その戦術はやがて、Uボートの戦時生産が高まるにつれて徐々に増加したUボートを、「狼群」のように多数用いた夜間水上攻撃へと発展する。誠に甚大であったのは、これらの攻撃が、勇猛なる連合軍商船隊に課した船舶喪失と人命喪失であった。

これらの損失は驚くべき速さで増加し始め、新造船の増加率をはるかに越えて、全体として危険なまでの数に達した。海を越えて資材、人材をわが国にもたらす能力こそ、まさに我々の戦争遂行能力が拠って立つものにほかならなかった。

しかし、事態には別の面もあった。我々の対策も着実に講じられていたのだ。護衛艦の数は初めはゆっくりと、しかし後になって急増した。沿岸防衛隊に供される航空機数も膨らんだ。新たな戦術も練られた。そして、恐らく全ての中でもっとも重要なことは、この増強する戦力を、最大限適切に使いこなす船乗りや飛行士を訓練する時間が見つかったことだった。

さらに、敵の「水中・水上両用」戦術は、弱点を突かれると脆かった。一旦、目標の位置が得られるや、Uボートは水上速力によってもたらされる高機動性を得るために、水上行動において本来的に持つ脆弱性を甘受した。十分な数の航空機は広大な海域を哨戒できたし、浮上しているUボートの位置を把握してこれを攻撃できる公算も最大限あったであろう。優秀なレーダーを備えた艦船は、Uボートの強みである小さな輪郭を相殺できたし、人間の目に見えないものも、レーダーの目にかかれば暗闇の中でも見えたであろう。

大西洋の戦いは、まさに競争となった。敵が我々の商船、艦船、人員に耐えがたき損失を負わせてしまう前に、我々が形勢を逆転してUボートに耐えがたき損失を与え得ようか？

連合軍の勝利は今となっては歴史的事実であるが、我々はその勝利に至るまでに深い苦悩の時間を味わった。しかしながら、一九四三年暮れには我々はUボートに大損害を与えており、この時までに米国の造船能力は長足の進歩を遂げ、敗北など問題にならぬほどの速さで新造商船が続々と出現しはじめた。

しかしここで私が強調したいことは、勝利が勝ち取られたのは、連合国の目標に非常な脅威とされたデーニッツのUボート水中・水上両用戦術が敗北したからだということだ。潜水艦としてのUボートは決して破られなかったし、事実、ほどなくして敵は、潜航時のディーゼルエンジン使用を可能にするシュノーケルをUボートに装着し、それを装備することで戦いの再開を可能とした。しかし、Uボート部隊はすでに稼動戦力の半数以上を失っていたし、恐ろしいまでの損失によって彼らの士気は非常に動揺しており、我々が真に憂慮すべきことを彼らがなすことは二度となかったのである。

にもかかわらず、ドイツ人の才気は空転するを知らず、高い水中速力を備え、水面下に長時間留まれる能力を持った新型Uボートが建造された。これら新型が終戦までに全稼動することはなかったが、それらが我々に新たな問題を突きつけたであろうことは疑いなく、また、それを我々が克服したはずであろうことも疑いないが、それでもなお、この勝利に到達する前に、我々が船舶喪失の新たな局面に直面したやもしれないのである。

最後に、本書に描写されている、クレッチマーが捕虜になった後の私と同人との会見について、説明の言葉を若干書かせて頂きたく思う。私は同人から「情報」を得るつもりはなかった。自分の艦をあれほど巧みに操れる士官であれば、言葉使いも同様に巧みであるはずだと思っていたからだ。クレッチマーは秘密を何も漏らさなかったから、その見方もまた間違っていなかった。ただ、私が同人と会ったのは、成功したUボート艦長とはどんな人間なのか、どうしても自分自身で判断を下したかったからだ。できればこの目で、そうした人間の肝の座りぐあいを確かめ、その判断力を測り、上官と部下、予期され予期せざるものに対する反応が見たかった。要して言えば、「器の大きさを測る」ということだ。

クレッチマーが私に抱いた印象を記録に残すことは興味深いことかもしれない。一方、私が面談した人物は、捕虜になって間もない困難な状況にありながら、自尊、謙遜、礼節をもって自らを律している自信に満ち溢れた若き海軍指揮官だった。その軍歴は、同人の勇猛俊敏さを示し、その容貌と振舞いは、士官と紳士たるもののそれであった。クレッチマーが去っていった時、私は衷心より、あのような人間が敵側に多からぬよう願った。私がクレッチマーにかけた最後の言葉は、いつの日かもっと楽しい境遇の中で再会したいというものだった。もしその日がやって来たら、それほど嬉しいことはなかろう。

サー・ジョージ・クリーシー提督
（バース勲章第一位＝GCB、大英勲章第三位＝CBE、殊勲章＝DSO、ヴィクトリア十字章第四位＝MVO）

序説

一九四〇年代暮れ、私は史学科生徒としてハンブルク大学に在籍しており、元ドイツ海軍士官の小グループと次第に連絡を取るようになった。このグループは、第二次世界大戦におけるドイツの海戦経験を、詳細な報告書にまとめようとしていた米英軍当局に協力していたのだった。当時、ブルンスビュッテルにいた者の中には、元潜水艦隊司令部第一参謀のギュンター・ヘスラー中佐とその義父であるカール・デーニッツ元帥もいた。彼らはアルフレッド・ホシャット少佐と共に、ロンドンから送られてくるデーニッツの様々な戦時日誌を基にして、大西洋戦争期間中のUボートについて英海軍省用に研究を行なっていた。私がこのグループを訪れると、デーニッツの日誌の複写を手伝うよう、さらには、ドイツ側の攻撃報告と英国リストBR一三三七号「敵対行動による喪失商船」を比較して、Uボートによって攻撃された連合国商船並びに中立国商船の識別を試みるよう言われた。

ハンブルクでの学業を終了した私は、国防調査審議会の幹事長となり、ボンでの年次役員会の開催を調整することになった。この会合は民主社会研究団から出資されており、この当時、オットー・クレッチマーがその幹事長を務めていたこともあって、互いに連絡を取るようになった。私は、同人がU23及びU99の艦長を務めていた際に、どの船舶を攻撃したのかを見極める作業を手伝った。この作業は独航船に関しては容易だったが、U99を含む数隻のUボートが、HX72、SC7、HX79の各船団に夜間攻撃を行ない、それぞれ一二隻、二一隻、一二隻を撃沈した一九四〇年秋の例に関しては、撃沈を正確に評価することが困難になった。撃沈に至る正しい経緯を明らかにしようと、私はクレッチマーに戦術の詳細な描写を求め、最大限妥当な結論を二人が得られるようにした。

同人はまた、本書の序文にも記述されている、捕虜になった後のジョージ・クリーシー大佐（当時）との面会についても私に話してくれた。最終的に得られた結論は、U23及びU99の艦長時にクレッチマーが撃沈したのは駆逐艦一隻及び仮装巡洋艦三隻を含めた四六隻、総計二七万三〇四三GRT（総登録トン）に上り、これ以外にも五隻、総計三万七九六五GRTを撃破したことによって、第二次世界大戦における全海軍中、同人をして最高の戦果を上げた潜水艦艦長にならしめたというものであった。

これ以来、我々二人は連絡を取り合い、何度も面会を重ね、クレッチマーがドイツ連邦海軍少将になっても、さらには、同人が退官してスペインを頻繁に訪れるようになってもこうした関係が変わることはなかった。一九九一年になされた我々最後の文通の焦点は、対OB293船団戦時におけるギュンター・プリーンの死に関して、正確な状況把握の阻害要因となっている混乱を払拭する点に注がれていた。

ロンドンの国防省海軍史課に所属するロバート・コポックは、U47を撃沈したとされる駆逐艦ウォルヴェリンの一九四一年三月八日夜における攻撃が、実はＵＡを攻撃大破させたものであり、一方のプリーンは、三月七日早朝の船団接触連絡以降は報告を断っていたことを探り当てていた。ＵＡ70のヨアヒム・マッツ大尉も加えた長きに渡る書簡交換後、我々は次のような結論に達した。すなわち、プリーンはノルウェーの特大型捕鯨船テルイェ・ヴィケン号に魚雷一本を発射、マッツとクレッチマーもこれに雷撃を加えたが、これ以降、Ｕ47が再び報告を行なったことはなく、したがって、同艦は当該戦闘初期にすでに失われていたに違いなく、恐らくその原因は、何らかの事故あるいは迷走魚雷によるものとも考えられる。

テレンス・ロバートソン著作による、詳細かつ生々しいオットー・クレッチマー伝は一九五五年に初版が発刊された。我々は、長い休刊後にこの良書を再び世に送り出したグリーンヒル・ブックスの決断に感謝すべきであろう。

シュトゥットガルト大学名誉教授　ユルゲン・ローヴァー博士

著者はしがき

連合軍の船舶航路に対するドイツの猛攻が、先の大戦のうちでも最も仮借なき戦いの様相を呈し始めた頃、サー・ウィンストン・チャーチルは大西洋の戦いに関する公式発表の全てに一定の様式を定めた。卿が言うには、敵の潜水艦をUボートと呼ぶことにし、「潜水艦」という単語は連合軍の水中艦に当てることにするという。その違いは次のように定義された。すなわち、「Uボートとは我々の艦船を撃沈する卑劣な悪漢のものであり、一方の潜水艦とは奴らのものを撃沈する勇敢崇高なる船のことである」と。本書は、その中でも「卑劣極まる大悪漢」――ドイツ海軍最高の「エース」であり、あらゆる戦争のあらゆる国の指揮官よりも比類なき破壊を大海原にもたらしたオットー・クレッチマー大佐の物語である（訳注：実際には、第一次大戦のUボートエースであるペリエール大尉の方が撃沈船舶数、トン数ともに上位に位置している）。

クレッチマーは捕虜になるまでに、仮装巡洋艦三隻と駆逐艦一隻を含む連合軍艦船三五万トン近くを撃沈しており、ドイツ最高位の勲章を受章した（訳注：戦果内容についてはローヴァー博士の序説ならびに末尾表参照)。さらには、同人の写真付き絵葉書が欧州の全占領地とドイツで売りに出され、名誉を称える特別の軍楽が作曲された。にもかかわらず、自身の名を本や記事、映画で「美化」しようとするゲッベルス宣伝相に常に抵抗したのだった。開戦以来、身に迫る「英雄化」――クレッチマーは英雄詩を忌み嫌った――への嫌悪感が非常に強く付いてまわったので、自らの武勲に関する出版物は前もって絶対に認めないようにしていた。そのクレッチマーが今や、U99とその乗組員の体験が可能な限り正確かつ客観的に描かれるように、入手しうる全ての情報源を調査しようという私の厚かましさにひたすら協力してくれた。この作業は、クレッチマーの物語に密に係わった何人かの上級英国士官の、親切で寛大なる支援を通じてのみ達成されたものである。

ポーツマス司令長官サー・ジョージ・クリーシー提督は、バッキンガム・ゲートの自宅アパートでの場面を再現してくれた。ここで提督は、捕虜となったクレッチマーと二時間に渡る単独会見を行ない、この「エース」との個人的会見が、デーニッツの性格と思考法について貴重な手がかりを与えてくれるかもしれないと期待したのだった。さらにクリーシー提督は、大西洋の戦い全般を扱う部分について、技術的正確性を保つようあらゆる援助をしてくれた。

カーサム予備役艦隊先任士官の地位を一九五五年七月に退官したドナルド・マッキンタイア大佐は、海軍省の公式許可を取り付け、一九四一年三月のあの夜の激戦について細部までいきいきとした物語にしてくれた。大佐はその夜、駆逐艦ウォーカーの艦長として、もう一隻の駆逐艦ヴァノックを帯同しながら、燃え打ちひしがれた商船隊と引き換えにU99を撃沈することで、クレッチマーの実戦上の経歴に幕を降ろしたのだった。

この二人の敵手の邂逅は、奇妙な一致で際立っていた。二人とも馬蹄の記章の下に航海しており、クレッチマーがUボート部隊の中で最高の撃沈トン数を誇る「エース」になった一方、マッキンタイア大佐はUボート七隻を撃沈したことが確認されている他、少なくとも一隻に損傷を与えた英海軍きってのUボート撃沈王の一人となったのだった（原注：先の大戦で最も有名なUボート撃沈王はF・J・ウォーカーである。海軍省の記録によれば、大佐の護衛グループはUボート二〇隻を破壊したとされるが、自身の戦果については不明である。一九四四年八月二三日付け情報省声明は、マッキンタイア大佐が八隻目のUボートを撃沈したとしている。しかし、海軍省の記録によると大佐の戦果は七隻となっている）。

仮装巡洋艦パトロクラスの元先任副長であるR・P・マーチン中佐は、自らの艦が沈みゆく最中に、数人の志願兵とともにU99との砲撃戦を行なった驚くべき夜を大変正確に描写してくれた。

ウィンダーメア湖近郊のグライズデイル・ホール第一捕虜収容所長を務めたジェームズ・レイノルズ・ヴェイチ近衛歩兵第一連隊中佐は、ドイツ側首席士官として収容所に到着したクレッチマーとの知恵比べであけくれた長い月日の回想に、惜しげもなく時間を割いてくれた。大佐は、降伏したUボートの先任士官を臆病行為で有罪としたクレッチマーの秘密名誉審議会の驚愕すべき逸話や、結局は未遂に終わった、「おとり椅子」を用いた脱走計画についての不足部分を埋めてくれた。

ドイツ側からは次の各氏から寛大なる協力を得た。

オットー・クレッチマー大佐は、辛抱強く何週間も私と作業を共にしてくれ、全ての点が明確で誤解のないことを請け合ってくれた。

かつての少尉候補生であるフォルクマー・ケーニッヒは、カナダのボーマンヴィル捕虜収容所での活動や、特にボーマンヴィルの戦いに発展した有名な手錠事件について、極めて貴重な情報を提供してくれた。

元一等兵曹（電信担当）のユップ・カッセルは、乗組員との連絡役を再度引き受け、様々な乗組員の体験を通じてUボートの「精神」が取り戻せるよう、あらゆる援助を行なってくれた。

ハンス・クラーゼンは、思い出として今日所有するU99の貴重な写真を全て提供してくれた。

同様にドイツ空軍のヘーフェレ元大佐にも謝意を表したい。クレッチマーと共にボーマンヴィルでのドイツ側首席士官の役割を何カ月も分担していた大佐は、この「エース」を「軍紀へのこだわり屋」と見なしていた――そうした要因のために、ボーマンヴィルがカナダにおける最も整然とした捕虜収容所の一つになったのであり、収容者は「カナダの騎士」という称号を博したのである。

大西洋の脅威U99——目次

ロリアンの潜水艦隊司令部におけるオットー・クレッチマー。

▷ロリアンにてレーダー提督から騎士十字章を拝受するクレッチマー——U99の乗組員全員が捕獲した英軍の戦闘服を着用している。▽騎士十字章受章後に甲板上で祝杯を上げる。

△出撃直前のU99。撮影日はおそらく1940年7月25日、あるいは9月4日と推定される。シートは対空偽装用であろう。◁カール・デーニッツ独潜水艦隊司令長官（左・写真は大佐時）とジョージ・クリーシー英海軍大佐（写真は戦後、大将時）。

1940年11月、ベルリンの首相官邸にてヒトラーから柏葉騎士十字章を受ける
クレッチマー。左胸には一級鉄十字章、その下に潜水艦従軍徽章が見える。

△1940年5月、キールで就役したU99の士官及び乗組員。クレッチマー艦長は下列向かって右から2番目（注：おそらく4月18日に撮影されたもの。フォルクマー・ケーニッヒ氏によれば、クレッチマーの左右いずれかの人物が第一次大戦時のUC99艦長、フリードリヒ・ヴァイスフン。第4章参照）。▽この写真はこれまでU70やU101と混同されてきたが、実際は最終哨戒に向かうU99（第10章参照）。

▷撃沈した連合軍船舶を示す7つの勝利のペナントをたなびかせるU99。それぞれに馬蹄の紋章が描かれ、黄金色の馬蹄も艦橋側面に下向きに取り付けられている（注：これは1940年7月25日～8月5日まで続いた哨戒から帰還した際に撮影されたものであるが、この哨戒時に実際にU99が撃沈したのは4隻だった。第5章、末尾表参照）▽前ページ同様、最終哨戒に出撃するU99。撮影日は1941年2月22日。艦橋側面に通気用ダクトが増設されているのが本艦の最終時の特徴である（第10章参照）。

◁捕虜としてリバプールに上陸するクレッチマー（第12章参照）。
▽英駆逐艦ウォーカーの甲板上に整列するU99乗組員（第12章参照）。

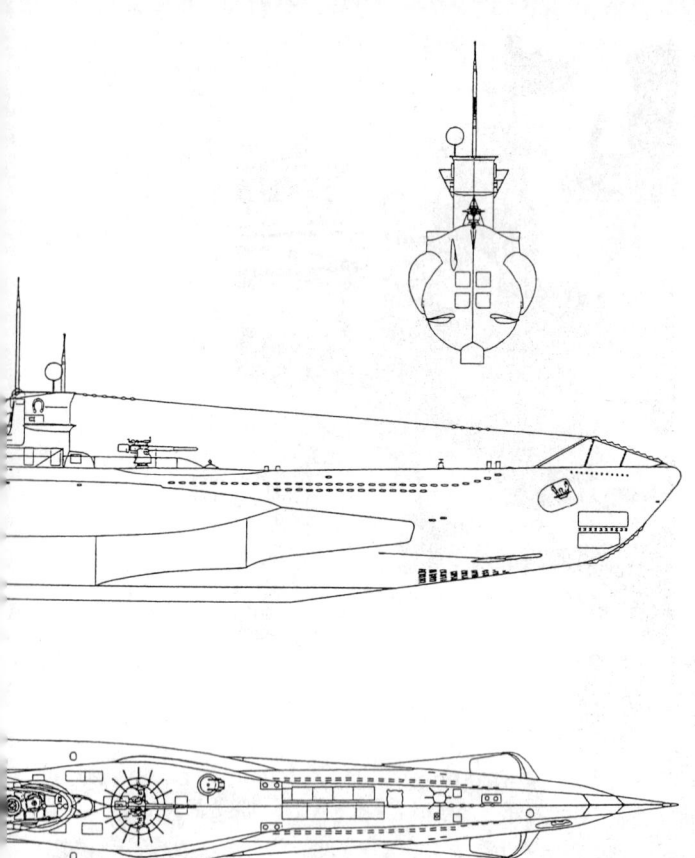

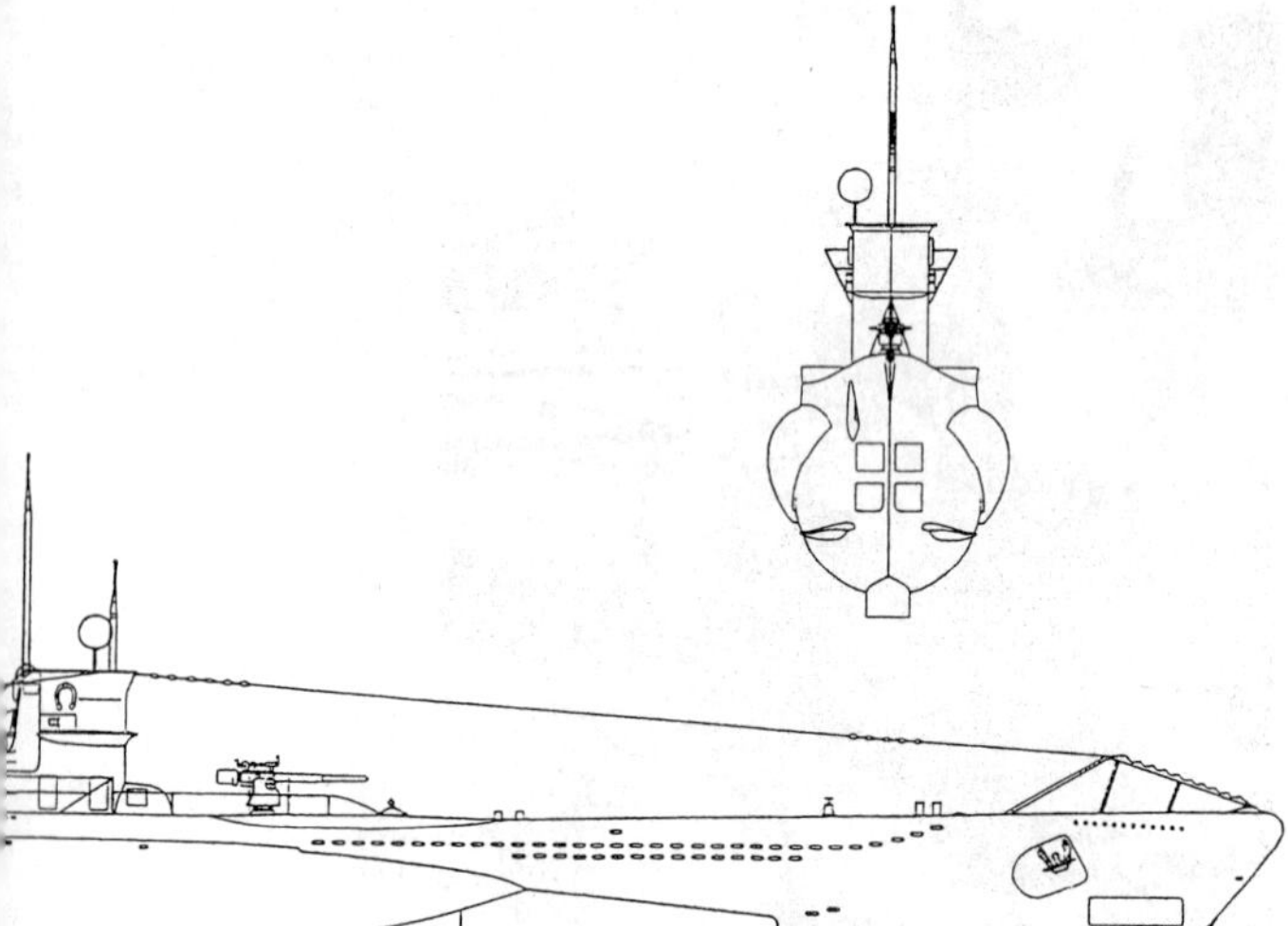

作図／石橋孝夫

U99（ⅦB型・1940年）

ⅦB型（同型艦24隻、1938年〜1940年完成）
排水量741トン（水上）／843トン（水中）　全長66.5メートル　全幅6.2メートル　吃水4.7メートル　出力1400馬力（水上）／375馬力（水中）　速力17.2ノット（水上）／8.8ノット（水中）　航続力12ノットで6500カイリ（水上）／4ノットで90カイリ（水中）　8.8センチ単装砲１門　20ミリ単装機銃１門　53.3センチ魚雷発射管5門（艦首4門／艦尾１門）　魚雷搭載数14本　乗員44名

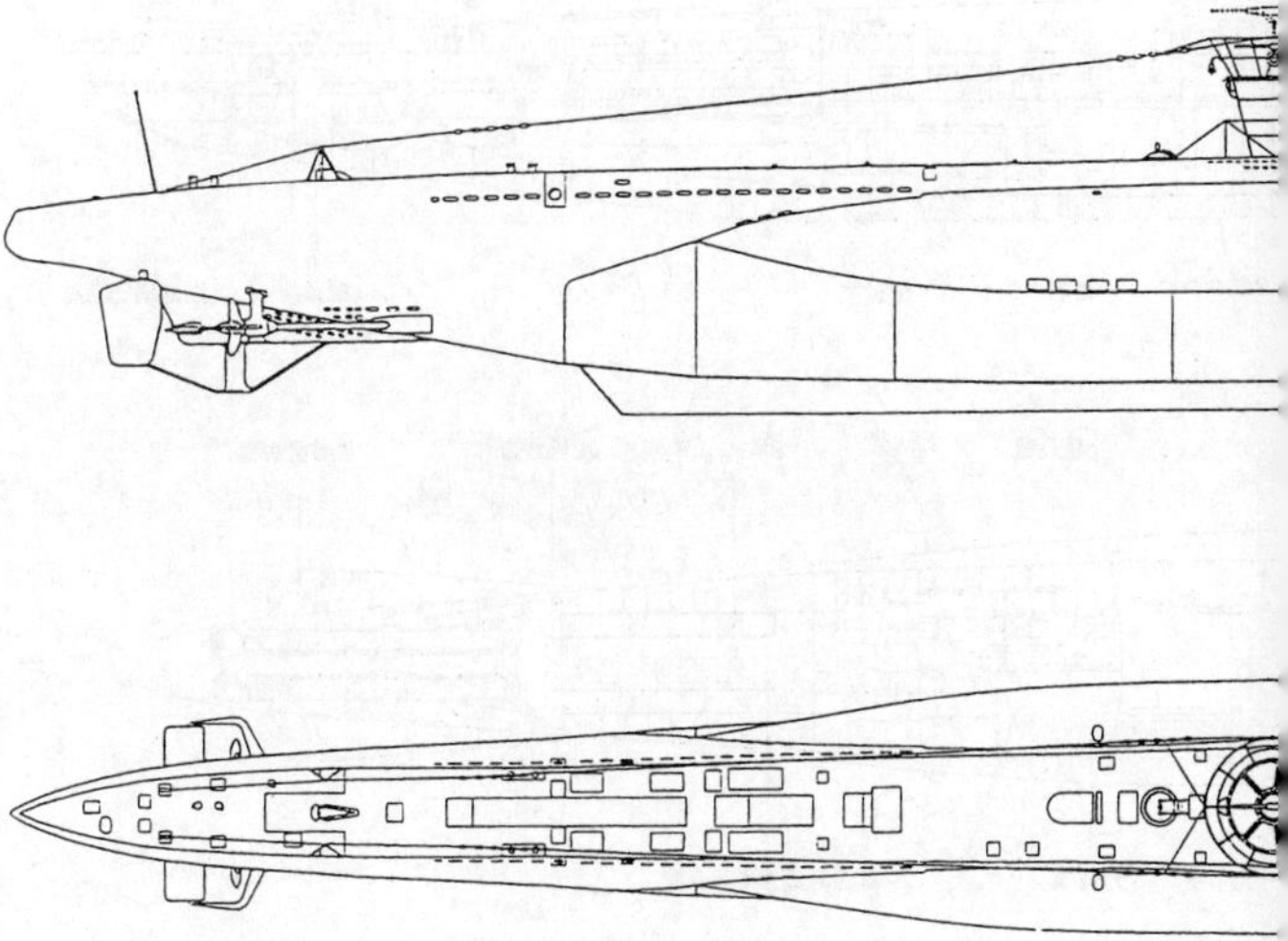

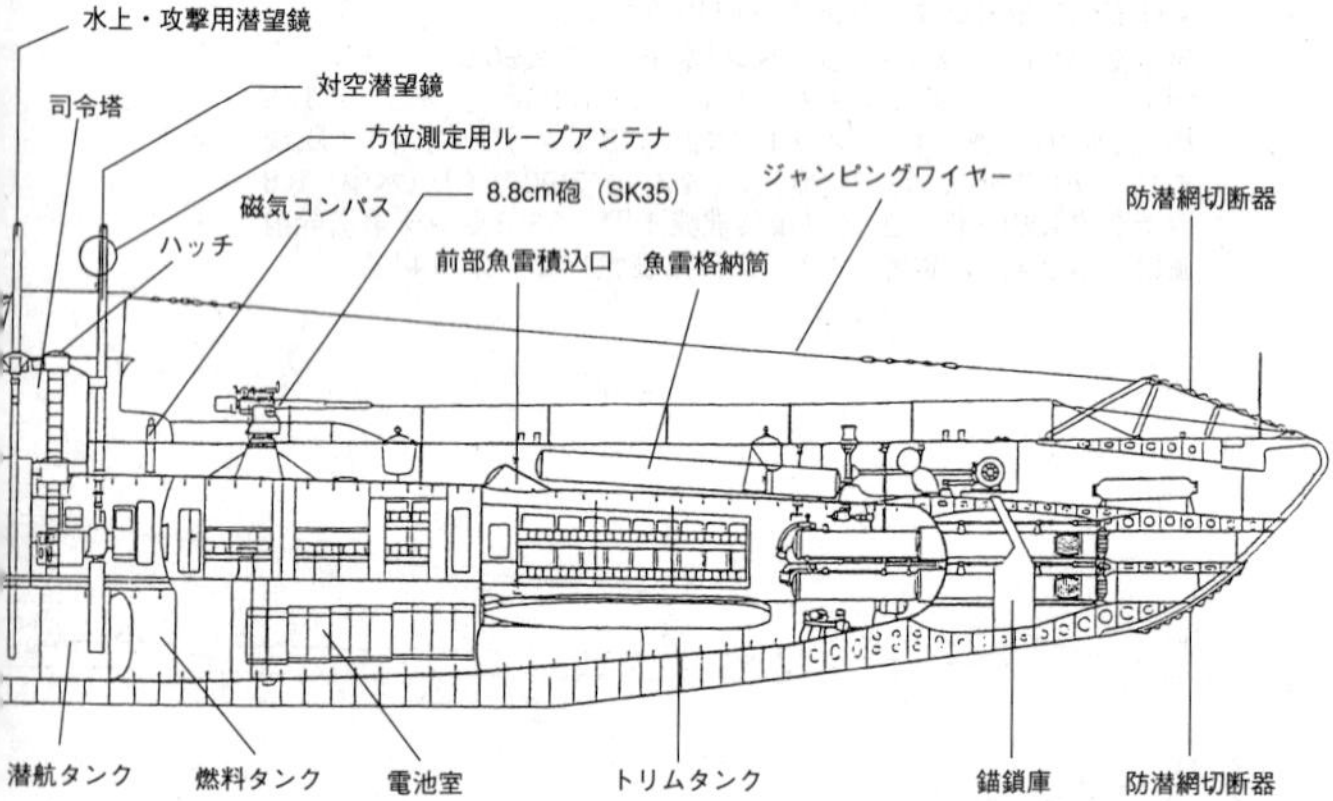
水上・攻撃用潜望鏡
対空潜望鏡
司令塔
方位測定用ループアンテナ
8.8cm砲（SK35）
ジャンピングワイヤー
磁気コンパス
防潜網切断器
ハッチ
前部魚雷積込口
魚雷格納筒
潜航タンク
燃料タンク
電池室
トリムタンク
錨鎖庫
防潜網切断器

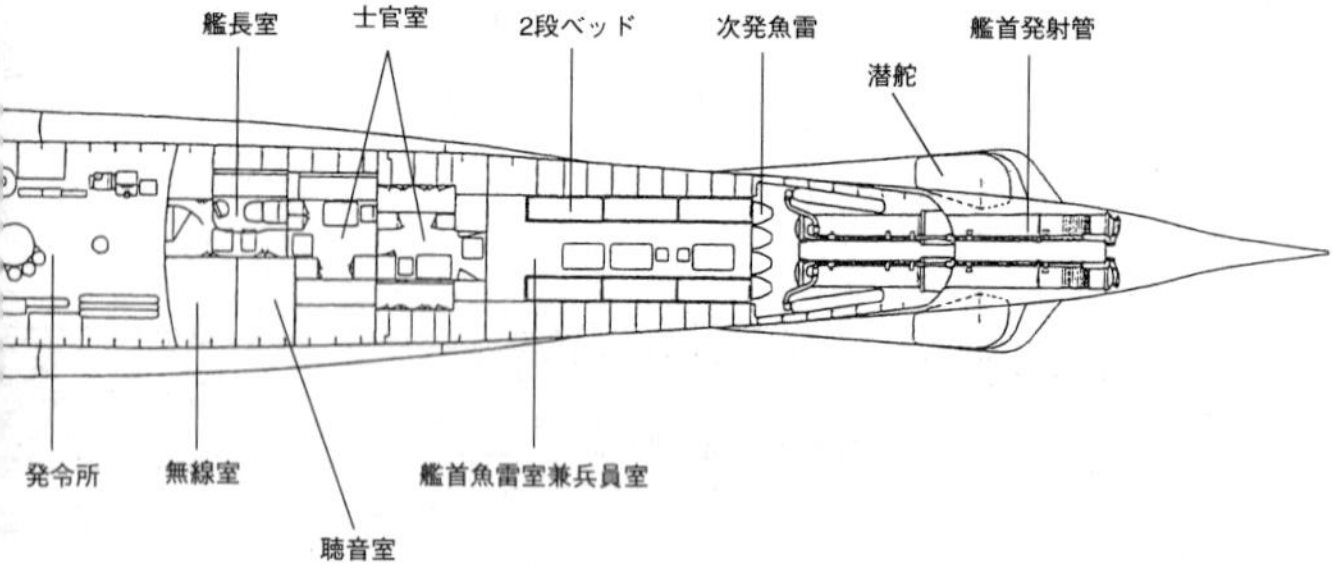
艦長室
士官室
2段ベッド
次発魚雷
艦首発射管
潜舵
発令所
無線室
艦首魚雷室兼兵員室
聴音室

作図／石橋孝夫

U99艦内配置図（1940年）

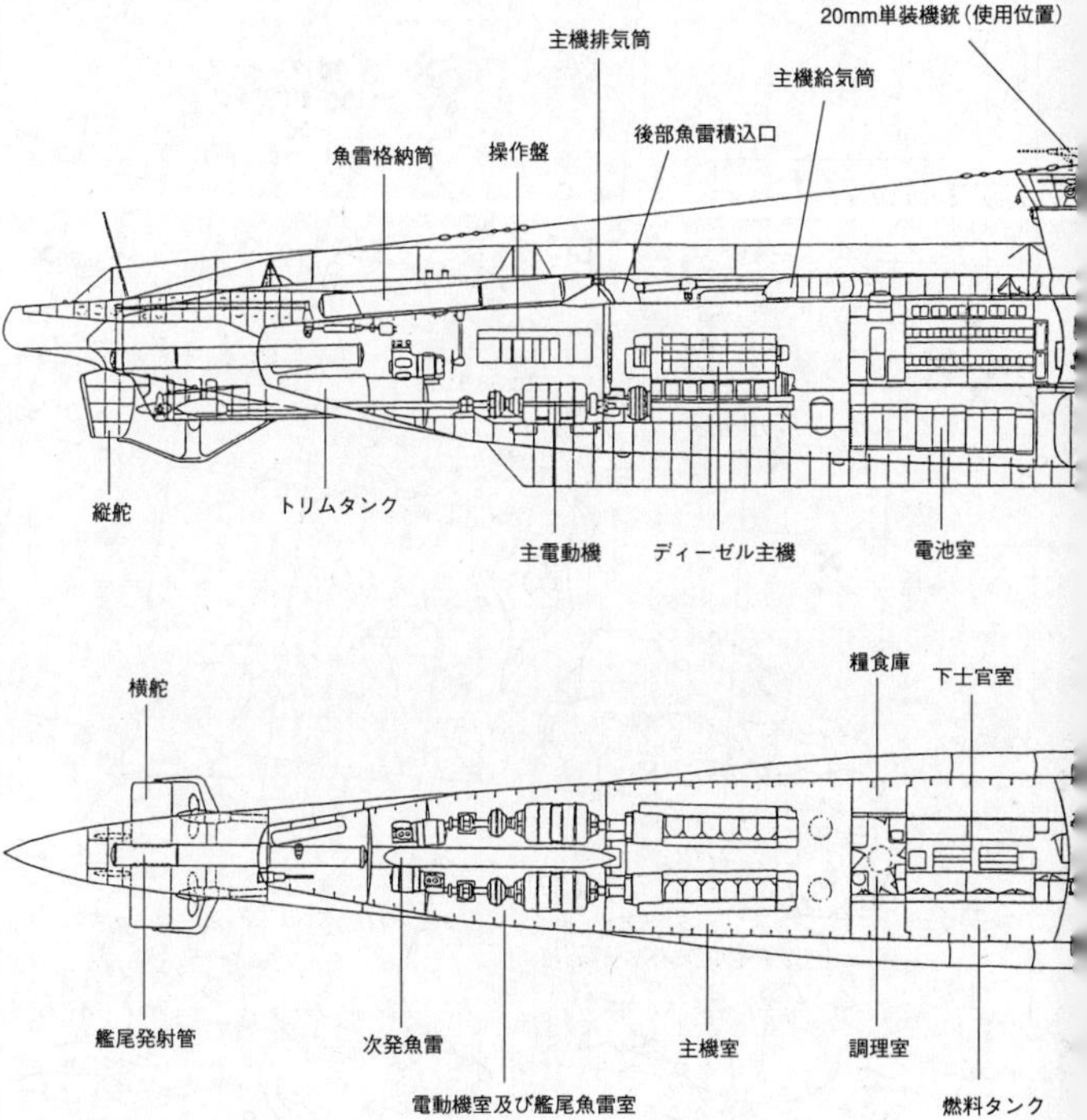

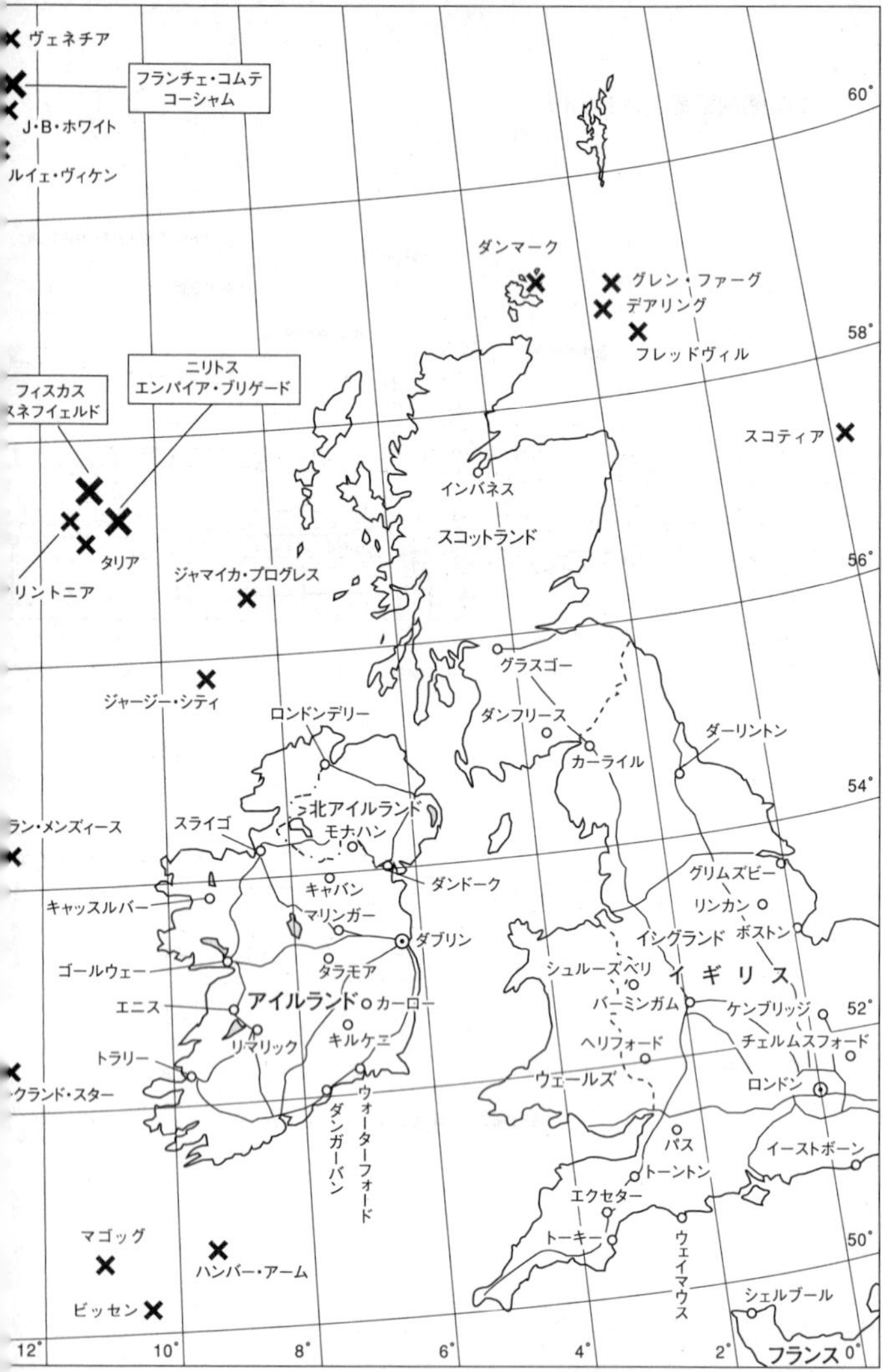

ヴェネチア
フランチェ・コムテ
コーシャム
J・B・ホワイト
ルイェ・ヴィケン
60°
ダンマーク
グレン・ファーグ
デアリング
フレッドヴィル
58°
ニリトス
エンパイア・ブリゲード
フィスカス
スネフイェルド
スコティア
インバネス
スコットランド
タリア
リントニア
ジャマイカ・プログレス
56°
グラスゴー
ジャージー・シティ
ロンドンデリー
ダンフリース
カーライル
ダーリントン
54°
北アイルランド
ラン・メンズィース
スライゴ
モナハン
ダンドーク
キャバン
グリムズビー
キャッスルバー
リンカン
マリンガー
ダブリン
イングランド
ボストン
ゴールウェー
タラモア
シュルーズベリ
イギリス
アイルランド
カーロー
エニス
バーミンガム
ケンブリッジ
52°
リマリック
キルケニ
ヘリフォード
チェルムスフォード
トラリー
ウォーターフォード
ウェールズ
ロンドン
クランド・スター
ダンガーバン
バス
イーストボーン
トーントン
エクセター
マゴッグ
ウェイマウス
トーキー
50°
ハンバー・アーム
ビッセン
シェルブール
12°
10°
8°
6°
4°
2°
フランス
0°

クレッチマー戦果地図

（詳細な撃沈位置が特定されていない船舶は含まず）

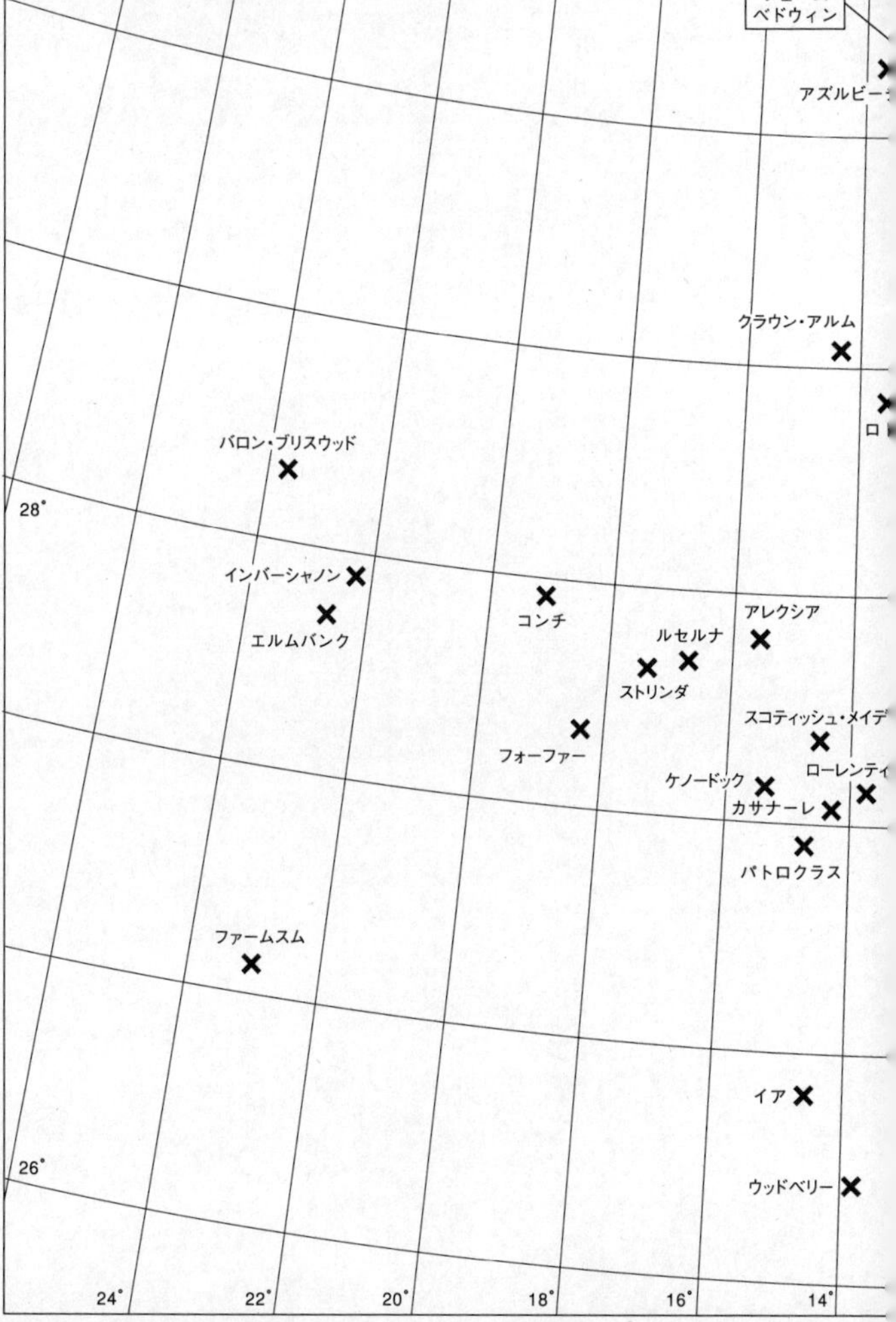

大西洋の脅威U99

――トップエース・クレッチマー艦長の戦い

「戦闘には勝つことも負けることもあろう。作戦計画が成功することも失敗することもあろう。領土を奪取し、あるいは放棄することもあろう。しかし、我々の全戦争遂行能力は、ひいては我々の全生存能力すらが、我が国諸港への自由入港並びに海上交通路の確保に完全に依存しているのである……。戦争中、私の心胆を寒からしめたものはUボートの脅威、ただそれのみであった」――サー・ウィンストン・チャーチル

「第二次世界大戦回顧録」第一巻、第二巻より

1　対英包囲網

ヴェルサイユ条約によってドイツの軍備が制限されていた一九三四年、巧みな偽装の下に最初の陸軍基幹部隊と空軍航空隊が形成された。再建計画を公開して推進していたのは海軍のみだったため、当局の聖域外の者にとっては、ドイツが連合国によって課せられた制限内に留まっているかどうかを判断することは不可能だった。新任の海軍総司令官レーダー提督の精力的な指導の下、造船所という巨大ジャングルが新艦隊の苗床となり、近代戦艦、巡洋艦、駆逐艦が、ブレーメン、ハンブルク、ヴィルヘルムスハーフェン、キールの造船所に据えられたクレーンの天蓋の下から、あるいは足場の下から滑りだしていった。しかしレーダーには物足りなかった。この年ベルリンで開かれた総統との最後の海軍会議の席上、提督はヒトラーに訴えた。

「ドイツの海軍力の鍵は海面下にあります。潜水艦を下さい。そうすれば牙を持つことができましょう」

ヒトラーは半年後に回答を与えた。帝国首相官邸にレーダーを招集したヒトラーは、提督にそっけない言葉を投げつけながら一通のメッセージを手渡した。

「貴官の牙はそこにある」

それはロンドンのリッベントロップからの電信で、英国が一九三五年の英独海軍協定に調印したことによって、ドイツが英水上艦隊の上限三五パーセントまでの建造権を得たことを示していた。かねてから要求していた「噛む」力を提督に与える条項が次に続いた。ドイツは英海軍保有潜水艦の四五パーセントにあたる新潜水艦隊を建造でき、もし「両者が認める状況の要請があらば」、英国と同等の潜水艦隊の建造もできるというものであった。Uボートは一九一七年の全期間を通じ、英国の生命線を危ういほどしっかりと掌握していた。今や英国政府は新生ドイツ海軍に祝福を与え、それによって同海軍は他の軍艦種以上に潜水艦を合法的に建造できるようになったのだ。

大西洋の戦いとして間もなく知られるようになる熾烈な闘争の第一段階は、外交という一見凪いだ海上での勝利に終わった。レーダーは即座にこの文書上の勝利を建設計画の実践へと移した。提督は、第一次大戦の代表的Uボート「エース」であるカール・デーニッツを、巡洋艦エムデンの艦長職から解放し、新生Uボート部隊建造の任にあてた（訳注：デーニッツ自身は二隻しか撃沈しておらず、「エース」とは見なされていない）。潜水艦へ戻ることに狂喜したデーニッツは、依然興味を逸していないかつての潜水艦仲間と連絡を取り、彼らの援助も得ながら長期訓練計画の基礎を築いた。キールに存在する対潜水艦学校は、防御戦術を教えるのみならず、攻撃訓練の中心部署にもなった。一九三五年暮れまでに技術的障害は克服され、翌年初めには二〇歳を過ぎたばかりの士官訓練生の第一陣がキールに到着した。彼らを迎えたのは伝統の追憶であり、前途に待ち受ける激しい任務の心得であった。

「海軍は」

デーニッツが訓練生に告げた。

「軍の精髄を象徴する。Uボート部隊は海軍の精髄を象徴する。諸君の中の幾人かは、いつか自らの潜水艦を指揮することになろう。しかし大部分は、諸君の出身母体たる大型艦へと送り返されよう。諸君の将来は、私の求める基準を満たさんとしてなされる諸君個々人の努力にかかっているのだ」

この言葉に感銘を受けた若き将校連の先鋒の中に、ギュンター・プリーン、ヨハヒム・シェプケ、そしてオットー・クレッチマーがいた。この三人の少尉は「大型艦」の士官室の暗さに強い嫌悪感を抱いており、個人主義的性格を満たす自由を求めてキールに到着したのだった。この共通点を除けば、三人は見かけも性格も大きく異なっていた。

プリーンは小柄で敏捷、細い針金のような男で、穏やかな表情の裏には頑固でせっかちな性格が隠されていた。若さゆえに短気で、辛辣なウィットの中にはけ口を見つけ、私生活への侵略者と見なす自称友人たちを寄せつけなかった。

シェプケは反対だった。長身で陽気な上、端整な顔立ちと稀有な魅力を幸運にも兼ね備え、それが人々を感嘆させ、自身もそれに耽っていた。これがシェプケの大きな短所として後に明らかになることになる。

ニーダーシュレージェンの教師の息子で二四歳のクレッチマーは、多くの点でトリオ中もっともたくましかった。いずれの海軍も、女よりも船を好む一定数の男を産む。彼らは炉端の椅子に腰掛けるよりも艦橋にいることに大きな安らぎを見いだす。クレッチマーはこうした人種だった。その探究心は、海と船の知識を追求することにかけては毅然としていた。さらに、若輩にもかかわらず自信ある物腰を身につけていた。クレッチマーは、己れのなしていることのみならず、それをなすべき理由をも本能的に知っている人間だった。

こうした性格と並んで、好ましからざる資質もすでに表面化しつつあった。弱さへの残酷なまでの蔑み。自分の主観的基準に合致しないものに対する包容力のなさ。任務の妨げとなる通常の人間的弱点を一切認めない偏狭さ。自身のプライバシーを侵さず、あるいは馴れ馴れしくならない限りにおいて他人の悩みの相談にのるという態度と、世馴れたユーモアセンスによってのみ、耐えがたきを免れている独善的プライド。続く三年間で、この三人は同じ評判で結ばれた。艦長への出世の速さ。親愛感よりもライバル意識で育まれた、ほどほどの友情を結ぶ冒険心。

訓練の最初の数ヵ月でクレッチマーはチェーンスモーカーになり、ほとんどいつも黒ハマキやタバコの類を嚙みしめていた。そして、次席としてU35に乗り込んでいたその年の暮れ、このことが災いの素となったのだった（訳注：次席ではなく先任）。

その日、U35はバルト海での潜航訓練に参加しており、夕暮れまでには艦長を除く全員が体調を崩し、ドルフィン運動にうんざりしていた。夕暮れ直前に浮上し、クレッチマーは艦長と共に艦橋でくつろいでタバコに火をつけた。最初はゆっくりと満足げにタバコを吸い、そして思わせぶりに艦長を一瞥すると、ともかくしばらくは浮上していられるかもしれないという確信を得た。それからクレッチマーは、艦長があたかも内に秘めた冗談か何かにニヤりとしたのを見て、不意を突いた「潜航警報」が発せられるのではないかと疑心暗鬼になった。そこでそれを思い止まらせようと、砲身内部の浸水の原因となっている、故障した砲口蓋に艦長の注意を向けようとした。クレッチマーは、それが直せるかどうか下に降りて見てくると艦長に上申し、艦長がうなずくやタバコを口から突き出したまま前部甲板にはい降りた。

砲身から水を抜くのにわざと時間をかけ、それから蓋を調べた。帰投するまで締め固めることなどできないことを十二分に知りつつ。砲を定方向に戻したとき、不意に聞き慣れた音がして焦った。それはバラストタンクから噴出する空気の高鳴りだった。これと同時に、エンジンが最高速に上げられたときの振動が起きた。艦が潜航し始めたのだ。半狂乱になって艦橋へと突進したが、すでにハッチは閉じられていた。艦内の誰かが気づいてくれることを願いながら、ハッチを猛烈に踏み鳴らした。艦は数秒後には潜望鏡深度に達した。

伸ばされた潜望鏡によじ登ろうとしたがグリースが塗られており、おまけに水がしみ込んだ服の重みのために引きずり下ろされてしまった。ふと、潜望鏡に抱きつけば水が自分の身体を上に押し上げてくれるだろうし、それからレンズを覗けば自分が外にいることを中の士官たちに知らせることができると思いついた。

クレッチマーは三〇秒ほどの間に約一〇メートルも引きずり下ろされ、周囲の水が突き抜けがたい厚い緑の壁になった。もはや息をこらえることが出来ず、仕方なく海面に突き上げられるのにまかせた。浮上すると喘ぎながら悪態をつき、それからすぐに、服が重くなっているので苦労して泳いでもひどく疲れるだけだと気づいた。浮かぶにまかせたクレッチマーが、暗闇の落ちる前に見た最後のものは、自分の横でプカプカと浮かんでいる制帽と、濡れて潰れたタバコの切れ端だった。

U35が近くに浮上して、一人の下士官が艦首に走り、浮輪を投げてくれた。それをつかむだけの力はあったが甲板によじ登ることはできず、引き上げられて艦橋に向かうのにも手助けを必要とした。

寒さと疲労で弱っていたので、艦長に対する適切な言葉も思いつかず、よろめきながら気を付けの姿勢をとり、敬礼しようとして消え入りそうな声で言った。

「クレッチマー中尉、戻りましたことを報告します、艦長」

驚いた艦長は答礼し、無意識に返答した。

「よろしい、中尉」

クレッチマーは艦内に連れて行かれてからお湯の入った瓶を肌につけてもらい、喉からは熱いラム酒が流し込まれた。朝まで眠り、目覚めると、バルト海の厳しい寒さが汗と共に身体から抜け出ていることに気づいた。飲まされたラム酒が多かったため、喉の痛みとひどい二日酔いがあるほかは調子が良かった。

一九三八年半ばまでにUボート部隊は、一、二隻の旧式訓練艦から三〇隻の近代外洋・沿岸攻撃部隊へと急速に成長した。より重要なことは、訓練生が建造中の潜水艦を待ちわびていることだった。ベルリンでは、レーダーが海面下の兵器のありさまに一層の満足感を覚えていた。「牙」が形になりつつあり、海軍協定の下で認められた四五パーセントにすでに届いていた。ロンドン協定によって育成された赤子の筋肉を動かす用意はできた。

一九三八年九月にミュンヘンで開かれた第三回ヒトラー＝ネビル・チェンバレン会談前夜、いまや将官に昇進し、潜水艦部隊司令官に任命されていたデーニッツは、バルト海に面した新司令部で秘密会議を開催すべく麾下の士官たちを招集した（訳注：この時点でのデーニッツの階級はまだ代将＝Kommodore位の大佐であった。また、すでに一九三六年一月一日付で潜水艦部隊司令官＝FdUに任命されており、その後この地位は、三九年九月一九日付で潜水艦隊司令長官＝BdUに改称された）。五〇人以上の士官が狭いブリーフィングルームに詰めかけ、演壇に向かって整列して着席した。この中にはかつての三人の少尉がおり、今は大尉として袖章に新たな金モールを付けていた。

前方に座っていたのは、基準排水量五〇〇トンの外洋型U47の見習艦長から台頭したプリーンで、その背後には、それより小さなUボートの艦長を務める陽気なシェプケがいた。制帽を斜めに被り、上官へも水兵へも同じように馴れ馴れしく接するシェプケの振る舞いは粋に見えた。デーニッツ自身、こういった作法を奨励しており、これがUボート士官としての誉れ高い特徴になれば士気も膨らむだろうと計算していた。部屋の後方には、むっつりすましたクレッチマーが座っていた。同人は基準排水量二五〇トンの沿岸用小型Uボート、U23の新任艦長で、過去二年間のうちに海軍中最高の魚雷射手との名声を博していた。

会議の空気は張りつめており、かねてからの戦争の噂が本当ではないかと思わせた。デーニッツは長くは待たせなかった。全員の出席を確認すると演壇に上がり、ブリーフィングの口火を切った。

「諸君」

デーニッツが始めた。

「総統が英国首相とミュンヘンで会すべく、ベルリンを発ったことはすでに知っておるだろう。総統は英国と合意に達すべく意を決しておられるとレーダー提督から保証されたが、政治決着の決裂とその結果に備えるのは我々の義務である。それ故、これより別命あるまで敵対行動に備えられたい。

部屋を出る前に、諸君には秘密命令を納めた封書が発給される。開戦を知らせる電信を私から受け取るまでは、封印を解くことは厳禁とする。諸君は戦隊司令から出撃命令を受け、今後三日のうちに全潜水艦が戦闘配置に付かねばならぬ。

明日、わが海軍が北海及びバルト海で艦隊演習を行なうとの発表がなされるが、これは我々の真の目的を隠してくれよう。私が望むのは――いや実際のところ確信しておるが――ミュンヘン会談が英国との合意に達して成功裏に終わるということだ。しかし、もしそれに失敗した場合、その時は諸君が軍の先陣に立って祖国に奉ずることになろう。武運を祈る」

一二時間の内に、二五隻の潜水艦がキール並びにヴィルヘルムスハーフェンから北海へと出撃し、北はシェトランドから南はフランスの大西洋沿岸までの範囲で哨戒を行なうべく散っていった。デーニッツが事実上、英諸島の周囲に鉄輪を投げた傍らで、ミュンヘンではチェンバレンが短気な総統と辛抱強く和平を論じていた。

二日後、二五人の乗組員が一ヵ月間海上で行動できるだけの食糧と燃料を積んだU23は、ハンバーの東方約二五キロの海面下で哨戒していた。通常は四本の魚雷を積むべきところを、発射管に磁気機雷を搭載したため一本に減らされていた。発令所ではペーターゼン兵曹長——身の締まった航海士で、航海術への天性が認められて昇進するまでの何年かを下級乗組員室で過ごした——が当直を次席に譲って航海日誌に記入した。

一二〇〇時　雲多く降雨少。視界良好。波高し。風力五（強めの微風）。トリム水深九メートル。方位三一〇度に漁船、距離六キロ。敵艦影なし。

ペーターゼンは記載内容に署名してから魚雷室に向かった。そこではクレッチマーと先任のU・シュネーが、ミュンヘン会談に関するベルリンからの最新ニュースについて論じていた（原注：U・シュネーは大戦中、U60とU200の艦長として一九万八〇〇〇トンを撃沈した「エース」となり、柏葉騎士十字章を受章した。同人は現在も健在である。訳注：これはA＝Adalbert・シュネーの間違い。同人はU6、U60、U201、U2511などの艦長を歴任した。同人の撃沈トン数については諸説あるが、ユルゲン・ローヴァー教授によれば一二万二九八七トンである。一九八二年一一月四日死去）。

先任は、英国の対潜防御能力——未だUボート部隊には事実上不明だった——の検証が不可避な公算に不安を隠せなかった。一ヵ月前、英国潜水艦M2がイギリス海峡で沈没した際、ドイツ海軍情報部は、ある種の聴音機を使用した駆逐艦によって沈没艦の位置が特定されたと報告した（原注：これはアズディックという聴音装置であり、これによって英海軍は潜航中のUボートを発見、「仕留める」ことができた。『海戦公史』は、「ドイツ側は我々のアズディックについて知識がなかったようだ」と記述している。M2事件は、これが部分的にしか正しくなかったことを示している。訳注：アズディック＝ASDIC＝Anti-Submarine Detection Investigation Committeeの略。米国で「ソナー」と呼ばれる潜水艦探知機のこと)。しかし、それ以上の詳細はUボート部隊向けの海軍秘密記録にはなかった。

「まあ、英海軍が我々に何をもって構えているか、じきに分かるさ。例の封密命令を開けるべき時がくればな」

クレッチマーがシュネーに言った。

「機雷を積むのは好かんね。敷設しに沿岸へ近づかなくてはならんなど、考えただけでも気が落ち着かんというもんだ」

夕暮れにバッテリー充電のため浮上し、その夜は漁船や沿岸汽船をずっとやり過ごした。夜明けに潜望鏡深度に戻り、ハンバー近接路を横切る形で哨戒を再開した。こうして、昼は潜航、夜は浮上しながらU23は三日間、戦闘配置に留まった。

北ではU47のプリーンが、英本国艦隊の投錨地、スカパ・フロー沖を哨戒していた。宣戦布告がなされれば、自分が英艦隊の膝元での戦闘に投入されるはずだと分かっていたのであまりに惨めだった。封密命令を開封すれば、そんな総司令部側の考えというものがいくらかでも分かるだろうと想像しながら、Uボートの攻撃に万全の体勢を敷いている港がもし英国にあるとすれば、それはスカパ・フローだろうと推測した。

英国の沿岸防御の有効性をさほど気にせず、生来的に先のことを気にしないシェプケは北海の南にいた。イギリス海峡を波をけたてて往来する客船や大型貨物船に対する模擬攻撃を行なった際には、手厳しく批評したことが乗組員を喜ばせた。

三日目の夜、デーニッツが洋上の艦長宛てに打電した。

「全艦、速やかに帰投せよ。演習は完了せり」

英国を取り巻く鉄縄は一夜のうちに溶け去り、威圧するかのような黒い二五の艦影が、人目に触れることなく基地の掩蔽の中へと滑り込んだ。ヒトラーがチェンバレンに対し、ドイツにはこれ以上いかなる領土的野心もないとの言質を与えたのだ。ロンドンに戻った首相は、「我らが時代の平和」を約束した一枚の文書をはためかせた。ロンドンっ子の歓呼はUボート乗組員の胸中にも共鳴した。彼らの安堵は、チェンバレンがミュンヘン会談についてラジオ報告したのを聞いた何百万もの人々のそれと同じくらい大きかったのだ。特に喜んだのが、第一次大戦の狡猾な「エース」、デーニッツだった。狼の子らは餌を求めて動くことができた。次に危機が訪れれば、彼らが戦えるかどうかが分かろう。

彼らが帰還した際、デーニッツは戦隊司令に対し、艦長全員に封密命令を開封させ、彼らへの審問を行なうよう指示した。討議は自由にさせるとともに、発せられた意見は取りまとめてデーニッツに報告されることになっていた。結果は、ベルリンでも聞こえるほどの反対意見の嵐だった。艦長たちが知ったのは、自分たちが英国周辺の港口、河口に機雷を敷設し、沿岸砲兵隊の鼻先で、あるいは防御体制のよくとれた海域内で、目標を攻撃するよう求められていたということだった。もしそうなっていれば、未だ知られざる様々な対潜兵器に対処せねばならなくなっていたであろう。彼らの意見では、英国沿岸から数キロ内での作戦行動は自殺行為に等しく、少なくともUボート部隊に大打撃を与えるものでしかなかった。

デーニッツは答えた。

「これらが今一度俎上に上がるのなら、修正するよう取り計らう。諸君や諸君の艦を簡単に捨てるつもりなど毛頭ない。諸君はあっさり失うには高くつき過ぎている。だから撃ち合いが始まる前に失禁などせぬようにな」

2　戦闘配置

海軍総司令官レーダー提督は実際のところ、陸軍に傾倒している総統と交渉して建造優先権を引き出す時や、空軍に愛情を注いでいる国家元帥と対峙する時には影響力が小さかった。Uボート部隊の建造は最優先でなければならぬと再三嘆願したにもかかわらず、工場の組み立てラインを埋めているのは戦車であり、航空機であった。一方、バルト海に届いた潜水艦は、三〇〇隻をもって水中攻撃をなすという理想からいえば、微々たるものでしかなかった。しかし、まさにその点が海軍の利害と一致し、一九三九年四月、「両者が認める状況の要請があらば」という条項を理由として、海軍協定の均衡条項を発動するようヒトラーに勧告することができたのである。この後、この協定は破棄された。

五月になると海軍は、全作戦用Uボートを西方での大戦が勃発する前に戦闘哨戒につけるよう求めた艦隊戦闘指令を発布した。そして八月、作戦用四〇隻を含む総計五六隻のUボートを保有したデーニッツは、戦闘指令を発令すべき時が到来したと決意した（原注：英海軍の潜水艦保有数は五七隻だった）。一九三八年に行なったのと同様に、司令部をバルト海沿いからヴィルヘルムスハーフェンへと移し、艦長へ封密命令を発出した。今回は艦隊演習に参加するとの発表はなかった。その代わり、Uボート部隊の士官、水兵は保安上厳重な制約の下に置かれ、「情勢が確定するまで」、友人や親族と連絡することも禁止された。

一九日の日没後、大型で長距離航行可能な基準排水量七四〇トンのUボート一七隻が舫を解き、アイルランド南端からジブラルタルまでの哨区に向かうべく北海に消えていった。二七日には、二五〇トンの沿岸用Uボート六隻が北海の北で位置についた。その二日後、さらに六隻の同級潜水艦が北海中央を横断する形で展開、もう四隻がイギリス海峡に入り、英国及びフランスの港に対する攻撃準備に入った。三〇日、基準排水量五〇〇トンの外洋潜水艦がオークニー諸島とアイスランド間に散らばった。最後に出撃した中にU23がいた（訳注：実際の出撃日は二五日）。目的地は前年の哨戒時と同じ――ハンバー沖だ。皆が嫌う磁気機雷がまたも魚雷を犠牲にして発射管に装塡されており、一九三八年時同様、ハンバー河口内での機雷敷設が不可避だと予想されるため、士官や兵にとってはほとんど慰めにもならなかった。

九月三日の日曜日は、巨大なモップを絞ったような強い雨が断続的に降る、北海の陰鬱な朝で開けた。朝に士官食堂を掃除するのは当直明けの者であり、これは物音や陽気な雑談にあふれた気晴らしの時間でもあった。しかしこの日の朝は、乗組員全員がそれぞれ何人かで群れながら立ち、あるいは座り、海軍流に自己の感情を抑えながらも、これから何が起きようとしているのか、皆の疑念や不安を払拭するため艦長が告知してくれることを待ち焦がれていた。午前一時、ヴィルヘルムスハーフェンから発せられた電信がUボート艦隊に続々と舞い込んだ。

U23の発令所ではクレッチマーが、解読する度にメッセージを読み上げる電信員のそばに立っていた。

一九三九年九月三日一一〇五時
発　海軍総司令部
宛　各司令官及び各艦長
英国及び仏国がわが国に宣戦布告せり。すでに発布したる海軍戦闘指令に従い、速やかに戦闘配置に付かれたし。

次はデーニッツからのもので、封密命令の開封指示を予想させた。

一九三九年九月三日一一一六時
発　潜水艦部隊司令官
宛　各艦長
海軍潜水艦部隊戦闘指令を発令す。ハーグ拿捕船協定に則り、軍需物資を輸送する軍用船舶並びに民間商船を攻撃せよ。敵船団は警告なしに攻撃せよ。ただし、その場合においても、客船に対しては安全に航行を継続させよ。これらの船舶に対しては、船団中にあっても攻撃を禁ず。デーニッツ。

クレッチマーは金庫を開け、秘密命令を取り出した。封密戦闘命令を開封するのは初めてだったのに、奇妙にも興奮しなかった。折り込まれた紙を開くや、タイプで打たれた簡潔な文章を読んで目を丸くした。それは、ハンバー河口に侵入し、主要航行路を見つけ出した後に、そこを機雷封鎖するよう指示していた。一九三八年の「演習」時に受け取ったのと同じ命令だったのだ。何らかの理由でデーニッツは修正を命じることができなかったのだろう。発令所の乗組員たちは、艦長が「潜望鏡上げ」と命じ、波立つ海を見回しながら指示を出したので、期待を膨らませていた。

「ハンバー水路への針路はどっちだ、ペーターゼン。夕暮れ時には八キロの沖合にいたい。先任、今晩、機雷の敷設を試みる。午後一〇時までには準備を完了せねばならん。潜望鏡下げ」

夜陰に乗じながらクレッチマーは、ハンバー河口を示すブイから八キロの地点でU23を浮上させた。航行路に潜入するのに最上の方法を艦橋で決めようとしていた時、別の電信がヴィルヘルムスハーフェンから届いた。

発　潜水艦部隊司令官

U23、U47、U35は直ちに帰投せよ。今次作戦は撤回されり。承認されたし。デーニッツ。

翌日午後、U23は巡洋艦エムデンの後に続いてヴィルヘルムスハーフェンに入港した。巡洋艦が波止場に係留されたちょうどその時、開戦後初めての空襲を知らせるサイレンがけたたましく鳴った。英空軍のウェリントン爆撃機からなる飛行隊が雲の背後から襲来し、巡洋艦に急降下した（原注：この空襲は、ポケット戦艦アドミラル・シェアーを攻撃するはずのものであった。開戦直後であったこともあり、飛行士に水上部隊を正確に識別することまで求めようもなかった）。

次の数分間はU23にとってなす術もなかった。クレッチマーは急いで艦を港中央へと出し、エムデンを振り返って見た。爆撃機一機が対空砲火をくぐり抜けたが、港の上空で炎に包まれて墜落した。唐突に始まった空襲は唐突に終わり、空に敵影はなくなった。数分後、「警報解除」のサイレンによって港は元の活気に戻った。クレッチマーとその部下は、初めて経験する砲火の洗礼の矛先が他の船だったことに感謝しつつ、U23をUボート用埠頭に停泊させた。

その夜、潜水母艦の士官室では、帰投命令を受けた一二隻ほどのUボート艦長が記録を比較したり、勃発後三六時間経った戦争について語り合ったりしていた。クレッチマーは個人的に、もしドイツ軍が動員されるとしたら、東方において動員される可能性のほうがはるかに高いだろうと確信していたし、それと似た見方をしている同僚士官があまりに多くいることにいささか驚いていた。それでいながら、皆に暗雲を投げかけているのは、未だ知られざるものへの絶え間ない懸念、すなわち彼らが未だ試したことも突破したこともない防御体制、つまりはかつてのUボートの脅威を打ち破った防御体制だった。

先の大戦のドイツUボート部隊と戦い、それに勝利した敵に対して、彼らが深い畏敬の念を抱いているのは当然だった。彼らは、その当時から英海軍が対潜水艦戦へ備え、武器・方策を完璧なまでに近代化させているものと確信していた。しかしその一方、自らはわずか三年前にゼロから始めたにすぎず、しかもその訓練過程とて大方は第一次大戦の戦術に基づいたものでしかなかったのだ。

三日後、デーニッツはクレッチマーを呼びにやり、U23の出撃準備にかかる時間について尋ねた。

「一二時間ほどであります」

デーニッツはほくそえんだ。

「今が戦時下と心得ているとみえるな。そうした艦長は初めてだ。明日八日午前八時に出撃してもらう。機雷を敷設して欲しい」

翌朝、U23は北海に向けて出撃し、スコットランド沿岸までの半ばを浮上して横切った。北海を横断するのにかかった三日間は見るべきものは何もなく、九月一八日の日没後、U23は潜望鏡深度で湾内へ舳先を向けた。対潜防御にいつ何時ぶつかっても不思議ではないはずだ。敵の海岸線から、あまりに近くにいるという緊張で乗組員の神経は張り詰めていたが、機雷敷設は無事に行なわれ容易でもあったので、皆に新たな自信がついた。

その夜、U23はフォース湾沖で初めて敵と交戦した。電動機用バッテリーを充電しながら闇夜にまぎれて浮上していた時、哨戒長のペーターゼンが海岸に向かう暗影を認めた。数分後、クレッチマーはその無灯火船が一キロ半以内に入る針路で近づきつつあるのを満足げに見ていた。これは絶好の射点だ。明かりを全く見せずに、その商船はゆっくりと接近針路をたどった。

「魚雷戦用意」

クレッチマーが突如命じた。

「一番管発射」

発射管から飛び出していく魚雷。おそらくは初戦果の合図となろう爆発音を無言で待っている乗組員。下の発令所では、魚雷の目標到達時間が過ぎたことを計算していた。目標は、木端微塵に吹き飛ばされるのを何らかの理由で免れたことに全く気づきもせず、針路をそのまま維持していた。第二次攻撃の準備を整え、U23はさらに接近した。暗い穏やかな夜だったので、二番目の魚雷が船に向かって駛走する時のおぼろげな雷跡を見ることができた。しかしまたも外れた。三度目の攻撃の後、クレッチマーは戦闘行動の中止を命じ、U23を沖へと出した。

そこで士官及び水雷員と協議に入り、完璧な目標に対して三度も惨めな失敗に終わった原因を解明しようとした。クレッチマーは、魚雷が撃発することなく船の下を通過したのものと確信した――バルト海での演習ではそんなことは起きなかったし、魚雷を外したこともほとんどなかった（原注：この時期、ドイツは魚雷に磁気信管を使用していた）。結論に達することができず、クレッチマーは帰投する旨キールに打電した。機雷は無事に敷設したものの、敵船に対する初の攻撃が失敗に終わったと報告しなくてはならないことに、クレッチマーは怒り心頭に発した。

スカゲラク海峡に入ってから出るまでの途中、中立国の船を数隻止め、禁制品の検査を実施した。国際拿捕船規定に基づき、交戦国は中立国の船舶に積まれた敵国向け重要軍需物資の輸送を阻止することができた。これら積み荷のリストはフランス、ドイツ、英国で公表されており、英海軍はすでにマーゲイト付近のグッドウィンサンド沖に広大な禁制品検査海域を設定し、ここで中立国の船舶をすべて停船させ、臨検を行なった。

英海軍省作成の対独禁制品リストは長文極まり、全面封鎖の実施をもくろんだものであった。それに対してドイツは、バルト海から英東海岸の港の間を往来する中立国の全船舶を止めることによって、封鎖に対抗しようとしていた。しかし、英海軍のような経験と手法に欠けるドイツ海軍総司令部は、禁制品検査を作戦遂行上の礎石として捉えるよりも、むしろ主要な戦争努力に対する面倒な付随作業ほどにしか考えていなかった。Uボート、水上艦艇のいずれの艦長たちにとっても腹の立つことに、その禁制品リストはあまりに曖昧で分類に不備があったので、現場での努力はほとんどが徒労に終わった。

U23の武装は二〇ミリ機関砲一門だけだったので、すでに停船信号を無視して英国に向かおうとしている小さなスウェーデン船に対して慣例的な警告射撃を部下に命じた時には、クレッチマーも微かに苦笑せざるを得なかった。機関砲が警告の発射音を鳴らすと、小さな水しぶきの束が汽船の前にできた。船は即座に変針し、国際船舶信号を発した。

「停船に応ず」

次席が船に乗り込み、一、二分後に船橋に現われて叫んだ。

「材木を積んでニューキャッスルに向かっています、艦長」

あたかも「材木」という言葉が何かの魔法で目の前に現われるのを期待するかのように、クレッチマーはタイプ打ちの禁制品リストを見据えた。だが、魔法が起きなかったので失望した。仕方なく肩をすくめて次席に戻るよう叫び、スウェーデン人には航行を続けるよう命じた。後にクレッチマーはデーニッツに報告書を書いた。

「英国への木材の自由輸送を認めるのは奇妙に思える。なぜなら、それによって炭坑の坑道支柱を敵に贈ることになり、それが石炭を産出して鉄を作り、ひいてはドイツ軍部隊を殺傷する兵器になるからである」

中立国船舶に対するこうした権限の欠如は、クレッチマーの怒りの炎にさらなる油を注ぐことになった。その数週間後、停船に応じた商船の船長たちは、材木がドイツ側にとっては合法的積み荷であることを知っていた。彼らは露骨に微笑み、「木材だ」と叫びながらそのまま行ってしまったので、クレッチマーは何もすることができずにただ怒るばかりであった。英国側から見れば、冷酷と評判のドイツ海軍の艦長たちが、陸上司令部の機能不全によって引き起こされた状況を容認したということが驚きであった。こうした状況はヒトラーの信念によって引き起こされていた。ヒトラーは当時、一旦ポーランドが敗北してしまえば、英仏は「名誉ある」和平への調印に応ずるだろうと考えていたのだ。

八月以来、初めてキールに戻ったクレッチマーは、乗組員に小休暇を与え、デーニッツには魚雷の不調を報告した。驚いたことにデーニッツは、他の多くの艦長も不調を報告しているため、総司令部が原因解明調査委員会を設置したと述べた。

3　オークニー諸島とシェトランド諸島

一〇月一日に出撃命令を受けたクレッチマーは、ペントランド海峡への西側進入口、すなわち、オークニー諸島並びにスカパ・フローの艦隊錨地への進入水路での哨戒を行なうことになった。

オークニーまでの三日間、U23はたまに潜航しながらも大部分は浮上していた。北海上空は英空軍の偵察がなかったため、艦長たちは堂々と浮上航走した。クレッチマーとペーターゼンはスカパ・フローの海図を検討し、三つの進入口の一つから艦隊錨地へ潜入する計画を練り上げた。三つの進入路とは、東のホルム水道、南のホクサ水道、そして西のホイ水道である。フェアー諸島水路に到達する頃には、クレッチマーはホクサを通って攻撃を行なおうと決めていた。その時はまだ知る由もなかったが、この水路は三水道の中でも最高の警備態勢にあり、錨地に出入りする英艦艇の主要通路となっていたのだ。

クレッチマーの計画とは、まず日が暮れてから防材に近づき、次にその防材の一方の端と閉塞船の周囲を忍び動き、最後に魚雷を発射してから同じ道を引き返すというものだった。

それは初めから大胆かつ単純な計画であったが危険でもあった。なぜなら、イギリス海域の中でも最強の逆流の一つがペントランド海峡の中にあり、ホクサに低速で近づく潜水艦は簡単に岸側に押し流されてしまうことが予想されるからだ。

その夜、浮上している間、見張員が無灯火の船を視認した。洗浸状態で輪郭を小さくしながら近づいてみると、上下に揺れる小さな光の群れの中を目標が通り抜けるのが見えた。これらの光は漁船団の明かりであることが分かり、クレッチマーは無灯火船がよりはっきりするまで辛抱強く忍び寄った。漁船がいつ何どき高速哨戒艇に化けないとも限らないと考え、目標に接近して攻撃する前に、最後の明かりが遠方に消えるまで待った。

双眼鏡をとおして見ると、目標はどうも小型沿岸貿易船のようだ。特に戦意をそそる対象ではないが、この水域で磁気魚雷が作動するかどうかを確かめるだけでも攻撃する価値はあった。U23を直ちに浮上させ、一キロの距離でその貿易船の横に並んだ。機関砲の曳光弾が目標船首を横切って炸裂した。しかし、停船するどころか、増速して攻撃を振り切ろうとしているように見える。

艦橋に向かって電信員が、目標は六〇〇メートル国際周波数帯で平文の救難信号を発していると大声で伝えた。

「目標が援助を求めています、艦長」

電信員がまた叫んだ。

「グレン・ファーグ号がUボートから砲撃を受けたと発信しています」

この戦闘行動はスカパ・フローから極めて近く、艦隊哨戒も予想されるので、クレッチマーはあまり時間を無駄にできなかった。

「今度は船橋を狙え」

そう砲員に向かって叫んだ。曳光弾のさらなる集中砲火が貿易船の船橋と上部構造物に浴びせられると、船員たちは救命艇にわれ先へと飛び乗った。クレッチマーは彼らに退去時間を与えてから、最初の魚雷を発射した。

二〇秒ほどの間は、Uボートの舷側に打ちつける波しか静寂を破るものはなかった。それから目も眩むような火の玉が貿易船の中央部から舞い上がった。煙と水煙がおさまった時、すでにその小さな船は轟沈しかけていた。一分もしないうちに海は船を飲み込み、クレッチマーは初めて船を撃沈した。

艦橋の見張員は救命艇から目をはなさなかった。クレッチマーはU23をその横にもっていって叫んだ。

「船名は？　何を積んでいる」

即答が返ってきた。

「グレン・ファーグ号、空荷だ」

「分かった。南東に向かいたまえ。そうすれば潮流に乗れる。負傷者はいないか」

「いない」

「こんなことになってすまん。今いなくなるからな」

救命艇には束の間の沈黙があった。それから、しわがれた声が返ってきた。

「わざわざ来てくれてすまん」

クレッチマーは気分よろしく手を振って、操舵手に無言で命じた。U23は闇夜にまぎれた。

その頃、ヴィルヘルムスハーフェンの司令部では、デーニッツがスカパ・フローへの攻撃計画を練っていた。偵察情報によれば、もっとも防御薄弱な進入路は東のホルム水道だった。航空写真は、その進入路が小さな岩島によって三つの水路に分かれ、対潜防材と閉塞船による防御が部分的にしかなされていないことを示している。その狡猾な戦術家には、北よりの水道、つまりカーク水道の防御施設の両端では、攻撃側に一定の幸運が常にあれば、Uボートが突破できる余地があるように思えた。Uボートは、幅一五メートル以下、水深一二メートルそこそこの水道を、長さ一キロ半に渡って航行する必要にせまられよう。この攻撃に提督が必要としたのは、二四時間以上にわたって海面下に留まることができ、魚雷数にして小型艦よりも二倍の火力を持った基準排水量五〇〇トンクラスの潜水艦であった。

この海域ですでに二度の哨戒を終えているプリーンに対してブリーフィングが行なわれ、U23にはオークニー諸島を離れて北海での哨戒線に付くよう無電で指示が与えられた。

一〇月一三日午後一〇時、攻撃計画が実行に移される時がきた。プリーンは浮上しながら無事ホルム海峡に接近し、夜半直前にカーク水道に到達した。申し分ない条件だ。新月に軽風が吹く、乾いた清々しい澄んだ夜。頭上では、揺らめくオーロラが、これから始まろうとする水中劇に不気味な影を投げている。U47は、夜半ちょうどに北端の対潜防御材をぎりぎりでかわして通過した。およそ三〇分で水道を抜け、スカパ・フローに入った。

目前には、平穏かつ広大な本国艦隊の主錨地が広がっていた。プリーンが受けた命令は、一二本の魚雷によって可能なかぎり多くの主力艦を撃沈することだった。今やプリーンは無傷でそこにおり、しかも目前に停泊している睡眠中の艦隊からどの目標を選ぶかも自由だった。しかし、魚雷の不調に悩まされつつスカパ・フローへ大胆不敵にも潜入した割には、獲物はそれに見合わなかった。第一次大戦の老朽艦、ロイヤル・オークは捨て石だったのだ。最大の悲劇は、その艦とともに八三四人の士官、水兵が失われたことだった。

ロイヤル・オークに魚雷が命中するや、本国艦隊はあらん限りの哨戒艇や駆逐艦を投入し、スカパ・フローの難攻不落神話を貶《おとし》めたUボートあるいは小型艇の捜索に当てた。しかし、その捜索は無駄だった。プリーンの離れ業はこの上もない成功であり、発射された魚雷の半数以上が不発だったため戦果が限られたにもかかわらず、ドイツ海軍だけでなく、英海軍からも潜水艦戦史における一つの武勇伝としてみなされたのだった。

攻撃の翌朝、カーク水道の間隙を封鎖するため本国艦隊司令長官が数週間前に命じた閉塞船がスカパ・フローに到着した。しかし時すでに一二時間遅く、それは無用の長物と化してしまった。

この作戦は、Uボート部隊に直ちに影響を与えた。歓喜はやがて、学ぶべき教訓への冷静なまなざしに取って代わり、その時にはっきりした第一にして最も重要なことは、英国が潜水艦の攻撃から沿岸を守るべき秘密兵器を何ら保有していないということだった。一九一八年以来、潜水艦をすたれさせてしまうような想像力に富んだ解決策というものはなんら発達していなかったのだ。こうしたまさに明白かつ正確な結論に達したにもかかわらず、司令部は、そうした見方を拡大させることができず、海上の艦艇をその見方の中に含めることができなかった。

デーニッツは、未だ経験していないアズディック防御に対する乗組員たちの畏怖の念を見越してすらおり、潜水艦が付け入る余地のある不完全性を、この聴音装置が持っているかもしれないなどとほのめかしたことは一度もなかった。

勇敢な作戦がもたらした絶対的な効果は士気の向上だった。かつては英国沿岸間近での作戦にわずかながらも恐れをなしていた乗組員が、艦と士官、それに司令官への信頼を新たに得たため、今や目を輝かせながら闊歩している。

しかし、基礎訓練は旧態依然――潜望鏡深度でおよそ一キロ半以内から三ないし四本の魚雷を散開発射し、確実に一本が命中するよう攻撃するというものだった。これは一九三六年からの訓練構想だったが、デーニッツにはそれを変更する理由がなかった。一般に、デーニッツが乗組員に仕込んでいるのは水上攻撃法だと思われがちだったが、この方法は作戦指揮の過程で独立独歩的な艦長たちによって方向付けられたもので、一九四一年になってからようやく訓練過程の中で実施されるようになったものである。

現実的、精神的優位性を存分に活用することに一時的に失敗したとはいえ、Uボート部隊は英海軍から主導権を奪うほどに成長した。

この年の終わりまでにUボート部隊は九隻を失い、このうち四隻は触雷によって沈没したが、それと引き換えに一一四隻の英国・連合軍商船、総計五〇万トン近くを撃沈した。さらに加えて、スカパ・フローの防御線の背後で戦艦ロイヤル・オークが失われ、より貴重な空母カレジャスが南西近接海域において、故意というよりもむしろ偶然にも雷撃され、沈没した。長い航海中にクレッチマーの研究心を引きつけたのは、カレジャス撃沈に関する戦闘報告だった。クレッチマーは、これまでの攻撃基本原理に満足していなかった。その原理には、攻撃の必要性よりも自艦の安全性を考慮するよう、艦長たちに奨励しているような匂いがしたからだ。

U29は、ほかのUボートによって報告された船団を迎え撃つ途中、二隻の駆逐艦に護衛されたカレジャスの進路に偶然入り込んでしまった。Uボートは行動中の艦隊との直接交戦を避ける傾向があるが、U29の艦長は偶然にも理想的射点にいることに気づき、潜望鏡深度のまま四本の魚雷を斉射した。それほどお粗末な護衛だったのだ。夕闇が増していたので、U29艦長のシュハルト大尉は、せまりつつある暗闇に紛れて敵の追跡をまくことができるかもしれないと考えた。カレジャスは一五分後に沈没し、五〇〇人以上の乗組員が失われた。二隻の駆逐艦は、雷撃された空母周辺をアズディックで円弧状に広く捜索しはじめた。U29は深く潜航し、深度を変えながら低速で退避したので、索敵を行なっている駆逐艦からはまったく危害がなかった。クレッチマーは、この索敵パターンの中に自分が求めている鍵があることを直感した。

戦争の最初の四ヵ月間にクレッチマーが撃沈したのはわずか六〇〇〇トン（三隻）に過ぎなかったが、ハンバー沖とインヴァーゴードン沖での機雷敷設作戦にも参加していた。これは、我々の船舶に対してドイツ海軍が上げたかなりの戦果となっていた――この時期の東海岸沖では、Uボートによって撃沈される連合軍船舶よりも、触雷して沈没するそれの方が多かったのだ――しかし、彼らは雷撃して船を沈めることに興奮もしなかったし、満足もしなかった。クレッチマーが、いささか向こう見ずでありながらも理にかなった攻撃法への手がかりを飽くまでも探求したのは、こうした鬱積があったからだ。クレッチマーはしかし、何回かの雷撃を敢行し、オークニー諸島及びシェトランド諸島沖でしばしば実りなく終わった作戦を主導したことで鉄十字章（二級）を、また、三回の作戦任務を完了したことで潜水艦従軍徽章を、さらに、敵水域での機雷敷設に出撃したことで鉄十字章（一級）を受章していた（原注：付録Aを参照）。

クリスマス前のこの年最後の出撃途中、U23はフォース湾近くのファーネ島沖で船団を攻撃した。三〇分もしないうちにデプトフォード号（四一〇一トン）を撃沈し（訳注：ローヴァー教授によると本船撃沈はU38によるもの。末尾表参照）、今度は数百トンに過ぎないような小型船に向けて船首前に機銃掃射すると、すぐに乗組員が救命艇に逃げ込んだ。見捨てられた船に魚雷を一本発射したが何も起きなかった。二本目を発射したがまたも爆発しなかった。三本目が船体中央部に命中し、小さな船は粉々に吹き飛んだ。生存者に聞いたところ、その船は沿岸貿易船のマグナス号（一三三九トン）だった（訳注：本船撃沈はU20によるもの。末尾表参照）。クレッチマーは新任の先任士官、フォン・ティーゼンハウゼン男爵に怒声を浴びせた（原注：ティーゼンハウゼンは新戦術に関してクレッチマーと同意見で、それを実践してもいた。同人は、U331の艦長を務めていた一九四一年一一月二五日、地中海においてHMSバーハムを護衛する駆逐艦の直衛線を突破してこれを雷撃、同艦は数分後に八六二人の士官、兵と共に沈没し、行動中に失われた初の英戦艦となった。後に捕虜になった際、ティーゼンハウゼンは英海軍省作戦室に連れて行かれ、数時間に渡って英上級士官の前でこの時の作戦行動を再現したのだった。訳注…同人はU23の先任ではなく次席)。

「あんな取るに足らぬものに魚雷を三本とはな」

この時の哨戒は、Uボート部隊の間で「クレッチマーのシェトランド出撃」として知れ渡るようになるものの幕開けとなった。航空偵察写真によると、英本国艦隊はプリーンの攻撃後、数隻の巡洋艦やすでに陸上げされている旧式戦艦アイアン・デュークをのぞいてスカパ・フローから姿を消し、大型艦はほかの錨地へと移動していた。U23に巡回偵察命令が与えられ、艦隊がシェトランド諸島を使っているかどうか、もしそうであるならどこにいるかを突き止めることになった。クレッチマーにとってこの巡回はほとんど無駄骨続きだったが、興味をそそる哨戒でもあった。諸島の小さな入江ごとに探索を行ない、夜間は浮上したまま時折その中に忍び込み、日中は潜望鏡深度で小湾の周辺をゆっくりと移動した。

一月一二日までに一週間近く哨戒を行なっていたが、この荒涼とした島の探索をいつまで続けても見るべきものはなかった。

その夜、薄暗くなってすぐ、クレッチマーはU23をインゲイン湾入江に向けさせた。すると驚いたことに、二隻の哨戒艇が水路両岸に停泊し、さらにその奥には見まがうはずのないタンカーの大きな影があるのが見えた。タンカーは戦争全期間を通じて、Uボートにとって商船の中でももっとも価値ある標的だった。ほぼ二時間に渡って、クレッチマーは潜望鏡を上げ下げしながらゆっくりと航走し、哨戒艇に気付かれないように湾に潜入する方法を探った。ついに浮上し、たった一つの進入路をとることにした。その二隻の哨戒艇の間を通ろうというのだ。

その小艦隊がそこで寝付いているのは明らかだった。発見される危険を冒してでも浮上して進入する必要がありそうだ。U23の舷側を流れ落ちる水の音とエンジンの低いうなりが静寂の中で際立ってしまうので、緊張した乗組員は、接近するにしたがって敵に気付かれてしまうのではないかと思った。クレッチマーは不意に、もし哨戒艇が死んだフリをしているのであれば、自分たちはすぐにでも死の十字砲火の「お膳」に据えられてしまうだろうと悟った。通り抜けるとき、哨戒艇はU23のつくる波の中でゆるやかに、しかしはっきりと上下に揺れていた。

それは、輝く月が平穏な光景を照らす、澄んだ明るい夜だった。距離が縮むにしたがって、艦首から巻き上がる白い泡がきらめく。エンジンの甲高い高速回転音の上に命令が響き渡る。そして魚雷が気泡の航跡をはっきりと残しながら、無警戒の目標に水を切って向かっていった。すでにU23は反転し、外洋に出ようとしていたその時、巨大な赤い火の玉が、引き裂くような轟音とともに空を揺るがした。この明かりで背の低い灰色のタンカーがしばしの間見えた。その直後、二度目の爆発が、湾全体におよぶほどの白い炎のかたまりを上げ、鋼鉄製の上部構造物全体が枝切れのように宙に打ち上げられた。

クレッチマーは、双眼鏡でそれぞれの哨戒艇を交互に観察しつづけていた。ぼんやりした青い光がその甲板に現われ、甲板沿いに走っている人の影がかすかに見える。北から吹く希薄な空気を通って叫び声がはっきりと聞こえた。その後、U23は二隻の軍艦の間をからくも通り抜けて外洋へと向かった。

クレッチマーとその士官は、全商船の船影を登載しているリストを検討した結果、撃沈したタンカーをダンマーク号（一万五一七トン）と正確に結論つけた。

このほかシェトランド諸島では、フェル入江に停泊中の巡洋艦らしきものを認めた。そこに忍び込み、魚雷を二本、無灯火の目標に向けて発射した。一本が閃光と轟音を発して命中すると、双眼鏡で目標をしっかりと見据えていたペーターゼンが、突然驚いたように叫んだ。

「巡洋艦ではありません、あれは岩です」

艦橋では、呆気にとられた沈黙がしばし続いた。それから、罠にはまったのではないかと、急いで湾周囲を調べた。何もなかった。

クレッチマーは初め、時間と気力、それに二本の魚雷を浪費したことに立腹せざるを得なかった。しかし、ほとんど噴出しそうな乗組員の表情を見るや、Uボート司令部にこう打電した。

「岩を雷撃するも、沈まず」

U23は変針し、フェアー・アイル水路と北海に針路をとった。途中、貨物船のポルツェラ号と沿岸貿易船のバルタングリア号を撃沈した（訳注：両船撃沈はそれぞれU25及びU19によるもの。末尾表参照）。キールに到着するまでに、U23は所属潜水戦隊の中で最長の出撃記録を持つ艦になった。

母艦で報告を行なうや、クレッチマーは成功を喜ぶ者たちに囲まれ祝福を受けた。自分自身は今回の出撃に失望していたので、作戦に関する詳細な報告をデーニッツが直ちに求めてきたのにはもっと驚いた。それを書き終えると、デーニッツがクレッチマーを呼びにやり、尋ねた。

「戦艦ネルソンへの雷撃はどうなった？」

「ネルソンですと？」

クレッチマーは驚いて大声を出した。

「ネルソンには雷撃しておりません。ネルソンなど目にしたことすらありません」

「なんだと！」

デーニッツが怒鳴った。通信士官に電話し、U23の最新の哨戒電信ファイルを持ってくるよう伝えた。士官が来ると、ファイルを手にとって急いで電信をめくった。

「あった」

提督は勝ち誇ったように呟いた。

「何と書いてある！」

依然として途方に暮れながら、クレッチマーはその電信を読んだ。

「ネルソンを雷撃するも、沈まず」

クレッチマーは困惑してしばらく頭を振っていたが、間違いに気付くと表情が変わった。ドイツ語で「岩」は〝Felson〟（訳注：原文どおり。正しくは〝Felsen〟）だが、通信途中で〝Nelson〟に変わってしまったのだ。

デーニッツが腰をおろした
「岩か」

ひとり言のように呟いた。

「すると君は岩を攻撃したわけだな」

一瞬後、提督は笑いで身を震わせていた。

「おいクレッチマーよ、もし君に私の思いが通じれば、二人とも笑ってなどおられんぞ。これを聞いた時のゲッベルスの顔が分かるかね？」

提督は受話器を取り上げると言った。

「ベルリンにつないでくれ。宣伝省だ」

クレッチマーに向き直った。

「よろしい。今晩の声明は取りやめさせよう。こう言うことになっていたのだ。『ネルソンはどこだ、チャーチルさん？』とな。あの首相からどんな返事がきたか、さほどの想像力もいらんことだろうて」

4　戦線、西方へ移動

一九四〇年二月一二日、U23はキールから八度目の哨戒に出撃した（訳注：同艦は二月九日、ヴィルヘルムスハーフェンから出撃した）。霧雨の降る、寒い荒涼とした日だった。間近に災難が迫っていることも知らずに、艦橋の見張員は舷縁の背後で縮こまっていた。突然一人の見張員が怒鳴った。

「右舷に魚雷」

向き直ると、クレッチマーは無意識に発令所に向かって叫んだ。

「面舵いっぱい。全速」

三本の泡の筋が迫っているのが見える。迫る魚雷の圧倒的速度に身をすくませながら艦橋で見守っている男たちにとって、回頭は痛々しいほど遅く感じられた。二本の魚雷が片側を、三本目が反対側をかすめた時、U23はまだ回頭の途中だった。

「ようそろ、潜航警報」

クレッチマーが命じ、U23が急角度で艦首を沈めると、当直員が艦橋ハッチへと飛び込んだ。

一五メートルで水平を保ち、電動機を始動させながら、水中聴音機が示す音源方位に耳を傾けた。水中聴音機は必要なかった。敵のプロペラ音は艦内中に鳴り響き、エンジンの速力を変える電気スイッチがカチカチと音を立てるのが聞こえた。

「あれは英潜です。すぐそばにいます」

機関長が発令所でささやいた。

プロペラ音が大きくなってきたので、クレッチマーは部下に対し、伏せて衝突にそなえるよう命じた。それからすぐ、U23はあたかも巨大な手にかすめられたかのようにゆるやかに揺れ動いた。船殻の外から聞こえる音は次第に弱まった。

その後すぐに浮上し、何事もなく集結地点に向けて航海を続けた。

六日後、黄昏から夜の帳が降り始める頃、クレッチマーはペーターゼンの話相手をしようと艦橋に登った。二人は艦橋前縁の上に腕を休めながら、標的が少ないと話し合った。クレッチマーはいつもの黒葉巻をふかしていた。その時、見張員が叫んだ。

「左一〇度に船影です、艦長」

ほかの見張員からも同様な報告を受けたので、船団が約三キロ前方を横切っているのは明らかだった。クレッチマーは葉巻を海に投げた。

ちょうどその時、一キロ半もない距離にいる一隻の駆逐艦が右舷前方の視野に入ってきた。それは船団から突如として外向きに離れ、正横をUボートに向ける針路を取っている――理想的な射点だ。すぐにもう一隻の駆逐艦が暗闇の中から左舷方向に現われた。まだかなり離れているし、危険性もないようだ。しかしクレッチマーにとって状況は差し迫っていた。二隻の駆逐艦に挟まれたことで偶然にも罠にかかってしまったように思えた。その時もし潜航していたら、英側にはU23をアズディックにより探知、撃沈する勝算があったかもしれない。しかしクレッチマーはそうせずに、浮上しながら退避することにした。だが、浮上して全速退避するには、右舷に接近している駆逐艦の撃沈を試みなければならないようだ。

駆逐艦の乗組員が下甲板入口を覆う遮光カーテンを通り抜けるたびに、青い光が短く甲板上に照らし出されるのが見える。クレッチマーは艦首を目標に向け、魚雷を二本発射した。距離が短かったので、U23が新たな針路につくや、攻撃した駆逐艦から突然、大音響が轟き、まばゆい光があたりを照らし出した。船団はそれによって完全に姿を現わし、クレッチマーも明るい炎の中で丸裸にされたような不快感を覚えた。

暗闇が再び訪れた。駆逐艦が横転し、空気と蒸気を勢い良く吹き出しながら海中に沈んでいくのが見えた。雷撃から沈没までわずか二分間の出来事だった。

クレッチマーは船団との平行針路を取り、再度攻撃を試みることにした。船団を見失ったのはその途中で、そのかわり無灯火の独航商船に遭遇した。クレッチマーは、これを船団からの落伍船か、あるいは船団に合流しようとしている船と踏んだ。

魚雷二本で攻撃すると、その船は爆発しながら沈んでゆき、船内からは大音響が聞こえた。これは五二二五トンの貨物船チベートン号だった。

三日後の夜、オークニー諸島東沿岸を南下中、U23は単独航行していた四九九六トンの貨物船ロック・マディ号を雷撃、撃沈した。それから北に向かい、魚雷をすべて使い果たしてから意気揚々と基地に帰還した。今回は開戦以来、もっとも実り多い哨戒となった。北海におけるクレッチマーの手柄立ては終わりつつあった。

司令部でデーニッツが言った。

「今回はシェトランド諸島の北で哨戒し、英本国艦隊の動向を報告してもらいたい。自衛措置以外の軍艦への攻撃を禁ずるが、商船に遭遇した場合は、適切とあればいかなる行動を取っても良い。しかし、最も重要なことは大艦隊の行動を我々に知らせるにある。帰投したら、君の異動について話をしよう。英国を占領したあかつきには、君にオークニー・シェトランド諸島の伯爵になってもらうよう総統に進言せねばならんだろうて。ほかのどの艦長よりも君はこの島々のことに通じていなくてはならん」

九日間が無為に過ぎ、この間、シェトランド諸島から来た二、三隻のトロール船以外、軍艦も商船の姿もまったく見えなかった。最終日の夕方、デーニッツはU23に打電し、全速でキールに帰投するよう命じた。三月二三日に到着したクレッチマーたちを待っていたのは最高司令部令で、それは同人に対し、U23の指揮権を代替艦長に譲り、さらなる命令を受けるべくUボート司令部に出頭するよう指示していた。

翌日、クレッチマーは一日かけて荷物をまとめた。U23を後にするのはこれが最後になった。同艦の艦長としてクレッチマーは、フォース湾からシェトランド諸島までの累計九六日間に及ぶ九回の哨戒をこなし、商船八隻と駆逐艦一隻の計九隻、三万トン以上を撃沈し、さらに東海岸の入江に機雷を敷設した。しかも、連合軍部隊から爆雷攻撃を受けることなくこれを達成した。

より重要なことは、もしUボートが英国の喉笛を食いちぎる役を水面下で存分に演じようというのであれば、戦術を変更しなければならないだろうという新たな考えがクレッチマーに芽生えたことだ。カレジャスの撃沈を契機として生まれたこの考えは、インゲイン湾に侵入し、二隻の駆逐艦の目と鼻の先で艦隊用タンカーを撃沈した時、また、英潜水艦が水面下の近距離でU23を通過した時、そして最後に、駆逐艦デアリングを撃沈した時に固まってきたものだった。これらの出来事によって、クレッチマーは論議の余地がない驚愕すべき一つの事実を発見した——探知されずに敵駆逐艦に接近することは可能だ。

四月の終わり近く、デーニッツ提督からキールに電信が届いた。それにはこう記載されていた。

「海軍総司令官の命により、キールにおいて海軍への引き渡し準備を完了したるU99の就役並びに指揮の任に貴官を就けるものとす。公式試運転を行ない、一九四〇年五月一日までに指揮に就かれたし」

U99は新型の基準排水量五〇〇トン級外洋潜水艦で、一二本の魚雷を艦首、艦尾の発射管に装填できる。乗組員の定員は艦長を含めて四四人で、旧型のU23と比べてまことに贅沢だった。クレッチマーはペーターゼン兵曹長の転任手続きを行ない、新たな先任となるバークステン中尉をキールで出迎えた。二人は新任の機関長とともに、U99を初めて見ようとドックにおりた。艦は潜水艦用埠頭に沿って横たわっており、Uボートというよりも水上乾燥葉巻さながらの様相を呈していた。太いワイヤーケーブルが艦首から艦尾にかけて巻きついており、弛んだ端がわびしく宙に突き出ていた。

四月三〇日、クレッチマーは最小限の乗組員と造船専門家を乗せ、公試のためU99をバルト海に出した。艦はあらかじめ決められた距離を一七ノットで一周した。初めて潜航する時は誰もが祈ったが、艦はさまざまの深度できちんと釣り合いをとった。初めて行う魚雷の斉射も滞りなく終わり、再装塡はU23の時よりも早かった。砲も送弾不良や故障を起こすことなく射撃演習を終えた。クレッチマーは造船専門家に発令所にとどまるよう命じ、その間、危機や危険な瞬間を体験した艦長のみが行なうことのできる離れ業を次々とU99で試した。

翌日、クレッチマーは港で受領書に署名し、ドイツ海軍を代表してU99を造船所の手から正式に受領した。軍高官も出席した就役式は二日後に行なわれた（訳注：同艦の正式な就役日は四月一八日）。

U99はクレッチマーがわずか数日前に見た船とは違って見えた。巻きついていたワイヤーは姿を消し、赤い防腐塗料部分は黒と灰色の暗い効果的な混色へと変わっており、それが日ざしの中で輝いていた。

その日一日、Uボート部隊きっての水測員の一人で先任電信員のユップ・カッセル一等兵曹が、食糧の積み込みを指揮監督した。カッセルには電信員の仕事のほかに、乗組員への日々の献立を担う給仕長としての役割もある。翌日午前八時、公試を仕上げるべくバルト海に向かった。U99が埠頭をはなれる時、造船所の監督と職員がやってきて手を振りながら見送った。

「そいつはいい船ですよ、艦長」

監督が艦橋のクレッチマーに叫んだ。

「よく面倒をみてやれば英海軍をぜんぶ沈めてくれますよ」

「そうすることにしますよ」

クレッチマーが叫んだ。

「監督がポーツマスの造船所を引き継いだ時にお会いすることになりましょう」

舫を解き、長くほっそりとしたU99は塗装もまばゆく、恐ろしいほど効率的に艦首で水を切りながら港をすべり出ていった。

考えうるあらゆる状況下で試験潜航を一週間行ない、クレッチマーが指揮を取り続けることができない場合に備えて、士官が順番に「艦長」として指揮を取った。

その次の週は船団攻撃演習に充てられることになっていた。商船二隻が一列に並んで航行しており、その後ろを守るのは、Uボートの訓練仕上げ用に開戦以来使われてきた駆逐艦の戦隊だった。これらの駆逐艦は撃退にかけては名人で、模擬攻撃がいつ行なわれるかが分かっているという強みを持っていたので、ことさら警戒していた。この直衛線を探知されずに突破できた潜水艦はほとんどなかったが、演習の結果は、商船を撃沈する力量によってではなく、むしろ発見されて反撃を受けた際にどういう行動を取ったかによって審査された。

バルト海への途中、クレッチマーは士官たちに、掃海済みの水路をU99で下らせることにした。一人の士官が、ブイの迂回を可能な限りうまく切りつめて、いいところを見せてやろうと夢中になった。クレッチマーが艦橋に上がると、艦がブイの一つに急接近しており、そのままいけばほぼ確実に衝突して、新品の船の舷側を傷つけかねないことに気が付いた。

呆気にとられている若い士官からすぐに指揮権を取り戻し、針路を若干修正して、すでに出された指示よりさらに五〇メートル遠くにブイを通り過ぎるよう命じた。クレッチマーがこうしたのにはほかにも訳があった。英国の潜水艦や航空機が定期的にこの水路に機雷を敷設しており、特にUボートに利用されているブイの近くに機雷があることを経験上知っていたのだ。

これを覚えていたのは無駄にはならなかった。そのブイを通過したとき、激しい爆発が起き、水が空中に吹き上がった。もし変針していなければ、そこにいたはずだ。そのとき艦は横に投げ出され、爆発で艦橋下の外板数ヵ所の合わせ目に被害がでた。もう少しで命取りになるところだったが、損害は軽微であり、クレッチマーは修理に帰投することにした。

修理が完了すると再度出航し、四日目の晩、クレッチマーは初めての模擬攻撃を実施した。夕暮れ後すぐ、駆逐艦の戦隊指揮官がその夜の針路と速力を打電し、クレッチマーは「衝突」針路を設定した。部下の士官たちが驚いたことに、迎撃点は通常より遅く、このため攻撃に許された時間は夜明け前の数時間しかなかった。

強風が吹き、海面が波立つ強壮な夜だった。真夜中に最初の船が視認されたとき、U99は船団の進路から約八キロ離れたところにいた。クレッチマーはゆっくりと近づき、それから一時間は平行して走り、ストップ・ウォッチで目標のジグザクをチェックした。U99は船団の風上に位置していた。それから大きな雲の層がやって来たのに気づいた。午前二時ころには月を覆い隠してくれるだろう。それを士官に知らせ、月が雲の背後に入ってから直ぐに攻撃すると告げた。初心な次席が厚かましくも尋ねた。

「いつ潜航するんですか、艦長」

「潜航はしない」

艦橋にいた誰もが絶句した。月が雲の背後に入る数分前に、船団に全速で接近し、護衛艦の暗い輪郭が徐々に目に入ってくると、クレッチマーはU99を駆逐艦二隻の間一キロ半ほどに広がる空間に向けさせた。乗組員が緊張しながら待機している傍ら、U99は、のんきにジグザグを続けている護衛艦の間をすり抜け、後ろの商船に向かった。クレッチマーは襲撃運動に入り、最初の船に沿って進むとサーチライトのスイッチを入れた。一瞬、驚きのあまり、全ての動きが止まったが、その後、最寄りの駆逐艦が何事かと突進してきた。数分後、U99が防御を突破して二隻の目標を撃沈したことが、戦隊指揮官にも徐々に分かってきた。指揮官は、敗北を認める短い信号をいくぶん無愛想に送った。クレッチマーは大得意だった。自分の水上攻撃構想が、こちらの動きを警戒し、その接近を全員で見張っていた駆逐艦の直衛線に対して機能したのだ。出撃の準備は整ったと感じた。

キールに戻ると、クレッチマーは自分が模擬攻撃をちょうど時間内に終えていたことに気付いた。デーニッツはクレッチマーに対し、公試を切りつめ、作戦任務に就くよう命じたが、クレッチマーは若干の修理を行なう期間として数日を要求した。

ついに準備万端ととのい、錨を上げた。前部甲板にいたバークステンから叫び声が上がったのは、出航しようとした時だった。右舷錨のフランジに馬蹄が垂れかかっており、それを一人の水兵が懸命に回収しようとしていた。クレッチマーは部下の「掘り出し物」に私心なく手を振ってこたえた。また叫び声が聞こえた。馬蹄がまた一つ、もう一方のフランジに上げられた。クレッチマーは微笑みながら大声で言った。

「馬はどこだ」

バークステンが艦橋に走って戻り、微笑みながらこう提案した。まだ艦の紋章が決まっていないので、めぐり合わせの良いこの馬蹄を使ってはどうかと。クレッチマーは同意した。その夜帰港すると、造船所の工員何人かにカネをつかませて残業してもらい、金に塗られた煌々と輝く馬蹄を艦橋の両側に取り付けさせた。作業が終わると工員も乗組員に合流し、ラム酒で一杯やりながら紋章「黄金の馬蹄」に洗礼を施した（原注：全てのUボートは、艦橋に何らかの紋章を塗装していた。哨戒ごとに塗装が剥がれてしまうので、常に塗り直さなければならなかった。U99の馬蹄は、帰投する前に簡単に塗装し直すことができた。訳注：全てのUボートが艦橋に紋章を描いていたわけではなく、特に一九四三年以降は防諜のため紋章を直接描くことが禁じられた）。

5　黄金期

六月一七日の夜明け、一二本の魚雷と六週間分の燃料、食糧を積んだU99は大西洋に向けてキールから出撃した（訳注：実際の出撃日は一八日）。キール運河を抜け、エルベ川を下る間も艦は完ぺきに機能しており、士気の高い乗組員は、幸運と効率性を兼ね備えた船に裏付けられた自信を感じていた。

初日夕暮れ前、機関員の一人が右腕のリウマチで不調を訴え、片腕だけでは仕事ができないとぼやいた。クレッチマーはこれに困り、この機関員が恐れをなして仮病をつかっているのに違いないと思いながらもキールに報告し、陸へ向かう船にその男を移すよう準備した。しかしその代わりに命じられたのは、当時ドイツの手中にあったノルウェーのベルゲン港へ向かい、その病人を陸揚げしてから航海を続行するようにということだった。

デーニッツからの別の電信は、クレッチマーに警告を発していた。巡洋戦艦シャルンホルストがノルウェー沿岸を南下しており、その艦載機が周囲五〇キロの海域で対潜哨戒を行なっている恐れがあるというのだ。このためU99は、巡洋艦の哨戒外を保たないと英潜と誤認され攻撃される恐れがあった。翌日、当直に立っていたバークステンが英潜を認めたとき、U99はシャルンホルスト艦載機の規定哨戒範囲のかなり沖合にいた。クレッチマーは、敵がすでにこちらを発見しているだろうと推測し、浮上したままでいることにした。しかし英潜の動きをみると、こちらの存在に気付いていないことがすぐに分かったので、それと十分な距離を置くべくU99を変針させた。

ちょうどその時、敵はU99を視認するや潜航し、恐らく雷撃するものと思われた。クレッチマーは全速航走したので、すぐに射程外に出た。バークステンを見張りに残して艦内に入ろうとすると、ペーターゼンが、敵潜を避けているうちにシャルンホルストの推定位置に近づいてしまったと打ち明けた。ほぼ同時に、見張員の一人が接近中の航空機一機を発見した。機首が下を向き、急降下攻撃を行なおうとしているようだったので、クレッチマーは「潜航警報」を発し、潜航を始めた。その時は知る由もなかったが、これはシャルンホルスト艦載機であり、そのパイロットは下にいる潜水艦がすぐに急速潜航を行なったのを見て、英潜が逃げようとしていると思ったのだ。

パイロットが攻撃を開始した。U99の艦橋がまだわずかに海面上に出ている時、みごとに狙いをつけた第一弾が舷側の海面に円弧を描きながら着水し、その衝撃で爆発した。艦内に浸水はなかったものの、攻撃用潜望鏡が上下しなくなり、レンズが割れたほか、両方のコンパスも故障した。乗組員の何人かにとっては、友軍機から砲火の洗礼を受けるという皮肉な結果になった。クレッチマーは、本来の航路から逸脱する原因となった病人機関兵を呪い、再浮上してからベルゲンへの航行を継続した。暗くなる少し前にノルウェーの港に到着し、現われた内火艇が病人を連れ去る間、港口に留まっていた。

重要機器に大きな損傷を受けたので、クレッチマーは修理にヴィルヘルムスハーフェンに戻ることにした。この旨打診しようとしているちょうどその時、デーニッツから興奮した調子の電信が届いた。それにはこう書かれていた。

「シャルンホルスト艦載機が、貴艦位置における敵潜水艦の撃沈を報告せり。貴官に異状なきや」

クレッチマーが、自分の身に別状はないが修理の必要があると返答すると、速やかにヴィルヘルムスハーフェンに帰投するよう言われた。

デーニッツは、空襲に関するクレッチマーの説明に耳を傾けた。それが規定哨戒範囲外で起きたのは明白だ。艦載機のパイロットを責める提督の言葉はほとんど支離滅裂だったが、クレッチマーには、これが自分に対する提督の愛情だとすぐにピンときた。実際は、クレッチマーだけがこの「親父」から寵愛を受けていたわけではない。デーニッツは自分自身でこれら若き艦長のほとんどを育てあげた。課している任務の巨大さに見合う者はごくわずかでしかなかったため、まるで雛を育てる雌鳥のように彼らを世話していたデーニッツは、図らずもその中の一羽でも奪おうとするよそ者に対しては、それが誰であれ、烈火のごとく怒る傾向があった。

U99は三日後に修理を完了し、大西洋に向けて再度出撃した。翌週はほとんど浮上しながら北海を横断し、オークニーとシェトランド両諸島の間に位置するクレッチマーの昔なじみの場所、フェアー島水路を通過して大西洋に入り、それからヘブリディーズ諸島の西を南下して北アイルランド沖の船団進入路、ノース海峡を横断、さらにノース海峡とアイリッシュ海に続く南西近接海域で哨戒を行なうべくアイルランド沿岸を南下した。これはクレッチマーにとって大西洋での初の冒険だった。七月五日、哨戒についた旨報告した。

この晴天の日の午後四時一五分、そよ風が大西洋の長いうねりの上をかけていく中で、U99は索敵を行なうと同時に、航空機から身を隠すため潜望鏡深度で航走していた。そのとき、クレッチマーがジグザグ航行で接近してくる汽船を発見した。

「左五度……あれだ。ようそろ」

「機関長、一番管魚雷戦用意。艦首釣り合いを保て」

「発射用意」

「一番管発射……」

空気の噴射音がすると艦が緩やかに揺れ、艦首から射出された魚雷は調定された深度と針路に落ち着いた。クレッチマーは潜望鏡を上げたまま雷跡を見ている。突然、一瞬の閃光と鈍い轟音があったかとおもうとその汽船は真っ二つに折れ、前部がゆっくりと海の中に沈む一方、後部は直立した。乗組員が前部からも後部からも海に飛び込んでいる。二隻の救命艇が後部を離れた。それは永遠に直立してそこに浮かんでいるかのように思えたが、ついに後ろ向きに海中にすべりこみ、そして消えていった。

急いで潜望鏡で水平線を見回した。水中聴音機に感がなかったのでクレッチマーは浮上することにし、撃沈した船の名を生存者から聞きだそうとした。低速で最初の救命艇に近づくと、二等兵曹が艦橋にかけ上がってきて短機関銃をかまえた。突きつけられた銃に乗組員たちが驚いているのがクレッチマーに見えた。彼らは、弾丸の雨が降ってくるに違いないと見込んで、それから逃れようと今にも救命艇の向こう側から海に飛び込もうとしている。クレッチマーは憤慨して兵曹に怒鳴った。

「銃をしまって下に降りろ。ここにいる間は上がってくるな」

動揺しながらもその兵曹は応酬した。

「訓練学校では、味方が生存者を助けようとしているときに逆に発砲されることを想定するように言われました」

クレッチマーが返した。

「下に降りろ」

それから英語で生存者に向かって叫んだ。

「銃については申し訳なかった。諸君を傷つけるつもりはない」

クレッチマーは上級士官を示す制服を着ている男に話しかけた。

「船の名は？」

「言えんな」

「船長は生きているか」

「わたしが船長だ」

「何の船だ」

沈黙。そして……、

「言えない」

クレッチマーは救命艇の周囲を旋回し、より近づいた。

「救命艇に船名が書いてあるのが見えるがね。もう少しペンキを厚く塗るべきだったのにな。マゴッグ号のようだが、それでよろしいか」

「そうだ」

「それならいい」

クレッチマーはポーカーフェイスの船長に愛想よく微笑んだ。

発令所からカッセルが持ってきたロイズ船舶登記簿を一瞥すると、マゴッグ号の名には二〇五三というトン数が与えられていた。

「よろしい。諸君はアイルランド沿岸からそう遠くないところにいる。風に流されて南に行き過ぎないように。さもないとフランスに行き着いてしまう。それが何を意味するか分かっているだろう」

カナダ人の船長は今度は微笑むと、自分の喉に指を一本横にあてた。

「いや、そんなに悪くはないさ」

クレッチマーがその船長に請け合った。

「みんなズブ濡れで油まみれだな。負傷者はいないか」

船長が頭を横に振ると、クレッチマーはブランディを一本持ってくるようにカッセルに大声で命じた。ビンを抱えて現われたカッセルがそれを救命艇に向けて振った。すると、船長の号令で生存者が艇を漕いでUボートにさらに近づいてきたので、カッセルがボトルをおろして渡してやった。U99は速度を上げ、西をめざした。船長は、船を沈めた次にはブランデイをくれたUボート艦長にどう応じてよいものか思案していたが、U99がまだ近くにいたとき、救命艇の後ろで突然立ち上がり、そして叫んだ。

「ありがとう」

クレッチマーは腕を振ってこたえた。救命艇は徐々に水平線の彼方へ消えていった。

翌日の夕暮れ時、長短の時間をおいてジグザグ航行しながら大西洋に出てきた一隻の貨物船を発見した。闇が近づいているというのに無灯火だった。クレッチマーは、その船の船尾備砲を見るとまずまずの標的と認めた。しかし、サンダーランド飛行艇が護衛するかのように汽船の上を旋回しているのが見えた。攻撃せずに慎重に引き下がり、潜航した。

翌日の午後、別の独航船が視野の中に現われた。危険を避けようと速度を出しているのは明らかだ。その船は、U99の脇五〇〇メートル足らずを航過するはずの完璧な目標だ。クレッチマーは有頂天になって古典的水中攻撃の準備をした。潜望鏡深度で忍び寄りながら、U99は吊るされた死体さながらピクリとも動かなかった。クレッチマーは一瞬パニックに陥った。輪郭からは汽船のアストロノマー型のように見える。Uボート艦長たちは、この級の船がQシップ――Uボート攻撃用の重武装囮船――として英軍に使われているとの警告を受けていた。装甲を貫通するよう、続けて魚雷を二本発射することにした。距離がつまるとこの考えをすぐに改め、一本だけ発射する準備を整えた。

魚雷が船体中央に命中するや、カッセルにはその船のSOSが聞こえた。船名をビッセン号と名乗り、後にクレッチマーはこの船を一五一四トンのスウェーデン船と識別した。誰もいない海でその船が沈むのを見届けたちょうどその時、カッセルがプロペラ音の接近を水中聴音機に捉えた。クレッチマーは潜望鏡深度を保ち、その海域からゆっくりと移動した。

真夜中に艦橋でタバコを吸っていると、見張員が西方近接海域から出てきた船団を発見した。クレッチマーがタバコを投げ捨てたので、乗組員の間から、艦長が初の船団攻撃をやろうとしているという声があがった。二時間近く全速で水上航走し、夜明け前までに船団左舷前方の射点に達しようとしたが、クレッチマーはこの行動に若干の不安を感じた。燃料がなくなりかけていることがよく分かっていたからだ。実際、余りに心配だったので、夜明け後に船団の前で潜航してから潜望鏡深度に戻ろうとすぐに決めた。カッセルが聴音機で左舷方向に強い感を得たとき、一瞬緊張がはしった。クレッチマーが潜望鏡を回すと一〇〇メートル足らずの距離に一隻の駆逐艦を認めた。しかし、その駆逐艦は変針して離れていったので、船団が自分たちの上をゆっくりと通り過ぎていずれかの側に行くにまかせることができた。

魚雷の発射装置は射角が九〇度でも機能するようになっているので、船団がそのままの針路でU99を通過した時の雷撃にそなえた。クレッチマーの考えは、魚雷すべてを使い果たすまで左右に撃ちつづけるというものだ。最初の船が視野に入るや叫んだ。

「発射！」

しかし調定が正確でなく、結局、艦尾の魚雷一本がその後に発射された。その魚雷は正確に九〇度に曲がって駛走していった。それから、視野にある一隻の船の、ちょうど後ろに位置する船から鈍い爆発音と眩い閃光が上がった。この大型船はユニオン・キャッスルの定期船に見えなくもない輪郭をしていたが、実際はハンバー・アーム号だった。安全確保のため深みに潜って船団から離れ、魚雷を正しく調定するのに長い時間がかかった理由を調べた。

戦闘日誌にはこの行動の成り行きがありありと記述されている。

○八○六時　右舷に接近する推進機音を認む。トリム三○メートルを下令。今回は爆雷の洗礼を受くものと確信す。攻撃せんと護衛艦が急速接近中。

○八○九時　推進機音は微弱。護衛艦が本艦を失尾した可能性あり。針路、速力を維持。

○八一○時　護衛艦の速力増。今次は攻撃なり。針路、速力を維持。

クレッチマーは駆逐艦に攻撃されるものと確信した。事実、敵艦は、造船所を離れた最初のコルベット艦の一隻であり、大西洋の護衛グループへの増援となっていたのだ。最初の散布帯一○発がUボートを揺るがし、固定されていないもの全てをデッキ上に投げ出した。近すぎる。針路、速力を維持しながら一○○メートルまでさらに潜航した。しかし爆雷は依然近い。クレッチマーは、聴音機とジャイロコンパス以外の電動機器のスイッチを切るよう命じた。電動機に電力を供給するバッテリーを節約するため速力を落とし、深度を維持するためにだけプロペラを回すようにした。二時間ほぼ休みなく続いた爆雷攻撃の後、爆発の衝撃の中で酸素の供給が切れた。乗組員は、汚れた空気を浄化するアルカリケースにチューブでつながる呼吸マスクを被った。

聴音速力で深度を維持しながら、U99は駆逐艦からゆっくり遠ざかった。海上の敵は一定の間隔をおきながら恐怖の爆雷をさらに投下し、それらがU99のすぐ脇で爆発する恐れもあった。クレッチマーは十分な量のチョコレートとビスケットを配給するよう命じ、乗組員は皆、ほとんど残っていない空気を節約するため、潜航配置のままその場で横になった。カッセルは水中聴音機の前にとどまり、上の敵の動きを逐一、単調に報告している。

「敵は直上にいます、艦長」

そうカッセルが怒鳴ると、すでに周囲の海中を転がり落ちてきている爆雷の爆発に皆が身構えた。

六時間が過ぎると攻撃もとぎれ、クレッチマーは横になるとじきに眠りに落ちた。しかし四〇分後、攻撃が再開されて目覚めると、爆雷の爆発で艦がひどく片側に傾いているのが分かった。ほとんどの乗組員は今やマスクの奥で大きく喘ぎながら息をしている。もはやこれ以上生き長らえないのは明らかだった。クレッチマーは生き残りのチャンスを考え始めた。今にもバッテリーがあがりそうだし、いくらかでも速力を出せる電力が残っていなければ艦は沈んでしまう。そこで、この海域の水深が大き過ぎないか思い出そうとした。つまり、着底する前に圧壊してしまうかどうかということだ。

海上の護衛艦がじきに爆雷を使い果たしてしまうに違いないと思ったが、そんなことは慰めにしか過ぎないことが分かった。なぜなら、ほかの駆逐艦がすでにこの場所に向かっているものと思いついたからだ。だがクレッチマーは、恐れというものをおくびにも出さなかった。

聴音機のそばにいるカッセルは、艦長が発令所のデッキにすわって本を読んでいるのを見て驚いた。探偵モノだ。しかもそれに完全に没頭しているように見える。爆雷が皆を吹き飛ばし、転倒させ、何千もの夕ガネが鋼鉄をきしらせているような恐怖の中でも、感情というものをまったく露にしていない。しかし、カッセルは一時間もしないうちに、クレッチマーが本を読んでいるその光景の中に違和感を覚えた。肩越しにもう少しよく見ると、艦長がページをめくっていないことにふと気がついた。そういえば、表紙を最初に開いた時から同じページを見ている。さらによく見れば、本が上下逆さまだ。そのときカッセルの中に、クレッチマーに対する今日まで忘れがたき親愛感が芽生えた。カッセルは、Uボート艦長が乗組員に示した模範の中でも、この事例は最高の部類だったと回想する。確かに、上下逆になった本の同じページを見ながら何時間も座りつづけるには、強靭な意志の力を要したに違いない。

一二時間後、爆雷の爆発音がさらに遠のいた。今まで誰も便所を使うことができなかった。万が一にも排泄物が海面に浮上すれば、敵に位置をさらしてしまうからだ。艦内の空気は汚れ、潜水艦乗りなら誰でもが恐れる二酸化炭素の危険な臭いがするようだった。クレッチマーは最初の攻撃時から同じ針路を維持していたが、今になって、不意に変針すれば敵の追尾をまくことができるかもしれないと考えた。バッテリーが上がりかけていたので速力が低下し、深度計の針は艦が二〇〇メートル近くも潜っていることを示している――この級のUボートの安全潜航深度を五〇メートルも上まわっていた。面舵を取り、一二時間維持してきた針路に対して九〇度の針路に付いた。

聴音機を操作しているカッセルには、敵が直上を通過するのが聞こえた。しかしこのときは爆雷はなかった。息抜きは短かった。一〇分後、またも爆発が起きた。が、さらに遠ざかったので、乗組員は初めて生存の希望を持ちはじめた。クレッチマーはバッテリーの電力残量を示す計器を見やり、圧壊深度に沈まないようにするには、一時間以内に浮上する必要があろうと判断した。一時間が過ぎ、依然、爆雷が付近に降っていたが、危険な距離ではなかった。午後一〇時二八分――攻撃開始から一四時間以上が経過――最後の爆発音を数えると、ペーターゼンは一二七発目の爆雷の印を戦闘日誌に書き込んだ。それが最後だった。バッテリーは数時間前に切れているはずだったが、持ちこたえてくれることを祈りながら海中にさらに五時間とどまった。

翌朝午前三時半になる少し前、最後の電力がバッテリーから供給されると、U99は穏やかな暗い大西洋の中へと浮上した。それまで海面下に、しかも継続的な攻撃の下に二〇時間近くいたわけだ。クレッチマーは力を振り絞って、ハッチを開け、艦橋に駆け上がった。振り返ると、内部の黄色くにごった悪臭をはなつ空気が、吐き気を催すような汚れた柱となって艦外に噴出しているのが見えた。それは腐敗物の緑がかった色をしていた。ディーゼルエンジンが起動し、乗組員が澄んだ新鮮な塩辛い空気を胸いっぱいに吸い込もうと甲板上に殺到した。

三〇分近くが経過すると、損傷を点検するだけの力が出せるようになった。壊れやすいものはすべて砕かれ、可動部分はみな故障していた。しかし重要機器と船殻は激しい爆発にも耐え、無傷のままだった。クレッチマーは北に針路をとり、哨戒を継続すべく全速で前進した。戦闘日誌にはこう記した。

「我々は皆、クリスマス時季の学童のごとく感じた。爆雷攻撃にまつわる全てが目耳に新しく、次に何が起きるかも分からなかった。物音はみな耳慣れず、艦内で鳴り響く騒音は破滅を予感させた。今や我々は、敵からあらん限りの贈物を受け取った。我々はみなわが艦に新たな信頼をよせ、馬蹄の下で航海を行なっていることに特別な祈りを捧げるものである」

それから二四時間後――七月一〇日――アイルランド北岸に向かう独航船がこちらに向かってくるのを視認した。午後遅くなって浮上し、夕暮れ後に射点を占位できるよう速力を保ちながら目標に向かった。汽船は長い間隔をおきながらジグザグ航行している。完全に暗くなる直前に魚雷一本を発射すると、前部マストの真下に命中した。その船の乗組員がすぐにボートを降ろし始めるのが見えるほどの近さだ。クレッチマーは二〇分待ってから船に接近し、砲撃によってその最期を早めてやろうとした。しかし、第一弾が砲撃可能になる前に、船が突然左舷に傾き、船尾が宙高くせり上がった。滑らかに、しかし、引き裂かれる梁の轟音とともに、船はまっさかさまに沈んでいった。そのとき、右舷数キロ向こうの空に照明弾が照らされた。

クレッチマーは、付近に軍艦がいることから、生存者に質問を行なう時間や救助する時間はまったくないだろうと判断し、全速で離脱した。カッセルは目標の救難信号をすでに受信しており、ペトサモ号四五九六トンと書き留めていた（訳注：本船撃沈はU34によるもの。末尾表参照）。

翌日は何もなかったが、夕方になって西へ向かう小型貨物船の姿を認めると、クレッチマーはこれを砲撃によって撃沈しようとした。二〇〇メートル足らずまで接近し、警告射撃を一発放った。汽船は停止し、乗組員がボートに乗り移った。その中の一隻がU99の横にこぎ着けると、驚いたことに女性が七人乗っている。ベルクマンが声に出して数えたが、誰が見ても間違いない。笑いで大声が出せなくなったクレッチマーだったが、なんとか船名と国籍を尋ねた。不安でびくびくしている船長があやしげな英語で答えた。

「メリサー号……エストニア」

気まぐれ半分でクレッチマーは、船を拿捕した初のUボート艦長になってやろうと考えた。ゆっくりと、注意深く言葉を選びながら告げた。

「諸君らは今やドイツ海軍に拿捕された。ボルドーに針路を取り、そこに着いたら港湾当局に、U99に捕まって拿捕船として送り込まれてきたと伝えたまえ。分かったか？　逃げようとするな。水中で諸君らを追うからだ。針路から一度でも外れたら雷撃する。分かったな」

エストニア人の船長はうなずくと力強く手を振った。U99が浮上している間にボートは船に戻り、まもなくして船は回頭してからボルドーに向かう針路へと進んでいった。

四日後、アイルランド南端に近づいている時、イギリス海峡に向かっている無灯火船を見つけた。クレッチマーに残された魚雷は四本だったので、この貨物船に一本を使うことにした。全速で目標に向いながら、握りこぶしを自分の前に突き出し、バークステンに言った

「わたしのこぶしが船を覆い隠したとき、発射を命ずる。それからどうなるか見ようじゃないか」

二分後、魚雷が貨物船に駆走していき、船体中央に直撃した。無線通信が急増し、カッセルが船の名をエブドキシア号と報告した（訳注：本船撃沈はU34によるもの。末尾表参照）。被雷した船の乗組員が離船し、ボートが着弾範囲から十分離れるのを見とどけると、クレッチ

マーはエルフェ中尉に、船を砲撃して沈めるように命じた。三〇分で五〇発以上を水線近くの船殻に、さらに二〇発ほどの黄燐発煙弾を上部構造物に撃ち込んだ。暗い、どんよりした夜だったが、遂に目標に火が付き、周辺海域数キロを照らし出した。クレッチマーには、救命艇の生存者が自分に向けてこぶしを振っているのが見えた。

船のほうは依然、沈む気配を見せていないため、クレッチマーは苛立ちを隠そうともせずに、もう一本魚雷を見舞うことにした。これが船体後部に命中すると、後半部全体がすぐに沈んでいった。前部もじきにこれに続いた。

翌朝、別の汽船が南からイングランドへ向かっているのを認めた。残った最後の魚雷二本で水中攻撃を行なうと、一本が船尾付近に、もう一本は船首に命中した。カッセルは六〇〇メートル周波数帯でSOSを傍受し、船名をウッドベリー号と記録した——かろうじて間に合った。というのも、発信が繰り返されている一方で、ウッドベリー号は内側に傾き、真っ二つに裂けたからだ。二〇秒後に船は消え去った。無線機についていたカッセルには、艦橋見張員の一人がこうつぶやいたのが聞こえた。

「皆きっと船と道連れだったろうに」

その見張員は、救援信号を送り続けながら無線室に閉じ込められたに違いない敵の通信士を思って強い不快感を覚えていたのだ。しかし、事態は思ったほど悪くなく、残骸の中には生存者で混みあう三艘の筏があった。

クレッチマーは途方に暮れた。筏は風と潮流で漂い、生存者は風雨にさらされて死んでしまうだろう。予備の毛布全部とラム酒の小樽を持ってくるよう命じると、U99を最寄りの筏に向けた。生き残った船員らは、Uボートが筏に衝突して沈没させようとしているものと考えて必死になって命乞いをしていたが、やがて海に飛び込み逃れた。数秒のうちに筏には誰もいなくなり、男たちは命からがら泳ぎ続けた。クレッチマーはU99を停止させ、海中の男たちには何も言わずに、毛布とラム酒を筏に投げ込むよう命じた。それから後進し、西方をめざした。

ウッドベリー号撃沈の後、クレッチマーはヴィルヘルムスハーフェンに対し、全魚雷を使い果たした旨と、さらなる命令を待つ旨打電した。返答はその日の午後遅くきた。全速でフランスのロリアン港に向かうことになった。

イギリス海峡を通過し、大西洋に面するロリアン港に入港した。ここに居を構えたUボートの中でもU99は第一陣の一隻となった。同港が「エースたちの基地」になったのはこの時だ。キーサイドでU99を迎えようとしていたのは、デーニッツの参謀の先発隊だった。彼らは、司令長官の新司令部を設営するために到着していたのだった。それは、本来の基地から三キロほど離れた、海を見渡す屋敷の中に設けられることになっていた。クレッチマーにとって目下の緊急課題は、部下に清潔な服を見つけてやることだった。彼らのオーバーオールは汚らしく、爆雷攻撃を受けた際の腐った空気の悪臭がまだ残っていた。これには陸軍司令官の助言が役立った。司令官は、英海外派遣軍が残していった戦闘服が山積みされている倉庫のことを教えてくれたのだ。カッセルとベルグマン二等兵曹がその倉庫に作業団を連れて行き、カーキ色の軍服をトラックいっぱいに携えて戻ってくると、それらを乗組員に配布した。

乗組員はそれを着ると、クレッチマーによる閲兵のため波止場に整列した。クレッチマー自身はぴったりの戦闘服で小ぎれいに装っている。部下が英軍の襲撃部隊の一団に誤認されることを恐れたクレッチマーは、よりドイツ軍らしく見えるよう襟回りにモールを縫い付けるように部下に告げた。陸軍司令官には念のため、もしロリアン周辺で奇妙な制服を着た男たちがうろついているのを見たとしても、逮捕しないよう部隊に通告するように頼んだ。それから、死を連想させる臭いを艦から除去する大掃除を行なった。皆の心中には依然として、あの地獄の爆雷攻撃の恐ろしい記憶があったからだ。

参謀たちは、クレッチマーとその士官が自分たちと同じホテル「ボー・セジュール」に泊まれるよう手はずを整えており、一般乗組員には「ピジョン・ブラン」に予約をいれていた。士官室は知事公邸にすでに設置されていたが、これはもともと作戦指揮本部として設営されていたものだった。

上陸初夜、クレッチマーは、激しい爆雷攻撃の下でも誰一人として取り乱さなかった部下に以前よりもまして親近感を感じたため、彼ら全員を夕食に招待した。皆を喜ばせようと汲々としている参謀たちは、テーブルをいくつか大きなU字型に並べ、艦長が招待した客人四三人が座れるようにした。

食事の後、兵たちはロリアンを探索しに立ち去った。ドイツのみならずパリからも遠く離れた海軍基地には、ゲシュタポがまったくいなかった。また、軍はフランス人と適切な関係にあったので、水兵には両者の側に真の寛容さが浸透しているのが分かった。船乗りのいるところはどこでもそうだが、彼らは大挙して赤線地区の薄暗い明かりに照らされたカフェやレストラン、クラブに向かった。死地から間一髪で逃れおおせた記憶も生々しいまま、U99乗組員はここで以前にもまして、飲んで浮かれて馬鹿騒ぎしようとしていた。カッセル、ベルクマン、シュナーベル、クラーゼンといった下士官たちは、どこよりも大音響で音楽がかかっているカフェのテーブルを囲むと、飲兵衛の沈着を示してまずはシャンパンを注文し、今度はワインを次から次へと飲み干した。自分たちの体質が、このフランス製の濃厚な熟成物に馴染んでいないということも忘れつつ。

午前零時になるかなり前に、彼らは無一文になってホテルへと千鳥足で帰っていった。前後不覚状態の四人の下士官は、遅い時間も手伝ってか、間違って街の表通りを下り、騒ぎ立てながら、ピジョン・ブランに行くべきところをホテル・ボー・セジュールに向かった。ボー・セジュールのラウンジの窓が通りとほとんど同じ高さまで下がり、クレッチマーが窓から通りをのぞき込んでいるのが見えた。カッセルの合図で四人は用心深くひざまずき、大げさに警戒しながら窓枠の下を這って通り抜け始めた。だが、彼らのささやきは叫び声のように響き、忍び笑いがクレッチマーの耳に入った。こわばった四人は、今度はそのままの姿勢で口を歪めてニヤつき、這いながら敬礼しようとした。彼らは次々に腹ばいに倒れて転げまわりつつ、依然として酔ったニヤつき顔を見せている。怒ったクレッチマーは彼らに背を向けて窓から消えた。

翌朝、クレッチマーは乗組員を艦傍らのキーサイドに整列させ、行動規範について訓戒を垂れ始めた。乗組員には艦上同様、陸でも規律を正し、艦と軍服——皆が着ているのは英軍の戦闘服だったので的外れではあるが――に誇りを持って欲しいと語った。また、目撃したような光景がこれからも繰り返されるのなら、最も重い懲戒処分をとるであろうと言明した。次の数日間、クレッチマーはロリアンに出向き、哨戒を終えて新たな基地に転向させられたUボート、あるいはドイツから直接回航されてきた他のUボートを出迎えた。ホテルは、ヴィルヘルムスハーフェンから参謀が続々と到着するにしたがっていっぱいになった。デーニッツはすでにパリに到着し、同地に中央通信所を設置していた。七月二十四日、U99は出撃命令を受けた。

一九四〇年七月二九日〇四〇〇時
海面穏やかなれど、長いうねり。軽風。月光明るく曇り。ノース海峡海域の横断哨戒に付くべく正北に針路をとる。水上航走速力八ノット。見張り中、船影なし。

エルフェ中尉は航海日誌に必要事項の記載を終えると、クレッチマーと先任のバークステンに寝る前の挨拶を言った。四五分後、月が雲裏から現われ、大西洋に出ようとしている独航船を五キロほど向こうに照らしだした。時刻を確かめたクレッチマーは、夜明けまでの時間と空中哨戒の可能性を比較考量し、水上攻撃を行なうことにした。U99は前後を大きく揺すりながら全速で目標に突進し、午前五時には射点についた。距離が約二キロ半につまったとき、クレッチマーが叫んだ。

「一番管、発射！」

燐光の乱れと発射管の射出音が、驀進する魚雷の旅立ちを告げた。一分もしないうちに大きな爆発音が目標後部に起き、ほぼ同じくして、六〇〇メートル波で救助を求める平文をカッセルが傍受した。

「オークランド・スター号、北緯五二度一七分、西経一二度三二分で雷撃さる。至急、救援を求む」（訳注：本船がU99に雷撃されたのは二八日。末尾表参照）

クレッチマーが心配して東を見ると、空虚な水平線の向こうに夜明けの兆しが見え始めていた。不意に、空気を切る弾丸の音が頭上をかすめた。これには仰天し、雷撃した商船に双眼鏡を振り向けた。船の乗組員はボートに乗り移っているが、船尾では砲員がU99に正確に狙いをつけて発砲している。クレッチマーは艦に穴を開けられたくなかったし、とりわけ無線信号が発せられた後だったこともあり、潜航してもう一本魚雷を見舞うことにした。

潜望鏡を通してもう一度目標を見ると、救命艇がオークランド・スター号から離れようとしているのが見えた。クレッチマーが直ちに命じ、二本目の魚雷が死の任務におもむいた。今度は船橋と煙突の間に直撃した。だが、まだ沈む気配はない。立腹したクレッチマーが三本目の魚雷を発射すると、二本目と同じ部位に命中した。オークランド・スター号は海中でせり上がってゆっくりと回転し、ためらいがちに傾きながら、遂には転覆した。この船は午前七時三三分に姿を消し、U99は浮上して全速でその場を離れた。クレッチマーには、このブルー・スター定期船の信号に応えて航空機が送りこまれてくるものと分かっていた。

クレッチマーが髭剃りに艦内に下りていったので、シュミット二等水兵はトイレ、船員用語でいうところの「ヘッド」に行くことにした。ズボンを下ろすや、艦内で一番静かなその場所で、死を思わせるプロペラのせわしない振動音を聞いた。ズボンをあとに残したまま飛び出し、魚雷の接近を艦橋に向かって必死に叫んだ。艦橋にいたペーターゼンが双眼鏡を使って周囲を見渡したが、何も見えなかったので怒鳴り返した。

「この大バカ野郎、シュミット。戻って用を足せ」

シュミットは意気消沈しながらも、何かを聞いたのは間違いないと思いつつ、言われたとおりにした。便座に再び座ったその時、艦内が急に騒がしくなった。見張員が潜望鏡を発見したのだ。艦尾の狭いシルエットを敵に向けようとペーターゼンが変針すると、反対側から二つの大きな爆発音が聞こえた。これは英潜が発射した魚雷だが、結局はずれて自爆したものだった。

クレッチマーは大急ぎで艦橋に駆け上がり、指揮をとった。アイルランドのかなり西方にいたので、その海域に英潜がいるのは奇妙に思えた。しばし高速で離脱したので、水中では低速しか出せない敵をまいたはずだ。その時クレッチマーは、オークランド・スター号の沈没点付近に戻っていることに気が付いた。午前八時、航空機を認めたため潜航し、この機を利用して前部魚雷発射管に再装塡した。午前一〇時に浮上すると、高速航走しながら西に針路をとった。しかしその一〇分後、別の空襲警報のため再潜航した。

ブルー・スター定期船の信号に応じて航空機が現われるはずだと、クレッチマーが予測したのは正しかった。U99は午後に南方に回頭し、夕暮れ時に再浮上した。日没直前、U99の中でも最優秀の見張員二人が、大きくジグザグ航行している商船を報告した。ウィーン出身のこの二人は、夜間でも船を発見できるという驚くべき天賦の才能をもっていたため、「汽ク・ライン船の疫病神」として知られていた。クレッチマーは艦橋に上がり、そこにいたバークステンと共に、クラン・ライン船の重載貨装置のシルエットを認めた。相手はおよそ一六ノット出していたので、全速で目標前方の射点を占めようと考えた。長い大きなうねりの中では、U99が一六ノットのさらにその上を出すことなど不可能であり、前に出ることなど到底できそうになかった。しかし、ジグザグ運動は汽船の速力をそぎ、平均針路にして一二ノットほどに減速した。

二時間後、U99は目標の右舷前方にいた。最初の魚雷は約三キロの距離から発射されたが、命中しなかったか、あるいは爆発しなかった。しかし二本目が船体中央に命中すると目標は停止し、船尾を下げながら徐々に海中に没した。しかしそれ以上沈むようには見えなかった。無線機についているカッセルが、今になってようやく救難信号を受信した。

「クラン・メンズィース号、北緯五四度一〇分、西経一二度〇分。Uボートの雷撃を受く」

クレッチマーはこれ以上の魚雷をこの船に浪費したくなかったので、中尉に対し、爆薬を持って搭載ボートで目標に渡る準備をするよう命じた。

「ほかに方法がないものでしょうか、艦長」

クレッチマーが微笑んだ。

「ないな。ボートの準備をしてくれ」

「しかし艦長、海が荒れすぎています。ひっくり返って爆薬もなくしてしまいますよ。それにわたしは泳ぎがそんなに得意じゃないもので」

「ボートを用意したまえ、中尉」

「承知しました」

中尉は、これが名案だとはこれっぽっちも思っていない表情をありありと見せながら、いやいや前部甲板に降りていった。そのときだった。クラン・メンズィース号が突然傾いて海中に滑り込むと、もうもうとした蒸気と水しぶきの中で姿を消していった。

中尉が興奮ぎみに艦橋によじ登ってくると尋ねた。

「まだボートを出しますか、艦長？」

「いや。今回は濡れねずみにならずに済んだな」

翌日はアイルランド北岸周辺に出入りする船舶の航路を横断する形で、英国諸島に通じるノース海峡入口への近接海域を哨戒した。その日は何もなかったが、三〇日の午後、「キングフィッシャー」型の小型軍艦が目に入ったので潜航すると、その艦は速度を増しながらU99を通過し、ロック・スウィリーに入っていった。約二時間後に浮上したが、その直後に雲の背後から航空機が一機、まっすぐ頭上に飛んできたので、再び潜航せざるを得なかった。爆弾投下はなかったが、夕暮れ過ぎまで海面下にとどまり、それから浮上した。すると、「汽船の疫病神」の一人が叫んだ。

「左四〇度に無灯火船です、艦長」

戦闘日誌にはこの時の行動についてこう記されている。
○一二六時　ノース海峡へ入らんとする汽船を視認。
○一三八時　九〇〇メートルの距離で魚雷一本を発射。

○一三九時　船尾付近に命中。
○一四一時　「ジャマイカ・プログレス号、雷撃を受く。至急救助を求む」との救難信号を傍受。

雷撃された船の乗組員はただちに救命艇に乗り移った。クレッチマーはU99を最寄りの救命艇のわきに付けさせた。生存者に言葉を投げかけていた午前三時三五分、ジャマイカ・プログレス号は波間に消えていった。

それと時をほぼ同じくして、航空機のエンジン音が聞こえた。すると大型のサンダーランドが現場上空に舞い降り、機首の青い明かりがU99乗組員にも見えるほどの低空を飛んだ。潜航して、西に向いながら七時間以上水面下にとどまった。七月三一日午前一一時を少し回ったとき、カッセルが水中聴音機でプロペラ音を捉えた。浮上すると、西の水平線のかなたに、船団の煙とマストが見えた。一五～二〇隻の船が、前方に一隻の駆逐艦、両翼に小型艦二隻からなる護衛を従えてブリテン島から出てきたのだ。U99は午後二時には船団の進路内に入り、船団が頭上を通過したときには接触を避けるため深く潜航せざるをえなかった。

潜望鏡深度に戻ると、カッセルが聴音機に大きな感ありと報告した。クレッチマーが潜望鏡を通して見ると、巨大な赤い覆いで視野が遮られているのが分かった。それは商船の赤い船腹で、その船はU99のわずか数十センチ向こうを通過していたのだ。

今や船団縦列の最後尾の船しか見えなくなっていたが、乗組員はそわそわし始めた。前回の船団攻撃後に受けた爆雷攻撃を思い出したため、ここでまた船団を攻撃することなど考えたくもなかったのだ。周りには独航船が山ほどいるではないかと彼らは考えていた。

最寄りの船は、老朽船に見える約五〇〇〇トンの貨物船ジャージー・シティ号だった。八〇〇メートルの距離から魚雷を一本発射し、船体中央部に命中させた。

「推進機音、急速接近中です、艦長」

潜望鏡で見回すと、一隻の駆逐艦が向かってくるのが見えてぞっとした。

「深度六〇メートルにつけ」

クレッチマーが怒鳴ると、U99は急角度で潜航した。

潜航途中、最初の爆雷が降ってきた。爆発音が艦内にガタガタとおぞましく響き、食堂の陶器類が二、三飛び散ったものの、爆雷は近くなかった。次の一時間半、約五〇発の爆雷が周囲に降り注いだが、真に恐れるほど近いものは一発もなかった。カッセルはクレッチマーを呼び寄せ、聴音機のスピーカーに耳を当てさせた。沈みゆく汽船に特有のきしみ音や轟音が聞こえてくると、発令所にいた皆が急に黙り込んでしまった。

午後四時、駆逐艦が追跡をやめて船団に戻ったため、プロペラ音がさらに弱まった。護衛艦に潜航を余儀なくされたことに立腹したクレッチマーだったが、まだ遠くに船団のプロペラ音をかすかに聞くことができ、今や夕暮れが迫ったこともあり、船団を追跡することにした。

潜望鏡深度に戻ると、コルベット艦がジャージー・シティ号から生存者を拾い上げているのが見えた。その場から十分遠ざかってから浮上し、全速で船団に追いつこうとした。そのときちょうど、サンダーランド飛行艇がかなり北側に現われ、船団の方向に向かっていった。

突然、それが急角度で傾くと、U99にまっすぐ向かってきた。クレッチマーは「潜航警報」を命じたが、九メートルに達しないうちに最初の棍状弾が右舷近くに落ちた。だが、損傷はなかった。爆撃はそれ以上なかったので、四〇分後に海面に戻った。しかし、先の飛行艇が再び現われたので、再度潜航せざるをえなかった。今度は三〇分間水中にとどまり、また浮上すると船団がまだ視野の中にいるのが分かった。またもサンダーランドが戻ってきたので急速潜航した。二度目の棍状弾によって激しく揺さぶられたものの、一八メートルに達するのには間に合った。

再浮上できるようになるのに一時間かかったが、今度は船団は闇の中に消えていた。再び先の航空機が現われたので、四度目の潜航をしなければならなかった。激怒して毒づくクレッチマーを見ながらカッセルは、潜航するたびに艦長が葉巻を何本も投げ捨てるので、蓄えが続くものかと不思議に思いはじめた。

その夜の九時、クレッチマーがU99を再浮上させると、大西洋の夜の静寂を乱すものは何もなかった。航空機も船団も両方とも消えうせていたのだ。あの航空機は、Uボートを撃沈するよりも、船団が逃げおおせるまでUボートに潜航を続けさせるよう指示を受けていたのだとすぐに悟った。ペーターゼンと協議に入り、船団の平均針路から夜明け時点での推定位置を割り出そうとした。

浮上したまま高速で推定迎撃地点をめざした。八月一日の夜明け、クレッチマーは艦橋に上がった。そのときのことを後にこう書いている。

「あるはずのものが見えなかった。船団などなかった」

クレッチマーはペーターゼンとバークステンと若干話し合った後、聴音機が船団の方位を捉えてくれることに希望を託しながら潜航することにした。一旦潜航すると、カッセルがかなり遠くにかすかなプロペラ音を聴知したので、浮上してその方位に向かった。艦橋正面の水平線上に煙が認められた。カッセルに祝いの言葉を述べてからクレッチマーは全速を命じ、午後遅くに船団を視野に入れた。今回は周囲に航空機はおらず、浮上して前方に移動することができた。海は荒れ、強まる風は海面を激しく打ち、水しぶきの突風へと変わった。このため、前方に出るのに午後八時までかかった。

これは、デーニッツが攻撃演習で規定した原則のすべてに違反していた。Uボート艦長たちが教えられていたのは、目標を視認するや決して待つことなく、潜望鏡深度で円形護衛網の外部から攻撃を行ない、魚雷を「扇状」に発射せよというものだった。クレッチマーは日中に攻撃することによって、この規定を実施できたかもしれない。しかしそうせずに、自分自身で行動手順を練り上げ、その日のほとんどを船団の前方に出ることに費やした。その結果、夕暮れ時には水上攻撃に絶好の位置についた。今や、夜間でも水上攻撃が可能なことを証明したかったし、「一雷一隻」という自らの攻撃原理を試したかったのだ。クレッチマーに言わせれば、魚雷の散開発射は装備と労力の浪費であり、比較的安全な位置から攻撃して何かに当たればよいという態度を許すものであった。

一方で自分自身は、艦長がリスクを慎重に計算し、魚雷を正確に発射することによってその一本一本を価値あるものにすべきだと考えていた。クレッチマーはまさにこの瞬間、船団に対して夜間のみに常に水上攻撃を行なう初の艦長となった。この攻撃は後にパターン化されることになる。大戦のこの段階ではクレッチマーの技術に追随する艦長はほかにおらず、こうした方法はあまりに危険すぎると思われていた。しかしこの手法によってこそ、クレッチマーは撃沈数においてほかの艦長を凌駕することができたのだ。

クレッチマーは船団の針路と之字運動に自針を維持しながら、艦前方や右舷前方に位置を変える船団に対して夜間水上攻撃を行なえそうな地点を頭の中で調べていた。情報部からの報告では、英国を出航した船団から護衛艦が離れるのは西経二〇度に達する前だ。U99はすでに西経一五度に達していたので、今夜あるいは翌晩には護衛がいなくなるだろうとクレッチマーは考えた。これは推測だったが非常に正確なものだった。なぜなら、わが方の護衛はこの頃、実際に西経一五度で出航船団と離れ、今度は入航船団に合流していたからだ。クレッチマーは、月を隠してくれる雲の量と空模様とを確かめると、船団の影になった側へ向かうべく変針した。午前零時一五分過ぎ、護衛は青色ライトで互いに交信しはじめた。そして船団縦列を急いで過ぎると、北方へと高速で消え去っていった。

クレッチマーは気を高ぶらせながらほくそえんだ。二〇隻の商船をいまや自分の好きなように料理できる。攻撃の足かせになりそうなのは残存魚雷数だけだが、はたしてわずか四本が残るのみだった。目標を選定する時間があったので、デーニッツの命令にしたがって最優先の目標を探した――タンカーだ。第二縦列の先頭から三番目の船が、この船団中最大のタンカーだった。エルフェがタンカーの輪郭をリスト中に見やり、「バロン・レヒト」のダッチ型タンカー約九〇〇〇トンだと報告した。身近に迫る危機も知らずに、船団は平均針路をジグザグせずに進みつづけた。クレッチマーはU99をまっすぐ船団の内側にもっていった。

乗組員は唖然とし、艦橋にいたバークステンとエルフェは押し黙っていた。本当に狂っている艦長に向かって、狂っているなどと言っても仕方ないと思っていたのだ。外部縦列に位置する一隻の商船の鼻先を、気付かれることなく無事に横切ると、乗組員にはクレッチマーがこれからやろうとしていることが分かり始めてきた。今やタンカーから六〇〇メートル足らずしか離れていないため、いつでも至近距離から魚雷を発射できる。

魚雷はタンカーの船尾付近の機関室に命中した。船が大きく傾き、船尾から沈み始めた。船団列に沿ってそのタンカーを通過し、二隻目のタンカーへの攻撃に移ると、見張員の一人が、中央縦列の先頭船――先任船長の乗る旗艦――が赤色光を発していると報告した。この光ですべての船が思いのままにジグザグを始めた。驚いたことに、船団全体がねじれて四方八方へと向きを変え始めた。

「船団は大混乱だった」

クレッチマーは戦闘日誌に書いた。

「攻撃しようと、あるいは攻撃を避けようと勝手気ままに回頭している二〇隻の、いや、今や一九隻の船団の真っ只中に私はいた」

二隻目のタンカーを見据えながら、五〇〇メートル足らずの距離から次の魚雷を発射した。これは船首付近に命中した。直ちにカッセルが救難信号を読み取り、ルセルナ号（六五五六トン）と判別した。この船が撃沈されると船団はバラバラになり、各船とも二隻が攻撃された場所から離れようと全速で航行しはじめた。

U99が夜間に船団内部に入りこみ、周囲のあらゆる商船を蹴散らしたのはこれが最初となった。船は皆、驚愕狼狽しており、したがって攻撃を完璧に行なうことは難しかった。クレッチマーはこの時、それと知らずに衝突してくる船がいつあっても不思議ではないはずだと思っていた。しかし、貨物を満載して吃水のかなり深くなった大型貨物船が絶好の攻撃位置にいた。その向こうには三隻目のタンカーがいたが、それに近づくにはこの貨物船を沈める必要がある。

「準備できたら発射しろ、バークステン」

そう叫ぶと艦首を貨物船に向けた。腹の立つことに、貴重この上ない魚雷はまっすぐに海底へと向かっていった。クレッチマーは先任に最後の一本を発射するよう命じた。しかし、バークステンがそれを発射するや、その貨物船は警笛を長く鳴らしながら変針し、U99に向かってきた。魚雷は貨物船をかすめ、クレッチマーが接近しようとしていたタンカーの中央に命中した。巨大な火の手が上がり、傷ついて中央部がひどく陥没した船は一瞬のうちに炎に包まれた。カッセルが救難信号を傍受し、この船は八〇一六トンのアレクシア号だと報告した。

クレッチマーの機嫌が直った。貨物船をはずしたことでタンカーをしとめ、四本の魚雷で三隻のタンカーを撃沈したのだ。船団内部あるいはその付近において、魚雷一本につき一隻を撃沈できるはずだという信念は証明された。ただし、護衛がその場を去るよう命令を受けていたからこそ、船団に近づけたに過ぎないことをしばし忘れていた。

突如、おぞましい大音響と引き裂けるような轟音が右舷側から聞こえたのでそちらに目をやると、二隻の船――おそらく体当たりしようとしてこちらに向かってきた船――が、八〇

○メートル向こうで衝突しているのが見えた。二隻は互いにがっちりと組み合わさっており、そのうちの一隻は船首から沈もうとしているように見える。三〇分のうちに、U99以外でその戦場に残っているのは、衝突した二隻と雷撃された難破船だけになった。一時は秩序立っていた船団の他の船は四散してその場から消え去っていた。

クレッチマーは、炎上しながらもまだ浮いている最後のタンカー（アレクシア号）に向かい、一キロ半に足りない距離から、砲撃によってこの船の最期をみとってやることにした。エルフェ中尉と砲員が、よく狙いをつけた三〇発の砲弾を瀕死の廃船に撃ち込むと、損傷を受けてUボートから砲撃されている旨を伝える、さらなる信号をカッセルが傍受した。アレクシア号の乗組員は勇敢にもU99の砲火に応戦してきた。煙突からは煙が噴出し、甲板は燃え、船体中央部が陥没し、さらには船尾からゆっくりと沈みかけている船が、応戦しようとしていること自体にクレッチマーは驚いた。今やアレクシア号の砲はU99をまたぐように発砲しており、一発は艦を超えて五〇メートルほどの場所に、さらに次弾は手前二〇メートルのところに落下した。安心するには近すぎたので、砲撃行動を継続しながらも、そこから離れるべく変針した。

サーチライトが水平線上に輝いた。アレクシア号に砲弾を撃ち込み続け、反撃されないように艦を急いで回頭させていると、駆逐艦が高速で接近してくるのが見えた。そこで砲撃を中止し、浮上しながら暗闇の中へと慎重に退避した。クレッチマーたちは、駆逐艦が大急ぎでアレクシア号のところまでくるのを見とどけると、今度は最初に船を撃沈した場所へと戻った。漂流物だけが波間でわびしくもまれていた――悲劇的最期を遂げた船の無残な名残だ。

生存者を探し回りながらも、駆逐艦の接近を発見できるように常に片目を警戒させていると、遠くで爆雷攻撃の音が聞こえた。これでクレッチマーは決心した。駆逐艦が別の場所で攻撃を行なっていることに感謝しつつ、ペーターゼンにロリアンへの針路をとるよう命じた。魚雷をすべて使い果たし、今や帰投すべき時だ。

八月七日、クレッチマーはロリアン港近くの海峡で投錨し、港へと導いてくれる掃海艇を待った。乗組員は、艦を清掃し、髭をそって英軍の戦闘服を着用するよう命ぜられた。八日、U99が入港すると（訳注：実際の帰還日は五日）、軍楽隊と参謀たちに迎えられた。上に伸ばされた潜望鏡からは、撃沈した七隻の船を示す七つの勝利のペナントがなびいており、それぞれが馬蹄の紋章をつけていた。

6　ＨＸ72船団

カッセル、クラーゼン、ベルクマンは、初出撃後に見つけたカフェのテーブルを囲んで一杯やっていた。三人はすでに、ほかの乗組員とともに艦長の客人として士官用ホテルで夕食をすませており、今や夜の岸辺でなすべき本分に取り組もうとしているところだった。乗組員のほとんどがそこにおり、ダンスをするなどして思い思いに楽しんでいた。結局、三人の下士官がその輪に加わり、夏用の英軍戦闘服をまだ着用しているU99乗組員も交え、深夜過ぎには手に負えない一団と化した。皆が汗だくになっていると、突然クラーゼンが虚を突かれたような叫び声を上げて自分の短ジャケットを指さした。服がバラバラになり始めたのだ。まず袖がとれ、次に胴部が分解し、少ししてからズボンの足がズタズタになった。ほかの乗組員とそのガールフレンドたちから爆笑が起きたが、すぐにやんだ。おのおのも自分の戦闘服を見下ろしてみれば、同じように分解し始めているではないか。みな必死に品位を保とうとしながら、やかましい一団となってカフェを抜け出し、ピジョン・ブランに走り去った。後に判明したところでは、英軍はロリアンを撤退する前に、戦闘服に酸をかけており、そのため乗組員の体温を媒介として酸が服を浸食したのだった。彼らはまさに間一髪でカフェを脱出した。

上陸前にクレッチマーは、日中に船団を水中攻撃せずに日没まで待機した行動への理由付けを行なった。報告書には、荒天の中で船団と接触を保つには浮上していることが不可欠であると書き留めた。そんな天候の中で通常の攻撃手順を踏まなかったことをデーニッツが咎めるとは考えにくい。

翌日、クレッチマーは岸辺の電話機まで来るよう呼び出された。デーニッツがパリの司令部から電話してきたのだった。

「ちょうど君の報告書を読んでいたところだ、クレッチマー。すばらしい攻撃ぶりだった。おめでとう。今日の午後、私に会いにこちらに来たまえ」

その晩のパリで、クレッチマーは騎士鉄十字章を受章したことを知った。これは、一回の哨戒で最大の船舶撃沈数とトン数を上げたことや、敵前における「不断の決意と操艦技術」に対して授与されたものだという。ほかにも知らされたところによると、自分は余人をもって代えがたいらしく、ベルリンに出向いて総統から受勲する余裕はないものの、明日ロリアンを訪れるレーダー提督から直々に受章することになるとのことだった。

港の全海軍将兵が、総司令官の閲兵のためロリアン港に整列した。ほかの士官、乗組員は制服と短剣を身に付けて正装していた。しかし誉れを受ける立場、閲兵式の中心にいるのはU99の乗組員であり、酸でボロボロになったジャケットの代わりに今やあわてて飾りたてた新たな戦闘服を全員が身にまとっていた。レーダー提督が門をくぐって現われると、クレッチマーは上級士官がするのと同じように、気をつけの号令をかけた。
ドイツ海軍総司令官は、祝いの言葉をかけるべき乗組員や、勲章を授けようとする艦長が英軍の軍服を着用しているのを見ると少し驚いたように見えた。しかし、気を取り戻してクレッチマーにこう世辞を言った。乗組員は閲兵に最適な風采をしているように見える――「非の打ちどころなく洗練された機能的な軍服のためであることは疑いない」と。そこに整列していた残りの兵が解散する一方、U99の乗組員は特別式辞を受けるため、その場に留まるよう言われた。レーダー提督が全員の成功を祝い、クレッチマーに騎士十字章と綬の入った平たい箱を手渡した。簡素ではあったが感動的な儀式だった。レーダー提督が去ると、クレッチマーとその部下は、U99の甲板上でビール瓶を手に全員で祝杯を上げた。

クレッチマーは、デーニッツによって手配された特別機で、部下数人を連れてキールに向かった。軍服と私物を取ってくると、みな汽車でロリアンに戻ってきた。クレッチマーは、デーニッツが占有している屋敷内の参謀本部に出頭した。そこで聞かされたのは、ビスケー湾においてフォッケウルフ機に爆撃された商船の生存者を一掃海艇が拾い上げたという話だった。デーニッツはすでに生存者の話を聞いており、U99の初出撃の報告を思い出していた。その生存者たちは、クレッチマーが拿捕したエストニア船メリサー号のものだったのだ。自身には落ち度がなかったので、クレッチマーは今やもう一隻、二一三六トンの撃沈を主張することができた。しかし、空軍がこの船を撃沈したことに対する怒りはおさまらなかった。

なぜなら、公海上で潜水艦によって拿捕された船は、知る限りにおいてこれが唯一だったからだ。同時に、第二次出撃の最終週に北大西洋で哨戒していたUボートは自分だけだったことも知った。

一九四〇年八月二六日、デーニッツ提督はロリアンのホテル「テルミヌス」に到着したが、ひどい風邪のため寝付いてしまった。緊急会議のため、港にいる全艦長を自室に呼んだ。六人の艦長が中に入ってくると、提督は枕にもたれながら、心配そうな彼らの顔に含み笑いした。

「心配はいらん」

提督が言った。

「陣痛がするだけだ」

実際は胃の調子がひどく悪かったので、副官が脇に付き添っていた。

「諸君」

デーニッツが切り出した。

「諸君らはアシカ作戦時の命令を受けるためにここに来たのだ」

部屋に動揺のため息がもれた。

「進攻開始日はすでに決定されておる……九月一五日だ。諸君らのうち、大西洋上で哨戒につく者には、燃料と魚雷の再補給のためシェルブールに向かうよう指示があろう。イギリス海峡西方からの進入航路を封じることが諸君らの任務となるはずだ。海峡にまたがるわが補給線を妨害しようとする敵艦は一隻たりともここを通してはならん。いいか、一隻たりとも海峡に入れてはならんぞ」

作戦の全容について、ロリアンの艦長たちが知ることが許されたのはこれだけだった（原注：Uボート艦長全員が、「アシカ」を発動するとの暗号発出時に開封が許される封密命令を受け取った。ドイツ軍最高司令部は、英空軍の打破とドイツ空軍の制空権確保を「アシカ」の必要前提条件としていた。これに失敗した時点で作戦は撤回され、Uボート艦長たちは命令を破棄するよう命じられた）。

数日後、クレッチマーはホテル・テルミヌスに呼ばれ、デーニッツからイタリアの潜水艦士官、ロンゴバルド中佐を紹介された。中佐はボルドーに基地をおく潜水艦の艦長であった（原注：中佐は大西洋の戦いで名声を博した数少ないイタリア人の一人で、ヒトラーから鉄十字章を授与されている）。イタリア海軍が同中佐をデーニッツのもとへ派遣してきたのは、戦技研究のため、Uボートに最低一回は同乗できるよう取り計らってもらうためだった。紹介の後、デーニッツが言った。

「クレッチマーよ、今度の哨戒にはロンゴバルド中佐を連れて行ってもらいたい。二四時間以内に出撃準備を整えたまえ。中佐の身の回り品は今日中にU99に積み込んだほうがいいな」

クレッチマーはこれに不機嫌そうに応じた。哨戒毎に「客人」を迎えるのはUボートにとって慣例ではあったが、これまでの同乗者は、自ら指揮をとる前に戦術を学ぶドイツ潜水艦士官だった。今度は違ったものになりそうだ。デーニッツの部屋の外で、クレッチマーはそのイタリア人とドイツ語で話そうとした。ロンゴバルドはイタリア語で返答した。これはまた素晴らしい。おそらく三週間はドイツ語を話せない「客人」だ。それから、ふとした思いつきで英語で話した。

「御満足されるよう、できるだけのことはさせていただきます、中佐。同乗しただけのことはあったと思っていただければよろしいのですが」

同様にうまい英語でイタリア人が返答した。

「ありがとう、艦長。貴官の指示に従うし、邪魔にならないよう尽くすつもりだ」

クレッチマーはほっと一安心した。共通の敵の言語で互いに意思疎通ができたのだ。学生時分に英語を学んだことが、これほどありがたく思われたことはなかった。

ニーダーシュレージェンの自宅近くの地方学校で、クレッチマーは語学と自然科学に対する父親ゆずりの情熱を発揮していた。勉学に没頭する傾向は、物静かで控えめな性格を形成し、元気あふれる同級生にはない落ち着いた上品さを与えていた。ほかの生徒が雪の中を走り回り、恵まれた田舎の土地の中で悪ふざけをしているときも、クレッチマーは先史学や考古学の意味を学んでいた。それでもスキーは一番うまかったし、ついには誰かれの友人というわけではないほど皆の人気者になった。こうした真剣さや集中的な勉学によってとてつもない集中力が生まれ、それがUボート戦における独自理論の実践適用にみごとに反映することになるのであった。

クレッチマーの父親は齢一七に過ぎない少年を、英国、フランス、イタリアそれにオーストリアに行かせ、語学と科学の知識に最後の磨きをかけようとした。英国でクレッチマーは、当時エクセター単科大学で教鞭をとっていたショップ教授の個人授業を受けた。エクセターに八ヵ月間滞在した後パリに向かったが、二年後に英語の海軍通訳試験を受験・合格するにはこれで十分だった。一九三〇年には勉学を放棄して士官候補生として海軍に入隊した。これは驚くにあたらないことだった。なぜならそれは幼年期からずっと願ってきたことであったし、家族の尊厳にも波紋を投げかけることなく、礼節を保って進路変更を行なったからだ。この一手こそ、クレッチマーの父親以上に英国が後に悔やむことになるものであった。

九月一日、クレッチマーの寝室のドアを強くノックしてプリーンが飛び込んできた。プリーンによれば、シェプケが早晩に港に到着することになっているらしい。パーティをやろうとプリーンが提案した。その晩、キール以来はじめて集まった三人の「エース」は、ロリアン近くの小村に出かけ、翌早朝までワインを飲み明かした。ボー・セジュールに帰ると、クレッチマーは午後に出撃すべく命令を受けた(訳注：出撃日は四日)。

U99はロリアンからこっそり抜け出ると、英海軍護衛部隊から「Uボート街道」と知られる航路沿いにビスケー湾を横断して大西洋へと入った。エルフェ中尉の寝台を譲り受けた「客人」は三日後、クレッチマー、ペーターゼンとともに艦橋にいた。下におりて昼食をとろうとすると——カッセルがすでに烹炊員に対して、朋友にスパゲティをどっさり作ってやるよう指示していた——ちょうどそのとき見張員が叫んだ。

「右正横に航空機です、艦長。高度約四〇度」

皆が振り向くと、飛行艇が向かってくるのが見えた。

「潜航警報」

クレッチマーが命じると、皆せわしなくハッチを這い下りた。艦首が下がり、エンジンの鼓動が全速を示している。

「深度九メートルにつけ、シュレーダー」

クレッチマーが機関長に命じ、敵機の意図が見てとれるよう構えながら、潜望鏡脇に立った。しかし、艦は潜望鏡深度を超えてもまだ沈下している。あまりに急角度で急速潜航を行なったために、艦が潜舵に応じられなくなっているのだ。クレッチマーは前部バラストタンクへのブローを命じた。これが艦を水平に立てなおし、結果的に設定深度で落ち着いたので再注水した。クレッチマーは先任と機関長を苦々しく一瞥した。イタリア人中佐がドイツ海軍との初の合同任務をこなしているのに、こんなことではいい印象は与えられないだろう。

ロンゴバルドに向き直って言った。

「すみませんでした。時にこのようなこともあります」

「気にせんでよろしい。きっと貴官が難なく艦を立てなおすものと思っていた」

日差しの明るいその日の午後、奇妙な形をした小型汽船が平均針路を英国にとりながらジグザグ航行しているのを発見した。クレッチマーは慎重に接近し、これをカナディアン・グレート・レイク社の汽船と認めた。あまりに小型だったので砲撃を試みるだけで十分だった。第一弾が船首をかすめると、カッセルがすぐに救難信号を捉えた。この船はルイムニーチ号（一〇七四トン）だった（訳注：本船撃沈はU46によるもの。末尾表参照）。一人の乗組員が船橋から海に飛び込み、もう三人が船尾から飛び込んで船を放棄しているのが見える。

クレッチマーは一〇〇メートルまで近づいた。通常の徹甲弾二〇発、黄燐発煙弾六発だけで、船は燃えさかる残骸と化して沈んだ。救命艇の中の二人が負傷しているのが艦橋から見えたので、包帯の束とタバコを何箱か投げ込んでから闇の中に消えた。

九月八日午後六時、英国から出てきた船団を認め、その晩と翌日を追尾と射点占位に費やし、船団の前方に出た。晩になってから浮上すると、駆逐艦に発見されてしまった。燐光発する海上に残したU99の航跡が捕捉されたのだ。クレッチマーは浮上しながら全速でその場を去ろうとしたが、速力の大きい駆逐艦が追尾を続けたため潜航せざるを得なかった。すぐに爆雷が周囲に降りそそいだので九〇メートル以上潜った。その間、三〇発の爆雷を数えたが、駆逐艦のアズディックが失探したためプロペラ音は次第に小さくなった。三〇分後に浮上すると、船団後尾にいた別の駆逐艦に発見され、急速に距離を縮められた。再度潜航すると、前回よりはるかに正確に狙いをつけた爆雷の雨が艦を揺るがし、発令所にいたほとんどの乗組員がデッキに転がり倒れた。だが、駆逐艦は攻撃をやめて走り去った。

クレッチマーは、水中聴音機が示す船団の方位に一五分間向かい、午後一〇時二〇分、護衛ライン内の船団外部縦列の左舷側に浮上した。積載した貨物のため吃水が深くなっている大型貨物船が五〇〇メートル足らずの距離にいた。魚雷が発射管から馳走していった。だが、驚いたことにそれは水中から跳びだし、誤った針路をイルカのように疾走していき、目標をはずしてしまった。二本目が直ちに発射されたが、一本目とまったく同じように水中を跳びまわりながら、設定された針路から急にそれていった。またも外れた。クレッチマーは、その貨物船から二〇〇メートル以内に接近して三本目を発射した。これも今までと同じことの繰り返しだった。イタリア人士官は、意地の悪そうな微笑を口の両端に浮かべながらこれを見ていた。クレッチマーは怒りで言い訳すら思いつかなかった。そのとき、船団の内側から二つの爆発音が聞こえた。時間を確かめると、一本目と三本目が船団のほかの船に命中したに違いなかった。

船団から離脱する間、クレッチマーはまたも船団後部の駆逐艦に遭遇し、ノース海峡方向へと追い払われた。もはや我慢の限界だ。イタリア人士官が乗艦している間、すべてがうまくいかなかった。中佐にはドイツ人「エース」から学ぶべき何かがあったはずだ。しかし、学んだのは潜水艦の「誤」操作法だけだ。クレッチマーは戦闘日誌に記した。

「中佐には、我々がいかに船を沈めるかを見せることになっていた。私は魚雷三本を外した。的を外すことなど今更教えるまでもないことだ」

さらに悪いことが起きつつあった。西方近接海域周辺を五日間動き回ったが何も見つけられなかった。六日目すなわち九月一五日の夜明け間近、ロッコール島沖をジグザグ航行しながら西方に向かう無灯火の独航船を認めた。闇夜で風が強かったので、クレッチマーは至近距離から攻撃することにした。しかし海があまりに荒れていたので、夜明け前までに接近できるだけの速力を出せなかった。そこで距離二七〇〇メートルから魚雷を一本発射した。これが命中すると、おきまりの救難信号が続いた。この船はノルウェーの汽船ヒルド号（四九五〇トン）だった。クレッチマーは、もう一本発射する必要があるかどうか成り行きをみていたが、夜明けの兆しが見え始めた頃、ヒルド号は姿を消した（訳注：本船撃沈はU65によるもの。末尾表参照）。

一七日の夕暮れ間近、四番目の目標――クラウン・アルム号（二三九二トン）――がノース海峡に向かって短くジグザグしながら疾走しているのを認めた。クレッチマーが魚雷一本を発射すると、船尾付近に命中した。船がゆっくりと沈む傍らで、乗組員がボートに乗り込むのが見えた。クレッチマーがエルフェに命じて黄燐発煙弾で船に火を付けると、その船はマッチ棒のように三〇分近く燃え、満身から空気の噴出音を轟かしながら海中に没していった。

その頃、U47のプリーンは魚雷を使い果たし、空軍用の気象観測任務に付くべく北大西洋の中ほどに回されていたところだった。どのUボートもこの任務だけは避けようとした。デーニッツは時に、魚雷を使い果たしたUボートにこうした気象観測を命じることがあった。これは日々退屈な気象報告を送信することを意味したが、それによって空軍の気象班が欧州大陸と英国の天候を把握することができたのである。

九月二〇日、英国向け船団がプリーンの気象哨戒区に入ると、U47は呪縛から解放された。飽き飽きするような気象報告「区域」を抜け出る必要があったのだと、これで言い訳できる。船団の位置、針路及び速力を報告し、追尾任務を引き継ぐ旨告げた。しかし報告回数があまりに少なかったので、ロリアンにいるデーニッツはプリーンが失尾したものと考えた。そこでデーニッツは、最後に知らされた船団の針路と速力に基づいて計算を行ない、U99など五隻のUボートに対し、船団の推定進路にまたがる静止「ストライプ」を形成するよう命じた。これらの艦は浮上しながら、互いに目視できるぎりぎりの距離、つまり約八キロ離れて位置し、約五〇キロの哨戒範囲を担当した。

夕暮れ時にプリーンが新たな位置、針路、速力を送信すると、U47がまだ接触を保っていることが明らかになったので、「ストライプ」は何も送信せずに無線封鎖を維持したまま自主散開した。艦それぞれが、独自の方法で別個に攻撃準備を始めた。しかしクレッチマーは、新前艦長に率いられた一隻のUボートがロリアンへの送信を繰り返していることに激怒した。この艦長はまずロリアンに対し、自艦が「ストライプ」の位置に付いたこと、次に「ストライプ」を離れるつもりであること、さらには船団への途中にあることを報告した。

クレッチマーは、この三回の送信のうち少なくとも一回は敵に傍受されただろうと確信していたので、黙れと送信してやりたい誘惑にかられた。しかし、宙を舞う言葉のやり取りに加わることで自分の位置を暴露してしまうような危ない橋は渡らないことにした。その代わり、浮上しながら全速で「衝突」針路をとって船団に向かった。

日没後、迎撃地点に到着したが、船団などいなかった。すでに夕暮れ後に変針していたのだ。クレッチマーは、先の送信が護衛艦に傍受され、攻撃をかわすための新たな針路が指示されたに違いないと思った。

これは恐らく誤りだ。なぜなら、追尾している可能性のあるUボートを振り切るため、船団が夕暮れ後に大変針するのは通常の慣例であったからだ。潜航して水中聴音機で探知しようとしたところ、カッセルが微かなプロペラ音をどうにか南に聴知したので、その方位へ浮上しながら全速で向かった。

翌午前二時半ころ船団を視認したため、影になった側で射点を占められるよう船団後部に回り込んだ。その途中でクレッチマーは、浮上したままほとんど静止しているUボートを一隻見つけた。慎重に速度を落とし、こっそりと背後に忍び寄り、衝突してもおかしくない距離まで接近した。見知らぬ艦の艦橋はパニックになった。全速で逃げ出したのでプロペラが水をかき回した。自分たちが攻撃されると思っているのは確かだ。闇の中へ消える前にその艦が大きく円弧を描きながら向きを変えると、小さな青い光が点滅して認識信号を発した。U99が返信すると、その艦は荒れたうねりの中で脇に寄って来た。艦橋でニヤついていたクレッチマーとその部下は、U47のプリーンと「ぶつかった」ことが分かると突然、遠慮もせずに爆笑した。

プリーンが怒鳴ってきた。

「俺がもし艦橋にいたら、お前にこんなことをさせなかったのにな、オットー。見張員がカチカチになってるじゃないか」

「本当に見張りがいたのか」

クレッチマーは辛辣に返した。U99の接近に気付かぬほどプリーンの乗組員がたるんでいたことに若干いらついていたのだ。貴重なUボートが、そのようにして失われることもあるからだ。U99はまだ船団の逆側におり、空では月が雲とかくれんぼをしていた。U99が攻撃を開始しようとすると、辺りが静まり孤独感が増した。

まずこちら側の目標を攻撃することにした。U47との一件の前に見たタンカーだ。船団後部の駆逐艦がジグザグをしているのが見えた。そしてそれが大きくレッグを取り始めると、クレッチマーは速力をいっぱいに上げ、その護衛艦を横切って船団に接近した。魚雷発射の前に五〇〇メートル以内の位置に付くつもりだ。しかし、まだ一キロ半も離れているところで、月が雲の後ろから現われ、あたりを煌々と照らした。

クレッチマーは依然、いらつくほど駆逐艦に近い位置にいたため、一本発射してから回頭した。その距離からも目標――船団中で最大の船――を見ることができた。一瞬、魚雷が外れたように思えたが、突然タンカーの船首からすさまじい炎が上がった。カッセルが無線信号を捉えると、その船の名がインバーシャノン号（九一五四トン）であることが分かった。そこに留まりながら、タンカーの乗組員が救命艇に乗り移るのを見守った。それからすぐにインバーシャノン号は舳先から沈んでいった。

魚雷が爆発するや、U99に最寄りの駆逐艦は船団針路と同じ角度に向きを変えると、船団後方に照明弾を撃ち上げ始め、背後の海域を照らし出した。プリーンは背後のどこかにいるため、照明が邪魔になろうとクレッチマーは思った。U99を船団右翼の陰影部に向けたところ、積荷を満載した貨物船を発見した。七〇〇メートルの距離で魚雷を一本発射すると、船体中央部に命中した。巨大な火の手が上がって亀裂が走ると、貨物船は真っ二つに折れ、四〇秒後に沈没した。

U99の乗組員はあっけに取られた。被雷してからこれほど早く沈没した船を今まで見たことがなかったからだ。この貨物船が沈んだおかげで、クレッチマーはその隙間からもう一隻の大型貨物船を見ることができた。距離は八〇〇メートル強に過ぎない。魚雷一本を発射し、これが船体中央に直撃すると、貨物船が停止した。カッセルが救難信号を捉えた。

「エルムバンク号、被雷す。北緯五五度二〇分、西経二二度三〇分にて停止中」

クレッチマーはU99を停止させ、船団が離れていくに任せた。護衛艦が照明弾やスノーフレークを船団両翼上空に発射するのを見ながら、一時間そこに留まった。

クレッチマーは、なぜ「ストライプ」のほかのUボートが攻撃しないのか漠然と思った。

その夜に聞こえた爆発音が、自分の魚雷によるものだけだったからだ。しかし不意に気が付いた。彼らは直衛線外部からの伝統的攻撃を行なおうとしているため、船団から離れて索敵を行なっている護衛艦が照明弾を自分たちの方へ発射し始めるや、急いで退避しなければならなかったのだろうと。クレッチマーにとっては、これが自分の理論、つまりUボートは直衛線を突破し、船団脇あるいは船団そのものの内部で攻撃を行なうべきであるとする理論を支える最終的証明となった。船団が十分に遠方に離れると、停止していまだ沈まぬエルムバンク号に注意を向けた。エルフェ中尉が至近距離から水線部に砲弾を撃ち込んだが効果はなかった。エルムバンク号の乗組員はすでに救命艇に乗り込んでおり、安全な距離から事態を見守っている。

舷側の破孔から積荷が流れ出てくるのが見えた。材木だった。クレッチマーはとっさに、その船は材木のせいで浮いているのだと悟った。貴重な魚雷をもう一本使うことにしたが、船に到達する前に、漂流している材木に当たって爆発してしまった。この船を沈めるのにどのくらいの時間がかかるだろうか。その夜は明るかったので、護衛艦のうち少なくと一隻が攻撃しに来るか、あるいはエルムバンク号の生存者を救いに戻って来るだろうと予想した。好機を逃すまいと、甲板上の予備魚雷で発射管の再装塡——海上では長く困難な作業——を行ない、再度攻撃を試みることにした。海上での装塡は反撃があった場合、潜航する一切の望みを断つものだ。一方、エルムバンク号の乗組員は暗闇の中へ逃れようとするでもなくその場に留まり、U99のすぐ近くで興味津々にその作業をながめていた。

クレッチマーは、八八発の砲弾をエルムバンク号に使ったがうまくいかなかったので、左舷に傾きながらもまだ浮いているインバーシャノン号のところに戻ることにした。機関砲で水線部を蜂の巣にしてこの船を沈めようしたが、跳弾になってしまった。その傍らではロンゴバルドが艦橋に黙って立っており、U99の主人の背後で邪魔にならないようにしていた。クレッチマーは半分沈みかけている船にこれ以上の魚雷を浪費したくなかったので、バークステンと下士官一人を搭載ボートで向こうに渡し、爆薬で水線下にさらに多くの穴を開けさせることにした。その小さなボートは進み始めたものの、インバーシャノン号まであと半分のところで横波に襲われ、転覆してしまった。クレッチマーはイタリア人「客」に悔しさを隠すことができなかった。海に落ちた二人はU99に泳いで戻り、甲板に引き上げられた。

クレッチマーは、先任がほんの数メートル向こうにボートをもっていくというような単純なこともできずにボートを転覆させてしまったことに苛ついていた。そこで、ボートを回収し、同じことをまたやらせることにした。水浸しになっているボートの所までU99をもっていき、前部甲板に立っているバークステンにそれを引き上げるよう命じた。バークステンが、かなり縦ゆれしているU99の舳先にたどり着き、ボートをつかもうと前屈みになった。不意に滑ってふらついたかと思ったその一瞬後、数分前に救い上げられたばかりの大西洋へと頭から突っ込んだ。これにはロンゴバルドも堪え切れず、大爆笑した。クレッチマーも同様で、先任がずぶ濡れになって喘ぎながら甲板に再び引き上げられると、イタリア人と一緒になって笑った。

夜明けが迫っていたため、航空哨戒の恐れがあった。五〇〇メートルの距離からインバーシャノン号にもう一本魚雷を発射すると、突然真っ二つに折れた。U99の乗組員はその後数分間、戦時の水兵のみに許される光景の唯一の目撃証人となった。分断されたタンカーがゆっくりと沈み、二本のマストが上部で組み合わさって大きなゴシック状のアーチを形作る一方、その下では黒煙と炎が、断末魔にある船の腹から押し出されている――淡い月光を浴びた、荘厳で恐ろしくもある光景だった。周囲では、海が慌てたようにうねったり引いたりしていた。むこうの西の空には大きな黒雲が固まり、水の砂漠の荒涼感がさらに強まった。五分後、インバーシャノン号はあたかも人間のように最後の苦痛に喘ぎながら、波間に飲み込まれていった。

クレッチマーは、エルムバンク号に戻る途中で思いがけない光景に出会った。「それはパンチ誌に載っている漫画のようだった」と後に日誌に書いている。「小さな救命艇が波のうねりにもまれており、マストとして立っているオールには白いシャツが強張ったように凪になびいていた。間に合わせのマストにしがみついて倒れまいとしているのは、下着姿の男一人だった」。

その傍らを過ぎて、今や沈みかけているエルムバンク号に近づいた。クレッチマーがエルフェにもう数発の砲弾を撃ち込むように命じようとしたその時、見張員が潜水艦の接近を認めた。クレッチマーはこれを味方のものと見極め、数分後にはその場にプリーンを迎えた。プリーンがクレッチマーに叫んだ。

「今晩はだいぶやっつけたようだな、オットー。俺は歯の抜けた爺さんのような気分だよ。こいつは俺にも任せてくれんか。乗組員に多少の射撃教練をさせたいんだ」

クレッチマーがこれに叫んで応ずると、二隻でエルムバンクに砲弾を浴びせた。しかし、目立った効果はなかったので、結局プリーンは諦めた。

「もう弾薬が残っていない。帰投することにするよ。ボー・セジュールで会おう」

プリーンは手を振りながらU47を南に向け、闇に消えていった。

クレッチマーはエルフェに対し、黄燐発煙弾を何発か撃てと命じた。最初の数発で甲板積荷の木材に火が付き、数分の内に燃え盛る廃船と化した。そこに留まって、その船が海水を沸騰させながら沈んでいくのを見守った。それから直ちにクレッチマーは、先ほどの救命艇の男を探すことにした。ゆっくりとインバーシャノン号の救命艇の方角に戻ると、すぐに強張った白いシャツを認めたので、その救命艇の脇につき、意識朦朧としている生存者を甲板上に引き上げてやった。

クレッチマーは、その男が手を借りながら艦橋に登っている際に英語で挨拶し、艦内で服を乾かして何か暖かいものでも飲むように言った。艦内のカッセルに向かって、できることは何でもしてやるように英語で命じた。カッセルも英語で返答し、その船員を艦長のベッドの中に入れた。この時の出来事をカッセルは後にこう描写している。

「彼の服を脱がし、毛布を巻いてやってからベッドに寝かせました。それからタンブラーいっぱいにブランディをあげると、それを一気に飲み干し、そうすることで顔に血色がいくらか戻ってきました。彼は頭の不調を訴えつづけており、艦長が下に降りてきて、わたしと二人して英語で彼に話し掛けたとき、彼が脳震盪か何かを起こしていることがはっきり分かったのです。コーヒーをいくらか飲ませてから、艦長が船名を言わせようとしました。彼は、積荷が鉄鉱石であることは覚えていましたが、どうがんばっても船名を思い出せませんでした。最初はわれわれを手こずらせているのだと思ったこともありましたが、本当に思い出すことができなかったのです。頭痛でうめきながらも、最後には眠りに落ちました」

「一時間ほどしてから目覚めると、二メートルほど離れた無線機前に座っているわたしを見て声を掛けてよこしました。空腹だったのです。わたしはパイナップルの缶詰がいくらか艦内にあったことを思い出しました。ダンケルクに残された英軍の備品の一部が、総統命令によってＵボート部隊に配布されたものです。そのうちの一缶を彼にやり、艦長に艦橋から降りてくるように呼び掛けました。二人してまた船名を尋ねると、彼がぶつぶつと『バロニスウッド』とかなんとか言ったので、艦長がロイズ船舶登記簿をみると、『バロン・ブリスウッド』という名の商船を見つけました。そこで、バロン・ブリスウッドと言おうとしたのかと聞くと、そうだとうなずいたという訳です。艦長は、積荷が鉄鉱石だったから四〇秒で沈んだわけだと納得しました。その船員はコーヒーのおかわりを頼んだのですが、艦橋ハッチから艦長とイタリア人士官が英語で話すのが聞こえたのでしょう、わたしがコーヒーを持っていくと、こう言ってわたしを驚かせました。

『ありがとう、戦友。血に飢えたＵボートに雷撃されたんだが、忌々しいナチのブタ野郎におれを仕留めることはできなかった』

そう言ってからわたしにウインクし、微笑みながらこう言いました。

『やつらを煙に巻いてイギリスの潜水艦に助けてもらったってわけだ。そうだろ？　ざまぁみろってんだ』

わたしは何と言っていいのか分かりませんでした。艦橋からは英語の会話が聞こえ、寝床脇には『カリフォルニア』というスタンプの押されたパイナップルの缶詰がありました。その時わたしは、それまで彼が艦内でドイツ語を聞いていないということに気付いたのです。脳震盪を起こしていたので、周囲の状況をちゃんと理解していなかったのでしょう。そして、パイナップルや英語といった表面的なものだけが彼の印象に残ったというわけです。しかも、われわれが着ている航海用オーバーオールには、われわれがドイツ人だと示すものは何一つありませんでした。それからイタリア人中佐が降りてきて、彼を見ると一言二言言葉を交わした後、ロリアンからの無電を受け取っていないかどうかわたしに英語で尋ねました」

一方、艦橋ではクレッチマーが、脳震盪を起こした生存者をロリアンに連れて帰ることはできないと心に決めていた――そもそも余裕がないし、艦内にはその船員を診てやれる施設もない――そこでインバーシャノン号の救命艇を見つけ、それに引き渡すことにした。今や夜明けになり、東方に救命艇の帆が見えた。三〇分かけてそこにたどり着くとクレッチマーがカッセルに命じた。

「その男に服を着せ、頭に包帯をしてからここに連れて来い。わたしが救命艇に移し変える」

これを聞くと、その英国人水夫は気を動転させた。

「どうしてここにいちゃいけないんだ」

けんか腰になってカッセルに聞いた。

「救命艇なんかには乗りたくない。おれにはここで十分さ」

カッセルは、自分たちは哨戒中であり、港にはしばらく、おそらく数週間は帰らないだろうから救命艇で行ったほうが早く国に帰れると説明した。その時、どの港に帰るのかを言わないように用心した。ドイツのＵボートに乗っていることをその男に知らせたら、脳震盪が再発するのではないかと恐れたのだ。カッセルは、徐々に秘密を打ち明ける方法はないものかと知恵を絞った。

「おい、聞くんだ」

カッセルが言った。

「艦橋に上がれば艦長がいる。おれと同じような格好をしているが、階級を示す肩章を付けている。よく見るんだ。略帽についているのは鉤十字のある海軍のバッジだ。おれたちはドイツのＵボートなんだよ」

カッセルには、自分たちがその男の船を沈めた潜水艦だなどと言う気になれなかった。しかしその船員はただ笑うだけで、それをうまい冗談と受け止めた。カッセルは、ハッチを抜けて艦橋へとその船員を引っ張り上げた。帽子のバッジを見るや、艦内に居残れるよう今にもクレッチマーに泣きつきそうになった。顔面蒼白になり、鉤十字をじっと見つめている。クレッチマーがその手を取って言った。

「傷つけて済まなかった。良くなってくれればいいんだが。国に着くまでに十分な水、食糧、包帯を差し上げることにしよう」

脇ではインバーシャノン号の救命艇が艦にぶつかり、二人の白人と一〇人程のインド人水夫からなる乗組員が唖然として事態を見上げていた。例の男はショックのため口がきけなくなったのか、一言も言わずにそのボートにはい降りた。ドイツのＵボート内で二時間に渡って看護され、その彼らを「ブタ」だの「野郎」だのと呼んだ。生きているからこそ、それを思い出すことができるのだ。

救命艇の舵をとっていた男――インバーシャノン号の甲板長だと名乗った若いブロンドの大男――が渡されたパンと水を受け取り、包帯の束を自分の席の下にしまった。それから、クレッチマーが教えたアイルランド沿岸への針路を取り始め、U99からボートを押しのけた。クレッチマーは手を振って叫んだ。

「幸運を祈る」

離れる前に、その甲板長は救命艇の下に手を伸ばして立ち上がると、二〇〇本のタバコ入りダンボールをU99の前部甲板に投げてよこした。それが、機銃掃射による死を免れたことへの、この甲板長なりの感謝のしるしだった。クレッチマーにとっては、生存者がUボートによる皆殺しを恐れているなどということが不思議でならなかった（原注：海軍省によれば、大西洋上で連合軍生存者がUボートによって銃撃された例は、立証されたもので一件があったのみである。他にも、南大西洋、地中海、インド洋などで同様な事件があったかもしれない。多くの場合、Uボートは夜間に砲撃によって船を沈めようとした。着弾が目標より「手前」あるいは「向こう側」だったり、救命艇どうしの中間だった場合、生存者は自分たちが砲撃されたものと思い込む傾向があった。訳注：現在に至るも、無抵抗の船員に銃撃した例は原注の一件しか立証されていない。一方、クレッチマーのみならず他にも多くのUボート艦長が、可能な限り敵船の救命艇に援助の手を差し伸べたことが連合軍側からも確認されている）。

翌朝まで丸一晩かけてこれらの船を撃沈し、今やもう攻撃力が残っていなかったため、クレッチマーは帰投針路をとった。翌日、ベルリンのニュース放送にラジオのチャンネルを合わせると、アナウンサーの言葉に愕然とした。

「我らが勇敢なるＵボートがまた一隻、敵の補給線に強烈な一撃を加えました。潜水艦隊司令部が発表したところによりますと、Ｕ48が九月二一日夜、船団で航行していた英国商船二隻を雷撃してこれをしとめました。二隻はエルムバンク号とインバーシャノン号です」

クレッチマーは、無線封鎖を破ってまで潜水艦隊司令部を正そうとはしなかった。三日後の二五日、こぎれいに髭をそり、晴れ着の制服を着込んだＵ99乗組員は甲板に整列した。Ｕ99は、黄金の馬蹄の紋章入り白ペナントを七つ、延ばした潜望鏡からたなびかせながら、ロリアンの投錨地脇の停泊位置へとすべり込んだ。

7　一雷一隻

上陸初夜、乗組員はいつもどおりクレッチマーとともにボー・セジュールで夕食を取った。乾杯——成功を祝うため普段よりも多少多めに——が終わると、ロリアン近郊のキベロン保養施設が自分たちに供されたことを知らされた。そこにはスポーツなどの娯楽用施設が全てそろっており、翌日から一週間、そこで過ごすことになったのだ。

夕食後、クレッチマーは、遅めのパリ行き夜行列車に乗ろうとしているロンゴバルドと別れの握手を交わし、それから、陸軍司令官とプリーンとともに先日までの哨戒について語り合った。クレッチマーは、本来ならU99に帰属すべき船をU48が撃沈したとの自国のラジオ放送に憤慨していた。

「心配するな」

プリーンが言った。

「参謀の間違いさ。お前と別れ、あの海域から十分離れてから無電を一本入れた。発信源をふせたまま、船は沈めたとな。長官はそれがU48から来たと思ったんだ」

三人の話し合いは、ホテルの休憩室で発せられた大声で幕を閉じた。そのとき、見覚えのある長身色男のシェプケがラウンジに乱入してきたのだ。パリのナイトクラブで二日間過ごし、そこでの勝利からロリアンに戻ったばかりだった。潜水艦マニュアルには載っていない攻略法を説明すると、皆がニヤついた。

クレッチマーは自分の部屋でいすに座りながら、U99を効果的に運用すべく内務規定を書いていた。それらは、艦清掃や乗組員の衛生保持から、船団攻撃時に適用を決意した戦術の点にまで及んでいた。

一　潜水艦作戦全般において基本的に重要なことは、効果的な見張システムである。洋上作戦時は、可能な限り機能的な編成を行なうことが成功の第一鉄則である。このシステムでは、機能的連携が弱いと艦の破壊や乗組員の死へとつながる恐れがある。

二　見張員は、海上に現われる全ての物体を視認できて当然だが、それだけでは不十分である。彼らは適時、空中に現われる物体をも視認できなければならない。航空機は、敵船団システムにおいて一層重要な役割を演じている。それらは浮上中の潜水艦にとって非常な脅威である。我々は見張りに負っている。なぜなら、探知や爆撃から身を隠すため、一八メートル以上の深度に潜航するのに必要とする時間をかせいでくれるのは彼らだからである。

三　中立旗や赤十字を掲げていない独航船、あるいはこれ以外にも敵対行動を示す外見をしている独航船は撃沈すべきであるが、この際は、より困難な護送船団中の目標に魚雷を温存するよう、できる限り艦載砲を利用する。もし明らかに砲撃が実施不可能な場合は、雷撃してかまわない。

四　生存者は援助すべきであるが、その場合は時間的余裕があること、あるいはそうすることによって艦を過度な危険にさらさないことが条件となる。U99が撃沈された時にもし離艦する時間があれば、乗組員は敵に救助されることを期待するはずである。これと全く同じことを、敵も我々に求める権利があるということだ。

五　日中に船団を攻撃してよいのは、夜を待つのが不都合な場合のみである。日中の護送船団攻撃では、リスク計算を必ず行なうことが前提となり、特に、得られる結果がリスクを冒す価値あるものかどうか、全ての関連要素を細心の注意をもって考え抜いた末にこれを実施すべきである。

六　通常、U99は日中に船団を追尾し、夕暮れまでには好射点に近づいている。好射点とは月夜の場合、船団の影になった側であり、この場合、船団の輪郭がわが方に浮かび上がる一方、艦首を敵に向けたわが方の小さな輪郭は発見するのがほとんど不可能となる。

七　月明かりがほとんどない場合、あるいは闇夜の場合、U99は常に船団の風上側から攻撃する。風や雨、しぶきに目をこらす敵の見張員は、風に背を向けている見張員よりも目標を発見しにくい。

八　U99は私の原理を忠実に守っている。つまり、遠方からの魚雷の散開発射は成功の保証がなく、無駄でしかないということである。そもそも一隻には魚雷一本以上を撃つ必要がないはずだ。

九　上述した原理が必然的に要請しているのは、魚雷は近距離から発射すべきだという点である。これは敵の対潜直衛線を突破することによってのみ、さらには船団船列内に折々入り込むことによってのみ実施可能である。これが、我々がなす攻撃全ての目的であるはずだ。

一〇　こうした条件下で一旦攻撃が開始されたからには、夜間では、絶望的状況下以外で潜航してはならない。総則として、いつ潜航するかは私に一任されている。この指示は私の信念、つまり浮上中の潜水艦は高速で操艦することによって危険を回避でき、必要とあらば艦速力と魚雷の火力とで反撃することもできるという点に基づいている。追尾された場合、一旦潜航して速力を失うと、敵のなすがままになってしまうのが一般原則である。

一一　夜間の水上ではほぼ間違いなく、こちらの方がはるかに早く水上艦艇を発見し、相手がこちらを発見するのはその後であるということを銘記すべきだ。これは、敵駆逐艦や他の対潜艦艇にもあてはまる。こうした艦艇は、潜航中の我が方をアズディックで探知することもあろうが、もしわが方が浮上して脱出すれば、こちらの存在が敵に知られることはなかろう。

一二　洋上におけるU99は、夜明け前に二時間潜航することにしている。これには二つの目的がある。第一に、夜間に発見できなかった艦船あるいは航空機に不意に遭遇する危険を避けること。これらは先にこちらを発見するかもしれない。第二に、視認できない艦艇を、水中聴音機を使って探知する機会を得ること。さらにこの行動は、乗組員が羽を伸ばしたり清掃したり、あるいは平穏に朝食を取る機会も与えてくれる。

デーニッツがU99をはじめとする各Uボートの内務規定の写しを受け取ったちょうどその頃、英国は対潜水艦戦部長を新たに任命し、Uボートの脅威に応えるべく第一歩を踏み出した（原注：海軍参謀部の対潜水艦部は第一次大戦時に設立されたものであるが、戦後の財政策で廃止され戦術部に編入された。一九三九年秋にはそれが再設置された）。これは、元駆逐艦艦長のジョージ・クリーシー大佐だった（原注：現サー・ジョージ・クリーシー大将。訳注：一九五七年退官、七二年死去）。

しかし、上層部でありがちな混乱によって、大西洋の戦いを統轄する中央集権的部署を設立する決定が一旦なされると、クリーシーだけそのまま取り残された。そこで大佐は自分の部署を解体し、損失傾向に歯止めをかけつつUボートを撃破するにはどんな行動を取るべきか、海軍参謀長らに自ら助言できるようにした。またクリーシーにとっては、こうした幅広い状況説明を効果的に行なうには、直接の敵であるドイツ海軍潜水艦隊司令長官に自らを重ねる必要があるように思えた。

これこそ、ジョージ・クリーシーとカール・デーニッツの非情な知恵比べで盛衰することになる大西洋の戦いの幕が、正式に切って落とされた瞬間であった。クリーシーにとって緊要な課題は各種の調整であり、その中には、情報収集、雑多な船団司令部、船団護衛・Uボート補足用の空海作戦、さらにはUボートの対船団攻撃に関する報告が含まれていた。

短期間のうちに大佐は、Uボートが採用している戦術について疑う余地のない結論に達した――彼らは夜間の攻撃を好むこと、日中は追尾に費やすこと、船団前方の広域を攻撃開始位置として好むこと、その次の行動として、船団正横の射点に位置し、さらに速力を増しながら魚雷四本を斉射し、全速で回頭しながら艦尾魚雷を発射、魚雷再装塡のため安全な距離まで後退するということ（原注：デーニッツ自身は夜間攻撃の原則に慣れ親しんでいた。第一次大戦時には、何人かのUボート艦長が直衛線外部からの夜間水上攻撃を行なって成功している。しかし、デーニッツには必要とする潜水艦が足りなかったので、より安全な水中攻撃に訓練課程の重点を置いたのだった。今や艦長たちは独自に攻撃法を編み出したが、実際それは第一次大戦で中断した戦術の継続に過ぎなかった。艦長たちからの報告に感銘を受けたデーニッツは、実践的経験に基づく彼ら独自の考えを自由に育ませたのだった）。

クリーシーは、これら全ての点において大方正しかった。しかし大佐は初めのうち、これらの戦術がプリーンやシェプケのような「エース」によって採用されているものであって、バルチック海で教え込まれた手法に依然としてすがっているほとんどの艦は、こうした戦術を採っていないということを理解していなかった。クリーシーがその当時思いもしなかったのは、一人の艦長のみが魚雷斉射を放棄して「エース」の教義をさらに推し進めてすらいた上、直衛線を突破して基本原則を遂行する必要性を部下の士官に対して不動の訓令として定めていたということだった。その基本原則とはすなわち「一雷一隻」である。

こうした手法に対抗するため、英海軍参謀部は全ての護衛グループに対し、攻撃が開始された瞬間に通常の反撃行動を実施するよう奨励した。船団が夜間に攻撃された際は、護衛は船団から遠ざかり、「スノーフレーク」ロケットなどの発光弾や照明弾を撃ち上げる。これは、船団付近の海域を照らすことでUボートの所在を暴くためである。また、あるいは少なくとも敵を潜航させることで、アズディックにより探知することもできよう——この装置は海上にとどまるUボートには無用の長物であった。海上で使用できるようなレーダーは依然として未発達状態であり、英独どちら側にとっても考慮すべき重要な要素ではなかった。護衛グループの艦長たちはそうした状態から任務を引き継いでいた。彼らは一旦敵の位置を把握するや、それぞれの経験に基づきながら、反撃を開始する術を編み出していった。

偶然にも、こうした正攻法こそがクレッチマーの大胆な攻撃法を成功たらしめたわけだが、一方でそれ自体が他の艦長たちに対してはある程度の効果があることも証明されていた。こうして、クレッチマーの次期哨戒はこれを例証し、その結果はドイツ側には申し分なく、英国側には散々なものとなるのだった。

一九四〇年一〇月一三日の金曜日、U99は大西洋に向けて第四次哨戒に出撃した。乗組員は不平をこぼし、遂には艦内一の担ぎ屋が、どこかで投錨して航海日誌を一四日から記入すべきだとクレッチマーに進言した。クレッチマーは、ペーターゼンがその要請に一枚かんだことに驚いた。お互い、U23を引き継いだ一九三七年以来の付き合いだったからだ。クレッチマーは、様々な困難な場面で迷信に突発的に襲われたペーターゼンを見てきたが、出撃命令に介入しようとしたのはこれが初めてだった。クレッチマーはペーターゼンに、責任ある立場にある下士官であることを言葉少なげに自覚させた。しかし、偶然発生した機関室の故障が出撃を遅らせることになり、一四日午前一時半に港をあとにした。

島に挟まれた海峡の出口に進んだ頃、機雷発見のためロリアン港を封鎖する旨の午前二時二〇分付電信を司令長官から受け取った。クレッチマーがそれをバークステンに見せると、驚いたような顔をした。これまでの一時間、敵の機雷によって封鎖され、依然として敵潜が哨戒しているであろう港から出てきたのだ。ちょうどそのとき、見張員が潜望鏡を発見したので、暗くなるまで潜航し、それから再浮上して「Uボート街道」にそって真西に向かった。翌二日間は、航空機発見による二回の潜航警報があった他は何もなかった。しかし一六日午後四時、U93からの一般信号を受け取り、これにより英国から出港した大規模船団の針路、速力、位置を得ることができた。一八日にはこの船団を迎撃できるよう変針した。

一七日、追尾しているU93が船団を失尾したかのようにみえ始めたが、午後遅くなってU48が接触し、これを引き継いだ。クレッチマーは迎撃針路を設定し、翌日正午には七隻のUボートがそれぞれ独自にこの船団に群がっていた。

ロリアンは、U48からの連絡がないことに苛立っていた。そこで、船団航路になりそうな海域を横断する迎撃「ストライプ」を形成するよう指示した。この信号はU93、U100、U28、U123、U101、U99並びにU46に伝えられ、午後八時までに「ストライプ」の位置に付くよう命じていた。クレッチマーは、U100のシェプケが自分同様にこの攻撃に加わることになったことを知り、自艦位置を調べると長官にこう打電した。

「本艦は目標より離れすぎており、指示には従えず」

クレッチマーは実際には、高速航走することによって一時間後に到着し、U46がすでに位置についているのが見えた。北に向かってU101と認識信号を交換し合うと、偶然にも「ストライプ」哨戒の反対方向に同艦が誤って向かっていることに気付いた。真夜中には九隻目の潜水艦であるU38が、数時間前に見た船団の最終位置、針路及び速力を報告した。失尾したらしいU93とU48に何が起きたのか誰にも分からなかった。最新の情報によると、船団は「ストライプ」のかなり北を航過するようであるため、Uボートは各々自主的に行動し始めた。

クレッチマーが迎撃針路の方向へ変針しようとしていた時、脇をあわただしく流れていく潮の音が聞こえた。振り向けば、U100の艦橋から陽気に手を振るシェプケが見えた。シェプケは大声で、追尾艦がへまをしたと思っていることや、しばらく南に向かってから西に移動するつもりであることを告げた。クレッチマーは、船団が逆方向にいると確信していた。それから両艦は別れた。

同じ頃、ロンドンでは、護衛からの無電によってSC7船団が追尾されていることが分かった。「狼群」からの総攻撃が予想されるため、それを振り切るよう針路を大きく変える旨の指示が出された。その後は、火蓋が切って落とされるまで待つこと以外にできることはほとんどなかった。護衛からの電信が舞い込んでくるにつれて、作戦室のクリーシー大佐とその参謀たちに惨禍の様相が明らかになっていった。

U101が船団視認を報告したとき、北に進んでいるクレッチマーは同艦からわずか八キロしか離れていなかった。このときすでに夜は明けていたので、視認距離まで詰め寄って護衛戦力を確かめるに留めた。三隻の駆逐艦と数隻の小型艦が数えられた——この頃にしては強力な護衛だ。

今は船団を視野に入れることだけで満足し、夜の帳が降りるまで待った。夕暮れ時、翼端の船に攻撃を試みようとにじり寄っていった。そのとき突然、目の前で目標船がばらばらになった。ほかのUボートに雷撃されたのだ。攻撃はすでに開始されていた。ロンドンでは事の成り行きを案じているクリーシーが、一方、ロリアンでは気を高ぶらせたデーニッツが、それぞれ攻撃の推移を見守っていた。

日が暮れてから、細く暗い影が現われてクレッチマーの前方を横切ったため、その艦影の主であるU123と信号のやり取りをした。ちょうどそのとき、駆逐艦が一隻、急速に接近してくるのが見えた。U123は潜航したが、クレッチマーは向きを変え、浮上したまま九〇度の角度をなしてその場から急いで離れた。船団を再び補足するのに二時間近くかかり、午後一〇時、クレッチマーを「エース」たらしめる模範的攻撃が開始された。シェプケなど他の七隻のUボートが直衛線外部から攻撃を行ない、魚雷を斉射したのに対し、U99は駆逐艦三隻——一隻は船団針路前方に、次が正横に、もう一隻は斜め前方に——が守る右舷側に向かった。最大速力と操艦性を得るため、吃水を深くする代わりに浅くしながら、斜め前方と正横の駆逐艦二隻の間に向かい、両舷に一キロ半ほどの余裕をもってそれを通過した。しかし発見された様子もない。三分以内にそこを抜け切り、船団外部縦列に接近した。先頭の船に狙いを付けると、六〇〇メートルの距離から魚雷を一本発射したが、これは外れた。澄みきった夜の中で、冷たく黄色に光る月が凪いだ広大な海を輝かせており、この「狩人の月」が目標それぞれの輪郭を浮かび上がらせている。二本目の魚雷は船体中央に命中し、船は二〇秒後に沈没した。船団のもう一方の側からは爆発音が二度聞こえた。とっさに、船団の長い列が針路を完全に変えた。クレッチマーはわずか一〇〇メートル向こうの外部縦列を通り抜けると、縦列中の大きな隙間に出くわした。簡略な命令が発せられ、U99は船体を傾けながら船団の真っ只中へと入っていった。

一〇時半、第一・第二縦列間の後方に向かい、大型貨物船を雷撃した。魚雷は外れた。目標の距離、針路及び速力の諸元を方位盤に入力しているバークステンは、それが新型機器であり、出撃前にテストしていなかったことを思い出した。そこでクレッチマーは勘に頼ることにした。

そのとき、別の大型貨物船がU99を認め、照明弾を撃ち上げると同時に衝突しようと向きを変えた。それをかわそうとしたが、貨物船は急速に変針して依然としてまっすぐこちらに向かってくる。U99が直衛線の方へ退くと貨物船は向きを変え、船尾砲を数発発砲した。このとき、すでにクレッチマーは船団後部付近にいた。船団方向に戻りながら、外部縦列の最後尾船に魚雷を一本発射した。魚雷が発射管を離れるや、目標がジグザグで変針したため命中しなかったが、次の縦列にいた別の船に命中した。この船は真っ二つに折れ、一分もしないうちに沈んだ。一回だけの救難信号は二語からなっていた。「エンパイアー・ブリゲード」号だった。

この船が沈むと、船団の中へと戻る道が開けた。艦橋前部に立っているクレッチマーがバークステンとエルフェに向かって言った。

「よし、行くぞ。中に入ってこの船団をずたずたにしてやろう」

U99は全身を震わせながら全速で次の縦列に向かい、夜半に大型貨物船に向けてもう一本魚雷を発射した。これが前部に命中し、一瞬後には赤黄色い巨大な炎が船体中央から上がると、その船はU99の目前で引き裂かれた。雲のような煙が急速に膨れあがって一五メートルほどの柱になると、この船は五〇秒もしないうちに凪同然の海に消えていった。

一〇分後には三隻の駆逐艦が、一列に並んだ船の残骸に急行し、付近捜索のため停止した。クレッチマーは依然として全速で航走しており、第三縦列後方で今や最後尾の船の正横に忍び寄っていた。張りつめた気を数分間ほぐしていると、周囲で照明が上がるのが見えた。護衛艦が船団両翼とその前で照明弾を撃ち上げていたのだ。他のUボートから発射された魚雷の爆発音がまばらになってきた。

「カッセル」

クレッチマーが怒鳴った。

「本艦魚雷による爆発音の回数を書きとめろ」

下の発令所にいるカッセルは、紙の下方にもう一本線を引き、すでに発射した魚雷の数、命中した数、それに撃沈した数を記録していた。午前一時近く、船団中で最大の貨物船に魚雷を発射し、バークステンとエルフェはこれを「約一万トン」と記録した。魚雷は外れ、エルフェは航海日誌にこう書いた。

「魚雷の操舵装置が故障していたのかもしれない」

距離は約五〇〇メートルだった。船団内部に入り込み、前方にいる第四縦列中の船に命中させた。この船は片方に傾くと完全に転覆し、数分間、蒸気を噴出させながら沈んでいった。第二縦列にいたこれよりも小型の船が変針し、U99前方を横切った。クレッチマーが即座に魚雷を発射すると、爆発によってその船は船尾付近で真っ二つに折れた。「SSフィスカス号、雷撃さる」と一回送信するには間に合ったが、折れた船体の大きな方が転覆して沈没、すぐにあとの部分もこれに続いた。

この時、奇妙な静寂が船団を覆っていた。「狼群」が活動をやめ、護衛艦も照明弾の撃ち上げをやめていた。平穏に思えた……そして不吉にも。カッセルは、船団の反対側から最後の爆発音が聞こえたのは午前一時三三分だと記録した。第三縦列と第四縦列の間で、クレッチマーは距離五五〇メートルから第四縦列中の大型貨物船に向けて魚雷を発射した。船尾付近に命中すると四〇秒で沈没したが、それより前、この船は微弱な信号を発信しており、セライア号と名乗っていた。突然、照明弾が船団左翼で上がり始め、爆雷攻撃がそれに続いた。右舷側では爆雷がさらに投下された。前方上空の明るい光が水面に輝いている。エルフェがバークステンに呟いた。

「奴らは他のUボートを蹴散らしているんだ。われわれじゃなくてよかったですね」

「いや。おれたちの番もまわって来るさ」

バークステンがきっぱりと言い返した。

クレッチマーは艦内の操舵手に大声で命令を伝え、一旦は仕留め逃した大型貨物船にU99が向くよう操舵指揮した。突然、面舵一杯を取ると命じた。

「艦尾（訳注：五番）発射管、発射」
魚雷が飛び出していき、三〇〇メートルの距離で船体中央に直撃した。貨物船は宙にそびえ立ち、船尾から沈み始めた。カッセルが救難信号を受信した。
「SOS……シェカティカ号、船団中で雷撃を受く」（訳注：本船撃沈はU123によるもの。末尾表参照）

数分すると、乗組員が海に飛び込んでいるのが見えた。

次の目標は前方にいる第三縦列中の大型貨物船だ。位置に付こうとしていると、夜の静寂が船団前方に突如起きた機銃掃射音によって破られた。攻撃されているUボートがどの艦であれ、逃げきれることを祈ったのも束の間、クレッチマーは目標の約六〇〇メートルまで迫り、反転の最中に艦首魚雷を一本発射した。その魚雷は荒々しく駛走し、目標の船首先端に命中した。船が舳先から沈みながら、なおも波を切って前進しているのには驚いた。この船はセッジプール号と名乗り、仰天しているU99乗組員の目前で、あたかも巨大潜水艦のように完璧なまでの急速潜航を行なった（訳注：本船撃沈はU123によるもの。末尾表参照）。沈むにつれてプロペラが水をかき回し、海水がボイラー室と貨物用船艙に浸入すると、きしみねじれた梁が耳をつんざくばかりの轟音を発した。船の姿が消え、一隻の強力なUボートによってもたらされた船団後部周辺の激闘はおさまった。

U99は航路に残骸を残しながら、船団を突っ切ってきた。クレッチマーは、護衛艦がU99の位置を推定し、船団内部からの脱出ルートを封鎖しようとこちらに急行してくるのは時間の問題に過ぎないと判断した。そこで減速し、船団の残りの船が去って行くのにまかせた。

しかし一五分後、艦尾の一隻を忘れていたことに気付いた。見れば、小さな落伍船が上下に揺れながら、無邪気にもこちらに向かってくるではないか。一本目の魚雷は外れたが二本目が船橋の下に命中し、上部構造物が大量の火の粉と炎となって宙に吹き飛んだ。しかし、わずかに沈んだだけだ。船団は全速で去っていき、背後に残されたのは戦い疲れたUボートとこの船だけになった。

照明弾が依然として船団正横のいずれかの側で断続的に撃ち上げられているが、青白く輝く月光の中では奇抜な効果しか生まなかった。最も近い照明弾も一五キロ彼方に落ちていたので、U99乗組員にとっては、子供がサハラ砂漠の真っ只中でマッチを擦って遊んでいるくらいにしか見えなかった。

カッセルが傍受したその小船の電信によると、これはクリントニア号だ。突如として、その目標の向こう側から砲撃音が聞こえ、砲弾が唸りを上げてU99を飛び越えるとその脇に着弾した。即座に安全な距離まで退避し、誰が撃ってきたのか確かめようと、用心深く目標の舳先を迂回して進んだ。砲撃していたのはU123で、艦長は船が放棄されたものと思ってその最期を早めようと考えていたところだった。U123は、攻撃がうまく行かなかった場合に備えて追尾役を引き継ぐべく、船団のかなり後方に下がっていた。船団ははるか彼方まで行ってしまったが、同艦は今やクリントニア号まで追いついていたという訳だ。

クレッチマーはU123に砲撃を続行させたが、撃沈の手柄を自らのものにするためにも、砲火が目標を沈めるまでそこに留まる必要があった。これには二〇分程かかり、クレッチマーはあたかも着弾点を審判する透明人間のように振舞った。冷静に観察していると、U123が放った砲弾のほとんどが目標を超えて着弾しているため弾薬を浪費していること、一方で、命中したものも甲板に着弾しており、最終的には側面の破孔によって沈没するのと違わないことが分かった。この時点までにクレッチマーは全魚雷を使い果たしており、すでに十分な戦果を上げたものと判断した。しかも、自らの戦術を壊滅的効果をもって連合軍に証明したのだ。

ロンドンでは海軍省作戦部が、SC7船団が二晩で一七隻を失ったと記録した。ロリアンではデーニッツが、八隻のUボートから届いた夜間作戦に関する短い電信報告を見ており、全撃沈数の半数以上がU99によるものだという驚愕すべき事実を参謀らに注目させた。

一〇月二二日、U99はロリアン進入航路沖の島湾に所在する、常に「磨き上げられた」投錨地に到着した。洋上にわずか九日しかおらず——クレッチマーの最短の大西洋哨戒——船団に到達するのに四日を費やし、これに一日接触した後、四日かけて帰投した訳だ。一晩の累計三時間のうちに、九隻の貴重な船を撃沈した。発令所の海図台の上にはデーニッツからの電信があった。

「君は今宵、二つの勝利をものにした。正式な歓迎を受けるべく備え、入港せよ」

クレッチマーにしてみれば、陸での清潔な白いベッドシーツに包まれて数昼夜の安眠をむさぼりたいところであったろう。攻撃の間、四八時間寝ていなかったからだ。だがその代わりに、バークステンに対し、乗組員が清潔な作業服を着用するよう、また、入港する前に艦を清掃するよう気を配れと命じた。

昼食後、錨を揚げ、進入路へ針路を取った。入り口に接近した時、南大西洋の哨戒から帰還した基準排水量七四〇トンの大型Uボートが南側からやって来て、U99の面前を横切った（訳注：これはおそらく、南大西洋ではなくイギリス諸島西方の哨戒から帰還したU37）。その乗組員たちは数週間分の髭に覆われた顔をしており、あたかも戦闘の垢で汚れたかのような、しみ付きのすすけた洋上作業着を着たまま甲板上をうろついていた。艦橋には、白い丸首セーターを着て乗組員同様に髭面の艦長が、Uボート艦長を示す白いカバーを付けた制帽を斜めに被って立っていた。クレッチマーはその規律のなさに顔をしかめた。自分とその部下は最上の作業着を着用し、自身は白カバーなしの制帽を被っていた。これが海軍士官の正しい冬期制帽である。

クレッチマーは、Uボート部隊が海軍の一部に過ぎないことを決して忘れなかった。にもかかわらず、あの艦の乗組員が、青年――男であれ女であれ――の夢想する海の戦士のあるべき姿のように見られていることも認めざるを得なかった。バークステンがそれをずばり言い当てた。双眼鏡を艦橋に固定しながら言った。

「彼らはちょっとした絵になってますね、艦長」

U99は、縞状の油染みのついた南大西洋の老兵に続き、防材を通って港にゆっくりと進入し、その艦が並んで航行できるように時間を与えた。停止している間、ピンネスが主投錨地から出てきて前方にいる艦に急いで走っていった。船尾では一人の士官が、そのUボートに対して後に続くよう手を振っている。クレッチマーとその部下たちが見守る中、その七四〇トン級Uボートはメインバースの係船渠に向かって大きく回頭した。そこでは、花を抱えた女たちや士官の群集が待ちこがれていた。かすかに軍楽の音が聞こえたのは、クレッチマーが艦首を空のバースに向けた時だった。それはほとんど使用されていない波止場で、町から歩いて行くのも遠いため乗組員には不人気だった。前部甲板上の水兵たちは、険しい顔つきで艦橋を見上げている。

　クレッチマーの背後で若いエルフェが、皆の胸のうちにある思いをバークステンに小声でぶつけた。

「あの歓迎はおれたちのものですぜ。おれたちにその権利があるんだ。艦長は奴らをただじゃ済ませないでしょうね、きっと」

　バークステンの顔が愛想よく微笑んだ。

「そろそろお前も艦長のことを知る必要があるな。今日の艦長はロリアン中で一番肩の荷が軽い男といったところだ。こんなことに動じるはずないさ。何事が起きたかと小さな輪になって走り回っているお偉方をみんな残して、こっそり陸に上がってやろうとウキウキしているようにおれには見えるがな。それに、おれがもしデーニッツ提督のことを少しでも知っているとすると、あの艦長はただじゃ済まないはずだ。そのうち提督が手違いに気付いてあの艦を追っ払ってくれるさ。シャンパンを一本賭けてもいいぞ」

　エルフェは、波止場との距離を見てから言った。

「賭けにのりましょう」

　U99はちょうど停泊したところであり、クレッチマーは、戦隊司令部への報告と上陸の準備を整えていた。そのとき、ピンネスが舷側に急いでやってきて、一士官がクレッチマーに動揺した様子で手を振った。

「クレッチマー艦長、手違いがありまして。デーニッツ提督と陸軍司令官が艦長にご挨拶しようと集合されています。メインバースに艦をもって行ってください。長官がおっしゃるには、時間を無駄にせず、これ以上待たせることのないようにとのことです」

クレッチマーは笑って手を振り返し、その傍らではバークステンが当直員に操艦を命じた。U99が波止場を離れ、クレッチマーはちょっとした見世物を見物人に見せてやろうと思った。速度を出して大きく回頭し、あたかもモーターボートを操縦しているかのようにメインバース脇に近づいた。両舷機を後進にするとU99は身震いし、岸壁からわずか数十センチのところで五〇〇トン級潜水艦が停止したことで、そこにいる群集は目を丸くした。これは、群集にとっては少しばかり派手な芝居だったが、そのときクレッチマーは、こんなことができることに密かな満足感を覚えていた。バークステンの脇を通って艦橋から降りる際、その唇にはわずかに微笑が浮かんでいた。エルフェは、思い切りニヤついている先任を見て、賭けのことを思い出した。

クレッチマーがタラップをぬけると、デーニッツが出迎えに歩み出た。乗組員が艦長の後に続き、長官からの演説を受けるため整列すると、カメラがフラッシュをたいた。

従軍記者やカメラマンが周囲に群がり、「長いナイフの夜」とすでにロリアンで評されていた哨戒について、「当事者」の説明と写真を求めた。クレッチマーがしわがれ声でカッセルを呼び、ジャーナリストに紹介した後、U99についての説明を同人に任せた。三日後、クレッチマーは戦隊司令室に立ち寄り、デーニッツの脚注が付いた自分の戦闘報告書の写しを見せられた。それにはこうあった。

「船団に対する卓越した指揮攻撃ぶりとそれに見合う戦果。署名。デーニッツ。潜水艦隊司令長官」

自分の戦術を評価する際に書かれたこれらわずかのそっけない言葉が、岸壁での歓迎以上にクレッチマーを満足させた。海の一匹狼から伝説が生まれ、すぐに全ドイツ中に知れ渡った。ゲッベルスは国民向け放送の中で「戦時の最も偉大な冒険物語」と描写した。

8　狩人の月

一九四〇年一一月三日、U99はブラッディー・フォーランド沖で哨戒についていた。その夜は魔法にかかったようだった。頭上では、濃紺色の空にきらめく星たちが、低くたちこめた一筋の薄い雲を時折かすめていた。だが、その雲が南に浮かぶ「狩人の月」を霞ませることはなかった。大きく長いうねりが艦を高く持ち上げると、今度は波の深い谷間へと降ろした。しかし風は穏やかで、水面はわずかにやさしく波立っているのみだ。はるかかなたの周囲一面に広がる、黒い威嚇するかのような雲の巨大な峰が、大きな環状山脈のように天高くそびえ立っている。それは、最大級の船ですら恐ろしいほど小さく見えてしまうような夜だった。U99乗組員にとって、潜水艦の華奢な船殻など、池に放り込まれたマッチ箱くらいにしか感じざるをえなかった。

南西に浮かぶ大きな三日月形をした雲筋が投げかける、暗く神秘的な影から現われたのは、ジグザグしながら大西洋をゆっくりと航行していた独航汽船だった。艦橋にいたクレッチマーは、射点に付くよう命じると、ふと、あの船の甲板当直員は今この瞬間、何を考えているのだろうかと思った。雷撃されるなどということを考えているだろうか。あの当直士官は、これが船橋での最後の夜になろうことを夢想だにしたことがあるだろうか。

実際のところ、これまでクレッチマーは自分が沈める船に乗っている人々のことを真剣に考えたことがなかった。彼らが自分と同様な人間であるとしても、所詮は敵であり、それが良心を咎めることはなかった。しかし今は、忍び寄って一気に攻撃することに妙な苛立ちを覚えた。それは結局、死と破壊を象徴する、目も眩むような爆発の閃光、炎、煙を自分が作り出すことになるからだ。もう一度平和になればバルチック海での訓練に戻れるものを、と今宵は思った。一瞬、この船をやり過ごそうという気になったが、攻撃時の緊張が高まるにつれ、その気分はすぐに失せ、Uボート艦長にあるまじき思いを払拭した。だが、指揮の重圧が哨戒毎に増していたため、弱気になってしまっていたのだ。

射点を得るための航走準備をしていると、「汽船の疫病神」の片腕で左舷担当のヴァルトル一等水兵が、一隻の大型船がU99の方へ急接近してくるのを認めた。急いで距離を計算すると、クレッチマーは大型船がこちらに着く前に汽船の方を沈める余裕があると判断した。午後一〇時一三分、攻撃が始まった。目標がこちらに接近し、平均針路を取ろうと側面を大きく見せながら回頭するとクレッチマーが叫んだ。

「一番管、発射」

距離は一キロ半以下だった。雷跡が海の中で鈍く光りながら、一直線に正確に駛走していくのに見とれた。鈍い、ほとんど感じられないような爆発が汽船船橋の真後ろで起き、船がためらいがちに沈み始めると、燃え盛る炎もすぐに消えた。今やU99は回頭し、次の船が依然としてかなりの距離にあるのを認めた。しかし、驚いたことに、どこからともなく現われた第三の船が、一キロ半そこそこのところにいた。

無線機についているカッセルが、これら三隻から発せられた平文の通信文を熱心に傍受していた。それによると、最初の一隻はカサナーレ号だった。二隻目は、付近に潜水艦がいると報告しており、船名をローレンティック号と名乗った。一方、三隻目はパトロクラス号と発信している。二隻はロイズ船舶登記簿の中にあったが、クレッチマーにとってより興味深かったのは、これらが海軍リストにも仮装巡洋艦として登載されていることだった。そこで、最初に現われた軍艦を攻撃することにした。ローレンティック号だ。

距離を一五〇〇メートルと計算してから船の方に回頭し、その途中で魚雷を発射——今や一八番——すると、魚雷は巨大な目標に疾走していき、ボイラー室中央を直撃した。内部から煙雲が噴きあがって船の上に広がったが、沈む気配も、側面の破孔に効果があるようにも見えない。救命艇が降ろされるのが見え、何隻かが離艦した。

何らかの沈没の気配を待ちながら半時間後、もう一本魚雷を発射すると艦尾付近に命中した。またも、沈没の徴候は全く認められない。クレッチマーは、一本目が開けた破孔を狙って三本目の魚雷を発射することにした。孔をさらに大きくして、船の竜骨をへし折ろうというわけだ。二五〇〇メートル以内に迫り、三本目を再びボイラー室に命中させた。ローレンティック号がさらに信号を送信し（カッセルが傍受）、その場に照明弾を撃ち上げた。それから重火器の火蓋を切り、U99に対して砲弾を繰り返し送り込んだ。これはじきに、よく狙いの付けられた対人榴散弾に取って代わった。

これはクレッチマーの欲するところではなかったので、全速で後退した。この最中、二隻目の船が現場に到着し、ローレンティック号の生存者を救出しているのが見えた。時間を掛けて調べると、これはHMSパトロクラスだった。二五〇メートルまで近づき、敵に見つかることなく魚雷を発射した。それが艦尾付近に命中すると、U99の乗組員はその光景に茫然とした。数十もの空の樽が破孔から勢いよく飛び出してきて、シャンパンボトルのコルクよろしく海面で陽気に飛び跳ねている。クレッチマーは艦尾を狙って二本目を発射したが、魚雷は違う方向にそれてしまい、前檣下に命中した。またも空樽が大量に出てきた。

今度はパトロクラス号が火蓋を切る番だ。最初の二発の榴弾がすぐ間近に着弾した。クレッチマーは、一発でも命中弾を受ければ行動不能になってしまうだろうと懸念して再び後退し、戦場一面に広がる大量の樽を凝視した。これらの巡洋艦は樽で満たされているため、魚雷攻撃に対しても余分な浮力があるのだろうと正確に結論づけた。

針路からそれて、前に攻撃した汽船カサナーレ号に向かったが、すでにその船の形跡はなく、船二隻分の生存者たちがいるのみだった。それから突然、航空機の轟音が聞こえ、見上げると、サンダーランド飛行艇が襲いかかってきたところだった。あまりに低空だったので、コクピット内の光で照らされたパイロットと乗組員の頭や肩が見て取れた。クレッチマーは「潜航警報」を発して急速潜航し、爆弾がすでに投下されたに違いないと思いながら、緊張して待ち受けた。だが何も起きなかったので、発射管に魚雷を再装塡するよう水雷員に命じた。

すでに午前三時になっており、半時間後、再浮上してローレンティック号とパトロクラス号の方へと戻った。一隻は一万八〇〇〇トン以上、もう一隻は一万二〇〇〇トン弱のこれら仮装巡洋艦は、あたかも傷ついた大熊のごとくじっとしており、うねりの中で動くこともできなかった。その傍らで、小さなUボートは興奮した子犬のようにせわしく上下に跳ねていた。海面には六隻ほどの救命艇がおり、みな危険な場所から退避しながら、終幕に向かおうとしているその場面を観ようと居座っていた。艦橋にいた見張員が、水平線の向こうから急速に接近してくる駆逐艦を一隻認めた。これまで一晩中戦闘配置についていたが、今やクレッチマーはこれら非協力的な目標に怒り心頭に発しており、大声で皆に知らしめた。

「あの駆逐艦が来る前に、こいつらを沈めてしまおう」

不意に決断し、艦を回頭させると、速力を増して全速で一直線にローレンティック号に向かっていった。二五〇メートルまで接近してからクレッチマーが叫んだ。

「面舵一杯、一番管発射」

艦が傾きながら回頭し、魚雷はローレンティック号に向かって飛び出していった。

これが艦尾に命中すると、艦全体が崩れてものの数秒で水没した。搭載されていた爆雷は数メートルにしか深度調定されておらず、それらが爆発するとU99を激しく揺さぶり、艦橋を混乱に陥れた。それから立ち直ると、巨大艦の残部が宙にせり上がり、艦尾から沈んでいくのが見えた。

パトロクラス号を沈めるのに残された時間は一五分ほどだった。全速で近寄り、二五〇メートルで魚雷を発射した。艦中央部に再度命中すると、またも樽の噴出だ。全速で回頭し、四本目を発射すべく速度を上げた。これが艦首部分に命中すると、なおも驚くほどの樽がせきを切ったように出てきた。五本目は艦中央に命中。今回は樽はなく、パトロクラス号はようやく沈みかけた。クレッチマーは、今や砲の射程内に入った駆逐艦の方向を見た。六本目を発射するとまた艦中央に命中した。ほぼ同時に、その仮装巡洋艦は身もだえして宙に飛び上がったように見えた。艦は沈むにつれて二つに折れ、両部分が視界からすぐに消えた。それはあたかも、海が割れ、その穴の中に落ちていったかのようだった。

U99は、離脱のため浸洗状態で南へと後退した。後に残ったのは、何百という樽と、駆逐艦に救出を任された一〇隻の救命艇だった。しかし、駆逐艦は難破船を通過し、消え失せたUボートの後を追った。クレッチマーは潜航し、爆雷攻撃に備えた。雨あられと爆雷が降り注ぎ、散布帯となった爆雷が艦の周囲に落とされると、U99は激しく揺さぶられ、危うく転覆しそうになった。なんらかの理由で爆発がやみ、水中聴音機についていたカッセルが、微弱になっていくプロペラ音を報告した。一時間後、クレッチマーはあえて浮上した。敵を破壊した現場から約二〇キロ離れていたが、曙光の中で駆逐艦が生存者を助け上げているのが見えた。慎重に南に向かい、水平線上の巨大な雲層の中に逃げ込んだ。

哨戒区域へ戻りながら、クレッチマーは戦闘日誌にこう記した。

「二番目の巡洋艦、パトロクラス号が針路を離れて現場に近づき、結果的に自ら私の手中に落ちたことは奇妙に思えた」

R・P・マーチン中佐にとって、これはさほど不思議なことではなかった。現在、シティー（旧ロンドン市部）で勤務している同人は、当時、パトロクラス号の先任副長であり、ビル・ウィンター艦長の友人でもあった。一一月三日の朝、パトロクラス号は汽船カサナーレ号を発見し、敵水上艦に対する洋上護衛として同号のそばに留まった。

昼食前、ウィンター大佐、マーチン中佐並びに航海長のハリソン予備役中佐は、カサナーレ号が雷撃された際に取るべき行動について討議した。マーチンとハリソンは海軍省指針に固執した。この指針は仮装巡洋艦の役割を規定しており、この種の艦をUボートからの過度の危険にさらしてしまうような、いかなる行動をも事実上禁じていた。

ドイツ水上攻撃部隊の脅威が認識され始め、英軍艦が五大洋に分散されてしまっていることを考慮すると、仮装巡洋艦は、ドイツ水上部隊の攻撃から船団ルートを守る哨戒を行なうことで、護衛システムの中において死活的に重要な役割を演じていた。これら二人の士官にとっては、停止してカサナーレ号の生存者を救出することは、攻撃中のUボートに絶好の目標をみすみす与えるも同然だった。しかし、ウィンター大佐はこう言って議論を切り上げた。

「海軍省が私の艦を操っているわけではない。もし停船しなければ、リバプールで見せる顔がないというもんだ」

その晩、U99がカサナーレ号を攻撃すると、ウィンター大佐は変針して生存者の救出へと向かった。こうしているうちに、ローレンティック号が現場にやってきて、自らに有効打を与えた魚雷の閃光を見ることになる。パトロクラス号の艦橋でマーチン中佐が艦長に言った。

「もしわれわれがそこで停止すれば、三〇分以内に撃沈されてしまいます、艦長」

二人は第一次大戦のユトランドでともに戦った仲だった。ウィンターは勇気と精力を兼ね備えた不屈の男だったが、このときばかりは完全に自制を失いつつあるようにマーチンには思えた（原注：第一次大戦時、ウィンター大佐は一駆逐艦艦長であり、ユトランド沖海戦でドイツの巡洋艦を撃沈したことで戦功殊勲章を受章した）。いらつきながら、ウィンター大佐が片意地になって言い返した。

「私があの哀れな連中を助けてやる」

マーチン中佐が上部艦橋を離れ、カサナーレ号とローレンティック号の生存者を甲板上へ助け上げようと指揮し始めた。ウィンター大佐の決断の顛末は、次の戦闘報告に生々しく描写されている。これは、後に救出されたマーチン中佐によって、ラーグスの海軍港湾事務所を通じて海軍省へ提出されたものである。

秘

ラーグス海軍事務所
一九四〇年一一月六日

HMSパトロクラスの喪失

閣下、

一九四〇年一一月三日のHMSパトロクラスの喪失に伴う状況につきまして、謹んで以下の報告書を提出いたします。

一九四〇年一一月三日（日曜日）二一〇〇時、私は艦橋から一つの伝達を受けました。その内容は、我々の右舷数キロ先でSSカサナーレ号が雷撃されたため、艦長が生存者救出を試みようとしているというものでした。

日中、我々はこの特定の船の名前すら出して、そのような不測の事態について討議しておりました。発言は自由に行なわれ、私、航海長並びにホッガン少佐は、救出行為は艦を重大な危機に陥れ、不必要な危険にさらすものだと表明しました。しかし、艦長はすでに決断しており、その翻意を促すことはできなかったものと思います。

我々は、接近可能な暗さになったと判断できるまでその位置周辺をしばらく周回し、それから生存者を拾い上げに向かいました。その位置に達する直前に、付近にいるであろう潜水艦を威嚇するため、爆雷を四五メートルに調定して二発投下しました。

救命艇が水面にあるのが見て取れたので、停船して舷側にある最寄りの一隻に声をかけました。それが凹甲板の前方右舷側にちょうど来た時、つまり、事実上横付けしている時に艦が雷撃を受けました。時刻は二二五五時頃でした。

魚雷はその救命艇の直下で命中した模様ですので、艇は粉々に吹き飛ばされたはずです。爆発によって即死したわが艦の乗組員もいました。艦外に投げ出された者もいましたし、前部凹甲板は修羅場と化していました。この爆発でピッドクス大尉の両足も砕かれてしまいました。

アトキンソン大尉はこのとき、辺りを泳いでいる者を何人か助けようとして海に飛び込みましたが、結局は甲板によじ登り、救命艇が一隻降ろされると、その指揮をとりました。

艦が雷撃されていたのは疑いようもなく、乗組員が直ちに「機雷・魚雷」部署に向かうと、そこは、厚着や救命帯を着用してそれぞれの救命艇に列をなした者たちでいっぱいになっていました。

砲手のマッドクス君がこの頃艦橋に現われ、爆雷の信管を取り外させたため安全になった旨報告しました。

それから私はメガフォンをとり、魚雷が一本命中したことと、まだ離艦する必要はないことを乗組員に伝えました。しかし私は、別命あるまで彼らに自分たちの救命艇に整列したままでいて欲しかったのです。

彼らは気持を表わすのに拍手で応えてくれました。私は哨戒毎に今回の戦争全般について乗組員に訓話を行なうことにしていましたが、その終わりに彼らは常に拍手をくれました。ですから私がこの見えすえた告知を行なったときに彼らがまた拍手で応えてくれ、誰かがこう叫んだときはかなり驚きました。

「そんなことは百も承知ですよ、中佐」

そのとき前部砲術送信所のブルックス一等兵曹が報告にきて、送信所戦闘要員が整列し、対潜作業班が組まれた旨述べました。しかし、一番砲では何人かの負傷者が出ていたと思います。

この少し後、もう一本の魚雷が四番船艙に命中し、艦長が「総員離艦」を命じました――弾薬庫も浸水していました。

私はホッガン少佐に救命艇を降ろすのを指揮するよう命じ、その後二度と見ることのなかった艦長に別れの言葉を直接かけました。それから、端艇甲板に向かい、事態を把握して指揮しようとしました。

私は、電信担当士官のハームワース中尉に話し掛けたのを覚えていますが、その時中尉は、秘文書を艦外に投げ捨てたと話してくれました。また、左舷の救命艇を降ろすところだとも言っていましたが、非常にてきぱきとそれをやり遂げました。電信室に行くと、もう一本被雷した旨、西方近接海域司令長官に報告するようジョンソン君に命じました。

暗闇の中で救命艇を降ろさなければならないことほど不快な作業はない、ということをいやおうなしに思い知らされました。しかも二本の魚雷を受けて大きく傾いている船です。作業班の働きぶりには感銘を受けました。救命艇はパニックもなく順調に降ろされ、なんとか艦から離れていきました。ただ、海面には泳ぎさまよっている者も何人かいたようです。多くの者が艦外に吹き飛ばされていたと思いますし、第一・第五救命艇は爆発で粉々になっており、その中にいた者も死亡しました。

この直後に、さらに二本の魚雷が同時に命中しました。すなわち、一本はクロス炭庫に、もう一本は六番船艙にです。後者によって右舷三インチ砲が艦外に落ちました。

少しして、ふと気づくと私は端艇甲板にいました。ほかにもホッガン少佐、マーチー大尉、カークパトリック大尉、デービー中尉、ジョンソン君、バロン君、クレーシー一等兵曹、ケンプ二等兵曹、ナイラー二等兵曹と水兵二、三人がいました。私たちにできることは何もありませんでした。無線が故障していたからです。救命艇とカレー式救命ゴムボートの全てが艦を離れました。デービー中尉が報告したところによると、機関室は浸水しておらず、隔壁が持ちこたえていることが分かりました。下に行って全ポンプを作動させるには中尉が適任でしたが、私たちにはそれにどれだけの時間がかかるか分かりませんでした。海は若干のうねりがある以外は静かでした。

艦を救うべきか徹底的に討論しましたが、結局それは時間の問題にすぎないという結論に達しました。

一時ころ、例の潜水艦が艦に砲撃を開始しました。こうした状況下で何をなすべきか事前によく討論していましたので、事前に定めた手順どおり直ちに右舷三インチ高角砲に兵員を配置して砲撃を開始しました。クリーシー一等砲術兵曹が照準手、エリス二等水兵が旋回手、さらに私は装塡手、ホッガン少佐は弾薬供給手を務めました。砲撃を開始し、クリーシーとエリスが目標を捕捉した旨報告しました。クリーシーは第一級の砲術兵曹です。我々は四回目の斉射を命中させたと思います。なぜなら信管を〇22に設定して発砲していたからです。これは極端な設定ですが、衝撃によって爆発します。実際、砲弾が炸裂したのが見えましたし、潜水艦はわずか九〇〇メートル離れていたに過ぎませんでした。

四回目の斉射の後、砲撃が止み、目標が消えたので戦闘を終えました。

我々は敵の命中弾を艦中央と艦尾にそれぞれ一発ずつ受けましたが、後部弾薬庫を覆う後部凹甲板に小規模な火災が発生した以外、見たところ何の損害もありませんでした。私はいくらか心配しながらこれを間近に見守りましたが、その部分が波にもまれたので火はすぐに消えました。

戦闘行動終了約一〇分後、艦は三番船艙にもう一本被雷しました。午前一時一五分ころのことでしたが、これが最後だろうと思いました。

私たちは端艇甲板を歩きまわり、体温を保つためラム酒とウィスキーをいくらか飲みながら皆で毛布などに包まって横になりました。そうしていると、とても気分が落ち着きました。敵潜が戻ってこないか順番に見張っていましたが、それも艦が沈没して我々が離艦するまでのことでした。

四時ころ、艦橋下の右舷前部にもう一本魚雷を受けました。これによって艦橋は完全に崩れ落ちましたが、敵が四本の魚雷をほとんど同じ部位に当てたので我々は皆笑ってしまいました。それらによる効果は、実際には艦橋前部の竜骨をへし折るだけでした。五分後、艦中央にもう一本被雷しましたが、これは機関室に命中したようで、我々も今度ばかりは終わりがきたことを悟りました。艦が急速に傾き始めたのです。私はこう命じました。

「早く海に飛び込め」

私たちは前もって命綱を付けており、動かせる装置の類は全て事前に用意しておきました。海面に滑り降りると皆に大声で伝えました。

「艦から離れろ。渦に引っ張り込まれるな」

泳いで二〇メートルほど離れた時、背後の修羅場を感じ取ることができました。さらに、沈みゆく船が起こす吸引力や波のほかに、梁が全部ねじ曲がったかのような凄まじい音を感じました。太鼓のような音が辺りに轟き、バリバリという音がこれに加わりました。肩越しに見ると、艦は半分沈みかけたところでした。そして、右舷から転覆すると海の中へ滑り込み、見ると、艦首が直立したも同然になっていました。

再び泳いで離れ、一五〇メートルほどのところで、周辺にいる者をできるだけ多く束ねました。我々は残骸に乗ってわが身を支え、できる限り互いにしがみついていました。艦首がまだ見えましたが、沈没するのはそう先のことではないように思えました。二時間もかからなかったと思います。我々はつとめて泳がないようにしました。泳いでも仕方がなかったからです。ただ皆でそこに留まり、足を上下させて水をかいていました。皆で歌を歌ったときもありましたが、体力を温存した方がいいという結論に行き着きました。ただ、ずっと励ましあったり、冗談を言い合ったりしてその場を明るくしていました。私の一団には、マーキー大尉、クリーシー、ケンプ、カークパトリック、デービーと、エリス、ロンディーン両一等水兵がいました。

我々が海に飛び込んだのは四時半ころでしたが、暗闇の中では拾い上げられるチャンスがまったくないので、朝の八時半まで救出を待つ必要があろうと判断しました。

遠くでホッガン少佐の声がこう叫んでいるのが時折聞こえました。

「ボート、アホイ」

こちらもこう叫び返し続けました。

「ボート、アホイ」

一時間半ほど海に浸かってから、私はギーブ社製ベストからブランデーフラスクを取り出し、皆で一口ずつ飲みました。これで大いに生き返りました。

七時半ころ、各人が、マーキー大尉が持っていたウィスキーをいくらか飲みました。

マーキー大尉がとても安らかに死にました。私は何もしてやれませんでした。彼の声はどんどん弱々しくなっていったので、こんなところにさらされたためだと悟りました。ただ、とても安らかに亡くなりました。

このとき、ケンプ二等兵曹も非常に衰弱していました。照明弾が周囲全体に打ち上げられていることから、駆逐艦が我々を探しにその場に来ており、夜が明けるや見つけ出してくれることが分かっていたので、これは残念なことでした。

八時に夜が明けました。八時半、HMSアケーティーズが近くで停止したので、その脇に行きました。私と、すでに行方不明になっていたと思われるケンプ二等兵曹を除いて、全員が助け上げられました。海から上がったのはあいにく私が最後となりました。アケーティーズの一中尉が下まで降りてきてくれ私に手を貸してくれましたが、半分登ったところで同艦が潜水艦探知音を得たらしく、両舷をふかして行ってしまいました。私が海面に落とされたところからみると、同艦は全速で発進したものと思います。このときのことで私が覚えているのは、海に散らばる残骸のようなものに頭を打ち付けたということです。艦尾で浮き沈みしている際に、誰かが爆雷を一発投下したのを覚えています。

それから三〇分ほど経ってからでしょうか、もう一隻の駆逐艦（原注：HMSヘスペラス）がこちらに来たので、大声を出すと私を見付けてくれました。彼らは捕獲器を降ろし、それで私を捉えました。向こうにもうひとり士官がいると伝え、皆でホッガン少佐を引き上げましたが、マーキーとケンプの姿はまったく見えませんでした。

その晩の出来事を振り返ってみると、私が部下たちの行ないからいかに多くの力を得たかということを思い出さざるを得ません。何度も何度も彼らは私のところへ来てはこう言いました。

「お分かりでしょう中佐、これで良かったんですよ」

もしできることなら、私は特にクリーシー一等兵曹、ホッガン少佐、デービー中尉に叙勲を推薦したいと思います。これら三人は私にとっては頼みの綱でした。

同様に、先任電信士官のジョンソン君にも感謝したく思います。同人は最後まで無線室に詰めていました。

敬具

中佐

少将

北洋哨戒司令官

（原注：クレッチマーは、この報告原稿を読むとこう言った。「わたしはもう少しでマーチンの罠にはまるところでした。こちらからの砲撃に何の反応もなかったので、パトロクラスに堂々と接近しました。その時、彼らが第一弾をこちらの艦橋越しに送り込んできました。我々を射程内に収めながら、マーチンとその部下たちがこちら側の砲火を自分たちの砲弾の炸裂と取り違えていたに違いありません――真っ暗な夜では間違えて当然です……」）。

ウィンター大佐はこの戦闘に生き残れなかったので、自分の決断を審査裁判所で説明することはできなかった。最後の救命艇が離艦した時、大佐は艦にはもう誰もいないと考えて海へ飛び込んだ。しかし水泳の猛者であったにもかかわらず溺れてしまった。おそらく、心臓病や気管支炎を患っていた上に、寒風にさらされて肉体的に衰弱していたのであろう。そしてそれが、命令に背いてまでも水兵たちを救おうとした勇敢不屈の決断によって、かえって自らの艦を失ってしまったショックと結びついた時、大西洋の凍てついた冬の中で命をつなぐだけの抵抗力も尽きてしまったのだろう。

マーチン中佐は、艦を救おうとした志願者たちがまだ艦内に残っていることをもしウィンターが知っていたら、彼らを置き去りにすることなど思いもしなかっただろうと確信している。しかし、マーチン中佐の下に集まった士官と水兵の小さな集団は、自分たちの艦長がもはや艦上にいないということを知って当惑した。もはやこれまでと悟り、大きく傾いた艦を放棄せざるを得なくなったとき、泳ぎのできない機関士二人が機関室から現われ、ウィスキー一本と毛布何枚かを貰っていいかどうか、さらには、受け台の中で残骸に挟まれている艦載モーターボートを使用していいかどうかをマーチンに尋ねた。

マーチンには、もし二人が艦外に飛び込めば溺れてしまうことははっきりしていたし、同様に、モーターボートに残ったとしても溺れることは分かりきっていた。だからこそ許可を与えた。海で溺れて死ぬよりも、ボートの中で死に向かう方がまだ苦痛が少なかろうと思ったのだ。今度は自分が離艦する時だ。ロープをつたって海面へ滑り降りると砲員の一人が叫ぶのが聞こえた。

「おお神よ、我らを救いたまえ」

船から離れるのにかなり長い時間泳いだように思えた。その時、打ちのめされたパトロクラスが最後の吐息を重々しく発してから海の中へ沈んでいった。後ろを振り向くと、あのモーターボートが残骸をよけながら浮いており、暗闇の中へとさまよい消えていった。これにはマーチンも驚いた。例のカナヅチ機関士二人が駆逐艦に発見されたのは翌日だった。二人は毛布に包まりながら健やかに眠っていた。空のウィスキー瓶を間に転がしながら。

奇妙にも、マーチンと砲員志願兵たちを救出した駆逐艦へスペラスは、このときドナルド・マッキンタイア中佐を艦長としていたが、この艦長は後ほど、大西洋の戦いにおけるクレッチマーの経歴の中で大きな役割を演じることになるのである。

パトロクラスの生存者——そのうちの二三〇人——はグリーンノクに陸揚げされ、所属基地に戻るべく駅まで連れて行かれた際、マーチン中佐と合流した。彼らの多くはマーチンが艦とともに沈んだと思い込んでいた。元気付いた彼らは、マーチンを肩車に乗せて駅のホールを一周した。新聞は、同人がコマンダー（中佐）と呼ばれていることからコマンディング・オフィサー（艦長）に違いないと推測してこの光景を記述、マーチンの名をウィンター艦長として報じた。デイリー・テレグラフ紙の一一月七日付け記事にはこうある。

「乗組員は艦長を肩車に乗せ、歓呼を繰り返した後に、『あいつは本当にいい奴だから』を合唱した。ウィンター艦長は海中での四時間半におよぶ試練を生き延びたのだった」

報道記事は同紙も含めて、この戦闘におけるUボート艦長の「冷酷さ」を強調していた。テレグラフ紙の同じ記事はこう見出しを付けている。

「救助活動中に雷撃：ローレンティックの救命艇にドイツ軍が砲撃」

それから次の一節がきた。

「そのUボートは二隻の大型定期船を雷撃するに飽き足らず、救命艇に砲撃を加えようとした」

別の新聞は、派手な見出しで話をつづっている。

「Uボートの暴虐性」

事実、海軍省の戦時日誌やU99の戦闘日誌、さらにはマーチン中佐とクレッチマー艦長の証言も全て、U99がパトロクラスとローレンティックの砲撃に応戦し、同時に魚雷不足のためパトロクラスに黄燐発煙弾で火災を発生させようとしたことを示している。

これについてマーチン中佐はこう断言している。

「クレッチマーが我々を攻撃したのは完全に合法的なことです。我々は哨戒中の軍艦でしたし、生存者を拾い上げようとして現場に向かいましたが、実際には救助船ではありませんでした。実際のところ、我々にはそこにいる資格がなかったのです。ビル・ウィンターは昔からの親友でした。この時たまたま彼は間違った決断をし、自分の生命でそれを贖った――戦時に船を指揮している時には常に起こりうる出来事だったのです」

クレッチマーも日誌の中で自らの判断を示している。それによればクレッチマーは、最初に開けた孔に魚雷を続けて撃ち込むことによって、目標の竜骨が破壊される可能性があることを見抜いた。間隔をあけて舷側に命中した魚雷は、さまざまな区画への浸水を均等に起こすことがあり、船は徐々にゆっくりと沈没する傾向がある。クレッチマーはパトロクラスに六本の魚雷を送り込み、そのうちの四本が同一箇所に命中した。そのため、同艦の竜骨が折れた訳だ。もし空樽がなければもっと早く沈没していたはずだとクレッチマーは確信していた。

その夜、戦場から離れたU99乗組員は、長らく休息を取れない宿命にあった。大西洋からノース海峡に向かっている船団の排煙を発見したのだ。デーニッツの指示に基づけば、船団を発見したUボートはその位置、針路及び速度を報告し、他のUボートがその船団に群がるまで追尾しなければならない。クレッチマーは、長時間追跡する気になれなかった。目標発見信号を送信してから射点占位運動を開始した。一〇時には、左舷に駆逐艦を置く位置を占め、それを維持した。午前三時、もう一隻のUボートU123が左舷後方から攻撃すると、直ちに護衛艦がそちら側に向き直り、照明弾を撃ち上げた。左舷側の駆逐艦は針路を維持しており、そこでクレッチマーは握りこぶしを船団に当て示し、バークステンとペーターゼンに言った。

「このこぶしが船三隻分を覆いかくした時に発射する。我々の当て推量が方位盤と同じくらい正確かどうかこの魚雷を賭けてみようじゃないか」

ストップウォッチを確認すると不意にクレッチマーが叫んだ。

「発射」

英国への原油を運搬していたタンカーのスコティッシュ・メイデン号は、防御の為に船団中央部付近の特別な位置を占めていた。ロンドン出身の熟練甲板員サミュエル・ドーエティは朝直を終え、床に着く前にいつもの朝の茶を楽しもうと船尾の調理室へ向かうところだったが、そのガイ・フォークス日、つまり一一月五日の朝は茶を飲むのを控え、夜が明けていくのを観賞するため甲板に数分間佇むことにした。静かな澄みきった夜だった。清いさわやかな大西洋の空気を数回深呼吸すると船員部屋へ向かい、自分の寝台で横になった。突然の轟音が夜を引き裂き、普通ならドーエティがお茶を飲んでいたであろう調理室のある船尾が粉々に吹き飛ばされた（原注：この話はドーエティ氏がイブニング・スタンダード紙に一九五四年九月に寄稿したもの）。

これはクレッチマーの「当てずっぽう」魚雷で、外列の船を全てそれながら、他の船より安全な位置にいたこのタンカーに命中したのだった。艦橋ではクレッチマーが安堵のため息をついていた。命中するのにあまりに時間がかかっていたので、ほとんど諦めかけていたところだった。発令所では電信員がタンカーの救難信号を傍受し、船名を記録していた。

クレッチマーは魚雷をすべて使い果たしていたので、船団の位置に留まって追尾すべきだった。しかし、前夜に戦闘があった後でもあり、必要以上に洋上に留まる気になれなかった。後方位置でU123が駆逐艦の攻撃下にあることや、船団が沿岸防御区域に入ってしまう前に、それに十分近づける味方潜水艦は付近にいないということは分かっていた。そこで、離脱針路を取って機関長を艦橋に呼んだ。

「機関長、魚雷は全て使い果たした。よく分からんが、昨夜の攻撃時にエンジンが少し騒々しかったような気がする。どこか調子でも悪いのか」

機関長は、艦長が言わんとするところをすぐに理解した。下に消えると数分後、再び艦橋に現われて報告した。

「故障箇所があります、艦長。洋上で修理を行なうのは不可能かと思います。修理の依頼に帰投すべきかと」

そう言って同意するかのように微笑んだ。クレッチマーも微笑み返した。

「大変よろしい、機関長。直ちに帰投する」

航海日誌と機関室日誌には、故障が帰投理由として正式に書き留められた。一方ロンドンでは、海軍省作戦部が、攻撃を受けた旨を知らせるHX90船団からの電信を受信していた。その後の無電によると、駆逐艦が船団後方で一隻のUボートを海中に押し留めていた。クレッチマーが付近にいることは分かっていたので、クリーシーの参謀にとっては、攻撃下にあるのがU99だと願わずにはいられなかった。しかし願いは気休めでしかなかった。なぜなら、クレッチマーはすでに船団後方に退き、スコティッシュ・メイデン号の生存者たちの位置とその帰国針路を確かめるべく、ゆっくりと彼らに近づいていたからだ。U123に降り注ぐ、遠くの鈍い爆雷音に多少たじろぎながら、U99は南へと退避した。四日後、ロリアンに戻るとU123の到着が遅れていると聞かされた。同艦はその二日後によろよろとロリアンに帰還した。クレッチマーはまた、一一月四日付けで総統が自分に、柏葉騎士十字章を授与していたことを知った。

9　ヒトラーの客人

今次哨戒を終えて入港する際、カッセルはデーニッツからの送信を書き留めた。それにはこうあった。

宛　U99艦長
　よくやった。クレッチマー艦長は柏葉騎士十字章を受章。ペーターゼン兵曹長は騎士十字章を受章。クレッチマー艦長には総統が授与。
潜水艦隊司令長官

ドックに入るとクレッチマーは、デーニッツがパリのスーシェ・アベニューにある司令部にいることや、飛行機が自分をまずパリに運び、その後ベルリンへ向かうべく待機していることを知った。翌日、クレッチマーは提督の部屋で、哨戒を終えた艦長に課されている通例の審問に答えていた。デーニッツは撃沈報告にこだわり、可能であればその船名、トン数、船影についての描写を求めた。当時ですら、撃沈報告は情報機関やＢＢＣのアナウンスのいずれか、あるいは両者によって確認されるまで発表されることはなかった。柏葉騎士十字章は、敵前における勇猛さに対してドイツが授ける最高の勲章で、英国のヴィクトリア十字章にも匹敵するものであり、それをクレッチマーが受章したことにデーニッツは祝いの言葉をかけた。

「ところで」

提督が言った。

「Ｕ99には勲章をあと五つとってある。誰に授けるかね」

クレッチマーは肩をすくめた。

「それには答えられません。部下全員に受章の資格がありましょうし。私の報告をお読みになられたでしょうから、その中に氏名を明記しておいたことはご存知かと思います。あとは提督がご判断されるべきかと」

「よかろう。だが、戦闘中における行動が常に模範となった者がいるはずだ。それは誰かね」

「はい。私が思うに先任電信員のカッセルに何かいただければと。彼は陸でも私から従軍記者を遠ざけてくれるのでその資格があるかと存じます」

デーニッツが微笑んだ。

「一級鉄十字章だな」

「はい」

「よろしい。授与しようとする者五人のリストを君に送る。変更したければしてもよろしい。さて、これから少し寝るとするよ。明日はベルリンなんだ」

その夜、クレッチマーは賑やかなクラブ「シェゼル」の隅のテーブル席に座っていた。ワインを飲んで渇きを癒し、郷愁を誘うシャンソンのリズムに身を揺らした。シャンパンと美人歌手の優しい声で緊張感を払拭すると、夜半にホテルに戻っていった。


カッセル、ベルクマン、トレンス、クラーゼンがキベロンの運動場近くに立っていると、付近に駐屯している騎兵科軍曹が近寄ってきた。

「君たちの中で乗馬をしたいという連中を知っている人はいないかね」

「なぜそんなことを聞く？」

クラーゼンは陸軍の軍服を不愉快げに見た。

「いやね、ここには馬が二〇頭いるんだが、調教できるのは六人しかいないんだ。君たちの中で乗馬をしたいという人がいれば我々の助けにもなると思って」

カッセルがベルクマンを見た。

「お前できるか」

「もちろんさ」

ベルクマンがそっけなく答えた。馬券屋ならいざ知らず馬には近づいたことすらないなどとは認めたくなかった。

「俺も乗れるよ」

カッセルが言った。

「申し出にのろう」

そして言った——やや無鉄砲にも。

「レースをするとしよう。海軍対陸軍だ」

騎兵に対抗するとは戦友は狂っているとベルクマンは思った。だから少しでも釣り合いを取ろうと口をはさんだ。

「そうだ。俺たちは鞍なしでやる」

その軍曹がバカ笑いした。

「君たち潜水艦乗りは自分の言っていることが分かってないよ。対戦しようじゃないか。結局は君たち敗者のおごりだ」

握手してからその軍曹は歩き去った。カッセルがベルクマンの方に向き直った。

「このバカ野郎、生まれてこのかた乗馬なんかやったこともないくせに」

ベルクマンが険しい表情をした。

「成り行きをみようじゃないか。まあ、お前だって素人だろ」

翌朝、キベロンで保養中の全潜水艦乗りが、一・五キロレースを観戦しようと列を作った。

陸軍は、陸海軍チームにそれぞれ二頭ずつ、計四頭の馬を引き連れて到着した。リボルバーを持った兵曹がスタート係りを務める。ベルクマンはかなりの量のコニャックを飲んで今後の試練に備えたが、馬に恐れをなして、遂には馬上に担ぎ上げられることになった。馬に乗ると、手綱の役目をするロープをしっかりと握って体を固定した。横にいるカッセルの乗り方はもっと安定感があったが、それでも不安そうだった。一方、二人の陸軍騎手の方は馬を老練に踊り跳ねさせている。

突然、リボルバーが海軍側の馬の耳元で鳴り響いたため、ベルクマンの馬が急に走り出した。その上のベルクマンは、今はもう完全にしらふで、片方の腕で馬の首に抱きつき、もう片方でタテガミをしっかりと握りしめながら必死に馬にしがみついていた。馬は運良く正しい方向へ疾走し、カッセルより数馬身の差で先にゴールラインを超えた。カッセルの馬は仲間の振る舞いに恐れおののいてしまったので、後追いして飛び出した。馬を見事に操った騎兵も、海軍のこの斬新な、馬が疲れ果てて止まってからようやく下馬できた騎手たちの敵ではなかった。その晩、カッセルたちは騎兵のおごりでワインと食事を楽しんだ。

一二日、クレッチマーただ一人を乗せた五人掛けのジーベル機は、給油のためドレスデンに着陸し、その後ベルリンへの飛行を継続した。帝国首相府の祝福を受ける最高位の賓客のみが宿泊を許される、高級ホテルのカイザーホーフまで車で連れて行かれたクレッチマーは、風呂につかった後、海軍省のレーダー提督まで報告に出頭した。挨拶する時、海軍総司令官は疲れているように見受けられた。

「もちろん我々は旧知の仲じゃないか、クレッチマーよ。少し前にはロリアンで貴官に騎士十字章を授与する名誉にあずかった。U99のことは覚えておるよ。乗組員全員が英軍の制服を着用しておったからな。しかも大そう粋だった。ロリアンのことを何か教えてくれんか。

あそこの能率を上げるのに何か必要とするものがあるかね」

クレッチマーは、デーニッツが何度か行なった要請を繰り返した。それは航空部隊の協力のことだった。ビスケー湾への接近時に敵の潜水艦、航空偵察・攻撃から守ってくれ、船団の発見に役立つ航行部隊が必要だということだ。

その後、一一時にはカイザーホーフに戻った。レーダー提督には耳新しいことをいくらか教えてあげたし、デーニッツがなし得なかったことをしてやったり、とウブな確信を抱いていた。「ベルリンの机上水兵が何らかの行動を起こすよう急かしてやった」と。しかし高揚していたために忘れていたことがあった。それは、レーダーの疲労はおそらく、成すべきことを知り尽くしているにもかかわらず、それを達成するための政治力を持っていないことに起因するということだった。ベルリンの政治は有力者の行動によって仕切られ、戦略的成果を得るには地位の高い友人を巧みに利用する以外に手立てはなかった。

午前一一時半に迎えの車が来て、クレッチマーを帝国首相官邸に連れて行った。前線部隊には燃料も十分にないというのに、二〇〇メートルの距離に車を使うことが馬鹿らしく思えた。ヒトラーのことは怪訝に思っていたが、ほとんどの海軍士官と同様、総統と党高官についてのクレッチマーの知識も読み物から得られたものに限られていた。

英海軍の艦長がヴィクトリア十字章を受章しにバッキンガム宮殿に赴く際に感じるであろうスリルと同じものを覚えながら、クレッチマーもこの会合に向かった。官邸の外で車が止まると、飛び降りて制帽を被りなおし、大鷲の国家章が見下ろす堂々たる巨大な入り口へとつづく階段を登り始めた。ヒトラーの海軍副官であるフォン・プットカマー大佐がこれに随行した。大佐は、授与式の正式手続きを説明するために派遣されてきたのだった。二人は入り口のロビーを通り、総統が聴衆を収容する大レセプションルームに入った。クレッチマーは官邸接受リストに載った午前中最後の訪問者だった。そして、午後一番はドイツの新たな同盟国ソ連の外相M・モロトフだということを知った。外国の閣僚よりも順番が前になったことをロリアンで話せる喜びをフォン・プットカマーに伝えた。

正午ちょうどにフォン・プットカマーがその場を離れた。数分後、巨大なドアが開き、大佐に付き添われてヒトラーが入ってきた。フォン・プットカマーがクレッチマーを総統に紹介すると、正式な授与式が直ちに行なわれた。賛辞を数語かけながら、ヒトラーが代表的「エース」に金で縁取った箱を手渡した。開いた箱の中では柏葉が輝いている。二人は木製の長いすに腰掛け、短い沈黙の後、ヒトラーが話し始めた。

「敵がこの戦争を早い時期に始めてくれてよかった。彼らが戦力を増強するまで待っていたらもっと大変なことになっていただろう。だからこそ海軍の作戦用にビスケー湾の港を確保したわけだ。それには大満足しておる。私は作戦を始めたときから潜水艦戦用にフランスの港を奪取することを決意しておった」

次に、潜水艦戦がどのように進捗しているか尋ねた。クレッチマーは、どれだけ率直になっていいものか思案したが、遂に思い切って言った。

「閣下、新しい潜水艦が到着して事態も良くなりつつありますが、多く建造すればするほど、早く建造すればするほど、夜間水上攻撃もやりやすくなりますし、船団を一掃できるだけの、あるいは少なくとも、船団形式を維持するのにはコストがかかり過ぎるということを敵に悟らせるだけの狼群をつくることができます。工場労働者にはこうしたことを理解させなければなりません。今のところ、英国はご丁寧にも船を沢山まとめてくれており、攻撃する我々としては広い海で独航船を探す手間が省けます。しかし、船団を発見するための手段を拡大する必要があります。これは、大西洋を覆う大規模航空偵察によってのみ達成可能です。洋上に多くの潜水艦がおり、航空機からの誘導信号があれば、敵の生命線に対して強大な破壊力をもたらすことができましょう。航空機の誘導は攻撃の速度を増し、船団哨戒時の遅れをなくすことができます。なにしろ船団を発見できないことも度々ありますので」

注意深く聞いていたヒトラーがうなずき、椅子から立ち上がると言った。

「ありがとう、艦長。よくぞ忌憚のない意見を言ってくれた。貴官らのために出来る限りのことはしよう。私とここで昼食を取っていきたまえ」

ヒトラーが部屋を出て行くと、クレッチマーはフォン・プットカマーに付き添われてダイニングホールに入った。そこでは十数人の副官と文官たちが椅子の後ろに起立しており、ヒトラーが来て最初に座るのを待ち受けていた。クレッチマーはヒトラーの右側という名誉ある位置に案内された。ヒトラーが入って来て着席した。円卓だったので、ヒトラーが上座につくことはなく、誰かが下座につくということもなかった。肉を入れない首相府の食事というものはクレッチマーにとって初体験だった。しかし時が経つにつれて、ますます苦痛になった。テーブルではアルコールが許されず、さらに悪いことに禁煙だったのだ。

給仕は全て大柄な親衛隊員で、とりあえずクレッチマーに仕えているようにしか見えなかった。話題はその朝モスクワから到着したモロトフに集中した。一人の副官が、ソ連代表団が国境で列車を乗り替えた際に――レール幅の違いのため――ドイツ側列車で出された食事を断わり、自ら持参した朝食を取ったと告げた。

「賢いな。多少もったいぶっているが」

ヒトラーが論評した。

その副官は、ロシア人たちが婦人を何人も連れてきたことに言及した。副官によれば、代表団はベッドの中でドイツ人女性に刺されることを恐れており、さらに、ロシア人は一人で寝るのが非文化的であると考えているため、信用できる夜の友を連れてきたとの噂があるという。

「美人か？」

ヒトラーが尋ねた。

ゴシップ話に熱中していた副官にはこの質問が聞こえなかった。

「彼女らは美人かね？」

再び尋ねたヒトラーの声は、先ほどよりも大きく鋭かった。

「この目で確かめたわけではありません、わが総統《マインフューラー》」

副官が緊張して返答した。

「しかし午後に真相を調べることにしています」

「モロトフが私のところに来る前に調べ上げたまえ。我が方の美人を何人か見せ、あてつけてやりたい」

食事が終わるとヒトラーが立ち上がり、クレッチマーと握手して今後の戦果を祈った。部屋を去っていくと、クレッチマーの戦前からの知人であるもう一人の副官とフォン・プットカマーが、客人のクレッチマーを別の部屋に連れて行き、コーヒー、ブランデー、タバコをともにした。三人がタバコをふかしながら談笑していると、ヒトラーが部屋に入ってきた。総統は喫煙と飲酒を嫌悪しており、身近な者にしかそれを許していなかった。二人の副官は即座に飛び上がったが、クレッチマーは着席したままであることに自分でも気付かなかった。ヒトラーは会釈すると部屋を横切って別のドアから出て行った。この時になってようやくクレッチマーは、ヒトラーのことを「わが総統《マインフューラー》」と呼んでいなかったことに気が付いた。これは、政治的反感を抱いていたということではなく、適切な呼び掛け方まで気がまわらなかったからだ。

その晩、再びカイザーホーフに車が止まり、タンホイザーを上演している国立オペラ劇場にクレッチマーを連れて行った。そこでは、帝国首相官邸がもてなす外国政府代表とヒトラーにのみ供される国賓用ボックス席に案内された。花に囲まれたボックス席の客はクレッチマー一人だった。

ロリアンへの帰路には、「総統飛行中隊」の爆撃機の使用を許された。それはヒトラーの自家用機の一機だった。クレッチマーはキールに行くとまず何人かの旧友と会い、私物をいくらかまとめてから直接ロリアンへと飛んだ。ロリアンを離れていたのは全四日間だ。今や再び出撃の準備をする時がきた。

一週間後、プリーンとシェプケはクレッチマーとともに、ロリアンから数キロ離れた小村を訪れた。そこにはドイツ軍士官を歓迎するレストランがあり、大西洋岸では最高の料理を出してくれるのだった。今回はクレッチマーの受章を祝う夕食会だ。

バルト海での演習時以来のライバルであった三人は、絶え間なく続く危険の下でそれぞれが成長していた。プリーンは、同僚士官たちからほとんど好かれておらず、U47の乗組員に至ってはプリーンを良く思っている者は誰もいなかった。それに、熱狂的に戦争とナチの大義に愛情を注いでいた（訳注：海軍に入隊するまでプリーンがナチ党員であったことは事実であるが、ナチズムの熱狂的信奉者であったかどうかについては現在でも多くの議論がある）。

また、自分自身と部下に課している決意のようなものをもって果敢に攻撃を仕掛けない未熟な士官たちに対し、あからさまに嘲笑うところがあった。何日にも及ぶ哨戒から帰還しても、陰気な顔をした部下に休息を取らせて片田舎の澄んだ新鮮な空気を吸わせるような機会を与えるかわりに、いらいらするような細かい訓練を港内でいつまでもさせるのだった。そのくせ、自分自身は上陸した日から出撃する瞬間まで姿を現わさなかった。

シェプケは相変わらず落ち着きがなかったが、陽気さの中にも苦労が見て取れた。シェプケの高笑いは度を越しており、その回数も並ではなかった。また、上げた戦果がクレッチマーとプリーンのそれに匹敵するというのに、自分が撃沈した船は全て一万トン以上と報告する傾向があった。しかも船名を上げて自分の主張を特定することができなかった。本部の参謀たちが言うには、シェプケは仲間の「エース」に遅れをとらないように「帳簿に若干の手を加え」、それによって己れの矜持を維持しているのだ。これら三人それぞれが二〇万トン撃沈の域に達していた（訳注：この三人の撃沈トン数は資料によってまちまちだが、実際に二〇万トンを越えたのはクレッチマーのみとするのが圧倒的)。コーヒーとブランディを楽しみながら、シェプケが虚勢を張った。

「この中で誰が最初に二五万トンに達するか賭けようじゃないか。もしお前ら二人のいずれかがおれを打ち負かしたらシャンパンをおごろう。もしおれが勝ったら、然るべき場所でワインと食事をおれが楽しめるようにお前らが取り計らう。いいな?」

プリーンとクレッチマーは快諾した。クレッチマーは、シェプケの言っていることの半分が偽りであっても、そんな短所を見逃してもらえるだけの好感さと勇敢さをこの士官が備えており、決して侮るべきではないと以前から判断していた。クレッチマー自身は、Uボート部隊の誰からも愛され尊敬されていた。

今や海軍の伝統にすっかり染まっており、所作の一つ一つが、上官と部下との適切な関係の中にわが身を置くよう計算されていた。訓練の全期間を通じて、そしてこの勝利の時の中にあっても、部下の士官と兵に対して分け隔てなく礼を尽くすことによって、クレッチマーはUボート部隊の中でも最も人気ある艦長の一人になった。

クレッチマーは、こうした控えめな性格のために「寡黙なオットー」という愛称を博し、敬われ賞賛された。デーニッツが誇らしげに「私の門徒の中でも最高だ」と評したように、戦果を上げているにもかかわらず、プリーンやその他の艦長が振り回す傲慢さにいささかも毒されていなかった。弱さと非効率を蔑んだことも以前にはあったが、それはやがて、人間の不完全性に対するより寛容な理解へと昇華され、障害を乗り越えようとする部下には惜しみなく手を差し伸べた。現在のクレッチマーは、U23を指揮していた頃の無慈悲な若き大尉とは違い、規律に厳しいものの、部下が安心して悩み事を打ち明けられる艦長になっていた。

　これらの「エース」は、一九三六年の彼らとは個性において大きく違っていた。そして、共通の宿命を分かつ彼らを束ねていたのは、友情というよりもむしろ対抗意識だった。

　三人の艦長は遅くにレストランを出るとボー・セジュールに帰っていった。ラウンジでコーヒーをすすりながら、クレッチマーは二人に対して、夜間水上攻撃法をさらに一歩進め、船団直衛線を越えて船団内に入り込む戦術を取るよう説得を再度試みた。

　そこへボーイが来て、厨房を閉める前に他に何か欲しいものはないかと尋ねた。

「ないよ。ありがと」

　シェプケが言った。

「ところで、君たちホテルマンは我々の出撃・帰投について当の本人より詳しいようだが、おれの次の出撃日について何か知ってるかい。それが分かるとぐっすり眠れるんだがね」

「すみません、大尉さん」

　その老人はフランス語で穏やかに答えた。

「あなたへの命令は知りませんが、クレッチマー艦長は二七日にここを出るという話です」

　クレッチマーは飛び上がった。

「それは、わたしが二七日に出港するということをあなたが知っているという意味ですね。そんなばかな。わたしが自分の行動予定を知らないうちに、あなたがそれを知るはずがないでしょう」

　老人は肩をすくめた。

「ここの者が言っていたことを述べたまでで」

そう言い残して去っていった。

プリーンが笑った。

「あのボーイが正しい方に一〇〇フラン賭けるよ、オットー」

「ごめんだな。ここの人たちの言うことがあまりに良く当たることは分かってるさ。わが方の秘密保全なんてガタガタだな。おれとしては、彼らが情報を敵に渡すような愚かな真似をしないことを願うだけさ」


静かなダンス音楽と大量のワインが、外で上品に夕食を楽しんでいた下士官たちに効きはじめていた。彼らは粋なレストランにおり、料理の終わりに清算書を受け取ると、有り金すべてを足してもまだ総額に足りないことが分かった。カッセルが支配人を呼んで、まずまずのフランス語で伝えた。

「今、カネが不足しているんですがね、ムッシュー、これからまたクラブで友人に会わんといかんのですよ。半分なら今払えるんですが、残りは次回の哨戒から帰還するまでのツケっていうことでどうでしょう。借用書も書きますから」

支配人は微笑んで了承し、出撃の無事を祈った。

カッセルたちはその晩のホテルで、ドック区域の酒場では、自分たちの出撃日が二七日と予想されていることを知った。

クラーゼンが戦友に向き直ってぶつぶつ言った。

「さあ、また出撃だぞ。ここの連中は未だかつて間違ったためしがない」

「それはつまり」

　カッセルが付言した。

「出撃命令の有無にかかわらず、明日には必需品を搭載する必要があるってことだな」

　翌朝カッセルは販売所を訪れ、航海に必要なもののリストを提出した。隅に箱が山積みになっているのに気付くと、鴨の缶詰だと教えられた。要求した品目のいくつかは、プリーンが商品をすべて予約しているからという理由ではねられたが、艦長に言いつけるぞと脅したところ、二箱もらえた。その午後、物資を搭載している最中にクレッチマーが到着し、カッセルにその作業の訳を聞いた。

「まだ出撃命令を受け取ってないぞ」

「昨晩、明日出撃すると聞きました、艦長。ですからギリギリになって命令がきた場合に備えておこうと思った次第です」

「誰がそう言った？」

「あの、町中に知れ渡っておりますが、艦長」

「よかろう。でももし明日じゃなかったら、また積荷を降ろせよ」

「承知しました、艦長」

　カッセルは愛想良く返答すると、また積み込みを続けた。

　翌日午前九時、すなわち一一月二七日、U99は北大西洋に向けて出撃し、その四日後には、U101が報告した船団を迎え撃つべく、大荒れの海と東からの強風と格闘していた。翌朝四時に「衝突点」に達するものと予想された。天候はますます悪化し、艦橋の見張員は山のようにうねる海の中で縦横にもまれるため、艦外に流されないように内側の鋼鉄面に鎖でつながれていた。見張員を押し潰すかのように頭上に降りかかってくる大波が、雨を含んだどんより重い空を隠してしまうこともしばしばあったが、U99は必ず波の側面を登りつめ、そこでプロペラが空回りし、その後また波の谷間へと戻されるのだった。

午前三時一五分、ペーターゼンが日誌に記した。

「速力維持は困難。半速に減速し、対地速力五ノットをなす。波が艦を水面下に押し込まんとす」

クレッチマーの近くに立っていた見張員のチェーンが音をたてて切れると、その水兵は悲鳴を上げた。襲ってくる波が水兵をさらいそうになったので、クレッチマーは自分のチェーンを解き、もがく水兵に思いきり体当たりした。すると、水兵は艦橋を飛び越えて機銃座の背後で倒れた。この素早い行動が水兵の生命を救ったようだ。

もはや船団を迎撃するのに必要な速力を出せるかどうか疑わしく思えてきた。たとえ目標を発見したとしても、それを攻撃できるかどうかはなおさらのことだ。クレッチマーは、この天候によって効果的攻撃が難しくなったにせよ、敵の護衛艦と船団もお互いの接触を喪失したりで同様に混乱しており、さらに敵の見張員は風雨と水しぶきに目を細めなければならず、精緻な監視を続けるのは無理だろうと考えて慰みを得た。

午前五時四〇分、バークステンがクレッチマーの耳元に叫んで正面を指差した。不気味な巨大な影が、八〇〇メートル弱向こうの暗闇の中に現われた。クレッチマーは反射的に攻撃に移り、射点占位のため速力を全速に上げた。そのとき、駆逐艦が波を蹴立ててこちらに向かってくるのを見張員の一人が視認した。浮上して逃げるのは不可能だったので、潜航にかかると同時に即座に魚雷を発射した。艦が波の下に隠れたちょうどその時、魚雷が目標に命中した鈍い爆発音が聞こえた。安全な深度に達する前に駆逐艦が爆雷を投下するだろうと予想してさらに深く潜った。しかし、水中聴音機についていたカッセルが駆逐艦の直上通過を報告した。この時すでに、目標は停止せざるを得なくなっており、カッセルにはその音を聞くことができなかった。

少しして、船団のかすかなプロペラ音を捉えた。浮上すると、驚いたことに目標船が荒れ狂った海にもまれていた。船橋で誰かが、赤黄色のヴェリー信号光をこちらに向けて発している。

クレッチマーは、悪天候のためにゆっくりとU99を射点位置にもっていくと二本目の魚雷を発射した。船橋下に命中するや、カッセルが六〇〇メートル波長の救難信号を捉えた。これは仮装巡洋艦のHMSフォーファーで、このときはHX90船団の外洋護衛艦を務めていた。それと同時に、同艦の砲員がクレッチマーのいる方向に照明弾を次々と撃ち込み、黒くうねる海の上を青白く輝かせた。

クレッチマーは、敵の砲員が距離をつかむ前に致命打を与えようと、直ちに三本目の魚雷を発射した。これは前部に命中したものの、目に見える効果はなかった。乗組員が救命艇に乗り込もうとするような目立った動きも全くないため、クレッチマーはこうした状況を、撃沈されることなくこの戦いを乗り切ろうとする敵の自信を示すものだと解釈した。そこで苦々しく思い出したのが、パトロクラス号から発射されて大量に出てきた空樽のことだった。

四本目の魚雷が五五〇メートルの距離から発射されると艦尾に命中し、ありがたいことに沈み始めるのが見えた。午前七時近くのことだった。フォーファァー号救援のため、駆逐艦が船団から急行しているのは間違いなく、間もなく夜が明ければその駆逐艦に艦がさらされてしまう。そこで、慎重に艦尾を狙って五本目を発射した。今度は四本目が開けた破孔を直撃し、崩れ落ちた艦尾が飢えた海に飲み込まれていった。このとき、爆雷が炸裂したため数回爆発音が聞こえた（原注：海軍省規程では、通常航海中は全爆雷が一・五メートルで爆発するようセットされることになっていたので、これはあり得ることである）。一〇分後、強風の中でフォーファァー号は無駄なあがきを止め、海底へと沈んでいった。

クレッチマーはショックを受けた。一時間半弱の間、間隔を開けて魚雷を撃ち込んだにもかかわらず、救命艇が一隻でも降ろされるところが見えなかったからだ。船と共に沈んだに違いない数百の男たちに思いを至らせると、戦果を上げた喜びは湧いてこなかった。そのわずか一分後、フォーファァー号のもとへ必死にもがき向かっている駆逐艦を視認した。U99は浮上して後退し、発射管を再装塡しようと潜航した。再び浮上すると、船団に向かう針路を取った。夜明け直後、一機の航空機が仮装巡洋艦の残骸上に照明弾を落としていった。駆逐艦は依然そこにいたので、クレッチマーは周囲、特に南方をしっかりと見張った。正午、ペーターゼンが日誌を記した。

「船団に追いつきつつあり。艦長は一八〇〇時の日没後の攻撃を示唆」

この計画はしかし、船団からはぐれた空荷の独航船を午後一時一五分に視認したことで打ち切られた。この船の乗組員は、あたかも演習をするかのように備砲の砲身を左右に振っていた。

クレッチマーはこれを追尾するとともに、U101から何も連絡がなかったので、付近に迎撃・攻撃可能なUボートがいる場合を考えて船団の位置、針路及び速力を送信した。午後八時半にその独航船を攻撃し、船央に魚雷を命中させた。しかし、ひどく傾いたものの沈まない。

クレッチマーは魚雷を浪費したくなかったので艦載砲で火を放つことにした。砲員は、火災を発生させるため榴弾と黄燐発煙弾を交互に撃ち込み、五〇発以上を命中させた。九時半には船は燃え盛る残骸と化した——風が鳴り、うねりを上げる海の中での恐ろしい光景だ。

その船の舷側に沿って信号灯で船を照らしてみたが、誰もいなかったので、すでに乗組員は救命艇で離船したものと思われた。これはノルウェー船籍のサマナンガー号で、午前二時に転覆して沈没した。この時点で船団はすでにはるか前方に行ってしまっていたので、U99がこれに追いつく頃には、ノース海峡入り口に延びる機雷原の保護内に到達してしまっているだろう。この機雷原は数万の機雷からなり、船団が通過するには十分な深さに設置されているが、潜航しているUボートには浅く、触雷する危険性があった。

クレッチマーは別の海域を哨戒すべく南へと転じたが、一時間後、見張員が北へ向かっているとみられる暗影を認めた。これはタンカーだった。船団からの落伍船であることは明らかであり、遅れざるを得なくなって八〇キロ以上も背後にいるものか、あるいは嵐の中で接触を失ったものだった。

目標に接近すると、驚いたことに停船していることが分かった。用心深く取り囲み、罠ではないかと探ったが、タンカーのプロペラはアイドリングしており、荒波の中で上下にもまれていた。クレッチマーは少し離れて待つことに甘んじ、夜明けまでそうしていると、陽光の中でさらに目を見張った。なんと救命艇が消え去っており、船は無人だったのだ。再度近づき、双眼鏡で甲板と船体にくまなく目をとおした。どこにも損傷の跡はなく、しかも水平に安定して普通に浮かんでいる。これは誰も乗っていない「幽霊船」だったのだ。

船橋側面にはコンチ号の名が記してあった（訳注：同号はこれ以前にU47から一本、U95からは三本の魚雷を受けていた）。艦を停止させ、前部甲板上で水兵二人が救命浮輪を釣り上げると、これにもコンチの名が付いていた。距離二〇〇メートルで魚雷一本を発射、船央に命中させると、船は転覆して数秒後に沈没した。

哨戒海域へ向かうべく南へ航走していると天候が悪化し、海面は怒り狂う鉤爪のような激流となった。U99は発達したサイクロンの一方の側を通過し、比較的穏やかな中央部を乗り切り、ますます凶暴さを増して襲ってくるもう一方の側に達していた。今や浮上しているのも攻撃を望むのも困難だった。潜航して平穏を求めることもできたろうが、クレッチマーは「上階」に留まることを主張し、視認したものをロリアンに通報しようとした。

一二月七日午前一一時三五分、嵐が静まりつつあったとき、別の独航船を認めた。日中だったのでクレッチマーは水中攻撃を実施することにした。しかし、潜航して潜望鏡を使おうとしたとき、それがハウジングの中につかえているのに気付いた。これより短い対空用の第二潜望鏡はこの高波の中では役立たない。浮上してその船を追尾し、日没後に攻撃しようとした。

夕暮れ時、カッセルが六〇〇メートル周波数帯の平文信号を受信した。それは次のような内容だった。

「アギア・エイリニ号、至急支援を乞う。位置、北緯三二度三八分、西経二二度五二分（訳注：原文どおりだが、この位置はアゾレス諸島よりも南であり、クレッチマーの哨区から三〇〇〇キロ以上も離れている。おそらく「北緯五二度」の誤りであろう）。二九名搭乗。しけで損傷、全船艙完全浸水」

クレッチマーは、まず独航船を直ちに攻撃することにし、その後、アギア・エイリニ号に向かい、救援が到着する前に同船を撃沈することにした。

しかし、射点に着くのに四時間かかり、午後一〇時二九分になってようやく一本目の魚雷を距離五〇〇メートルで発射した。魚雷は波頭を飛び跳ね、目標の船尾水線上に命中した。これでは波がその部分をあらわなければ浸水しないことになる。

船は救難信号を発し、次席電信員はこの船をオランダ汽船のファームサム号と報告した。宙を舞って高所に命中した魚雷の爆発により、後部砲座を載せた上部構造物が宙高く持ち上げられ、船外に投げ出された。これで船が停止し、反撃すべき砲を失ったところでクレッチマーがさらに近くに忍び寄り、船首めがけて二本目を発射した。しかし魚雷は向きを変え、またも船尾に命中した――今度は水線より下だった。沈没の気配が依然なかったので、深度を二・五メートルに調定して三本目を発射した。これが船体のかなり下に命中するやファームサム号は転覆し、三分後に沈没した。

この時クレッチマーは、アギア・エイリニ号攻撃のためにその場を離れることのほうに気を取られ、生存者たちがどうなったかを調べることなく、損傷を受けた船が報告した位置へと向かった。

夜明けにはそこに到着したが、船の姿はなかった。クレッチマーは、船はノース海峡へとなんとか向かっていったのだろうと考えた。推定進路の後をたどっていくと、午前九時三三分にカッセルが攻撃目標からの別の信号を傍受した。その内容は次のようなものだった。

「船艙が完全に浸水するも、陸地に近づくべくあらゆる努力をなす。操舵不能」

続いて位置が報告され、数分後、無線検波器を難破船に向けた陸上無線局が、アイルランド沿岸からの難破船の方位を、同一波長にのせて報告した。ペーターゼンはこれらを海図上に書き込み、難破船自身の推測位置から少なくとも一〇〇キロ離れた場所にその船を印した。

正午少し前、アギア・エイリニ号は再び無電を発した。

「海軍省宛緊急電。陸地への到達は絶望的。救援を乞う。操舵不能並びに荒天のため操舵装置損傷。三日前に完全浸水。この三日間一隻の救助船も我らの前に現われず」

航海長保証済みの正確な位置も報告していた。クレッチマーは部下の士官たちに微笑んで言った。

「怒り心頭の船長一人ここにあり、だな」

一時間後、新たな索敵針路で航走していると、一隻の大型貨物船が現われ、おおむね同一方向へ進んでいたが、ゆっくりと収斂《しゅうれん》しつつあった。この船は高速で航行しており、クレッチマーはそれがアギア・エイリニ号の救援に向かっているものと推測した。両者の間にはまだかなりの距離があったが、針路は維持した。しかし午後四時、一隻の駆逐艦が同様に高速でほぼ同じ方向に向かっているのを視認した。その時、機関長が艦橋に大急ぎで上がってきて報告した。潜航時の推力を生み出す電動機の片方が悪天候により損傷したため、海上で修理を行なう時間が欲しいという。クレッチマーが同意しようとしたそのとき、駆逐艦が変針してこちらへ向かってきた上、艦尾方向の水平線上にさらに別の二隻の駆逐艦が現われた。機関長との問答を待つことなく、クレッチマーは叫んだ。

「潜航警報」

潜航し始めたものの、電動機一基では普段よりも長い時間がかかってしまった。

クレッチマーは船影リストをチェックすると、この船を仮装巡洋艦と判断した。カッセルが何も探知できなかったので、二〇分後、クレッチマーは敵もこちらを発見できなかったはずだと判断し、周囲を見渡すため海面近くに浮上した。潜望鏡が作動しないので、完全に浮上する必要があったが、六〇秒後、また急潜航した。巡洋艦はわずか一キロ半かそのあたりで停止しており、駆逐艦の一隻もそれより近くで同様に停止していた。ほとんど即座にカッセルが駆逐艦の接近音を聴知すると、全員が船殻に当たるアズディック音を感じた。同時に、巡洋艦の遅いエンジン回転数が遠くで消えつつあるのが聞こえた。停止したままでいることによって敵はU99を浮上させ、その位置を把握した訳だ。

五分経過し、一隻の駆逐艦が頭上を通過した。時計が一七分間を刻む間、九〇メートルの深みに潜んでいたU99のプロペラはゆっくり回転し、艦内では全てが静まりかえっていた。爆雷が投下され、Uボートは傷ついた鯨のように飛び跳ねた。その内部では、乗組員が床に投げ出され照明が消えた。補助照明が点灯すると皆立ち上がった――自分のロッカーの前にひざまずいて妻の写真に祈っている一等水兵を除いて。

次の爆雷散布はさほど近くなかったが、それでも皆を震え上がらせるには十分な距離だった。皆が爆発音を五〇回数えたころ、カッセルが遠ざかるプロペラ音を報告した。潜航しながら北に四ノットで進んだが、爆雷攻撃の後でもあり、まだ大方の者が神経を張り詰めていた。突然、大きな破裂音が艦内に響いたので、クレッチマーは自分の寝台から飛び起きて発令所へと走った。

「あれは何だ？」

驚いている当直のエルフェに怒鳴った。

「分かりません、艦長」

「聴音機に感あるか？」

「ありません、艦長」

クレッチマーはしばらく発令所を行ったり来たりしていたが、やがて休息に戻った。数分後、また飛び起きることになった。破裂音がさらに三回、続けざまに起きたからだ。エルフェはすでに、爆雷攻撃後に船殻に異状をきたした部分がないか調べるよう指示を出していた。もう二回爆発音が鳴ると、皆が心配そうに発令所の周りに群がった。それまでずっと思案顔で下士官室に座っていたカッセルの顔がこれで真っ赤になった。クレッチマーは心配になった。

「あれは一体何なんだ」

特に誰かに尋ねたというわけではないが、カッセルにはもう我慢がならなかった。倉庫に走り、ドアをさっと開け放つと、おぞましく不快な光景と臭いが飛び込んできた。鴨の粘っこい茶色の足やら羽やらが壁に張り付いており、肉汁が気色悪く床に流れ落ちている。これで謎が解けた。鴨の缶詰が続けて破裂したのだ。カッセルが申し訳なさそうに艦長を呼ぶと、クレッチマーが飛び込んできて、信じられないといった面持ちでその散乱ぶりを凝視した。さらに四つの缶詰がほとんど同時に破裂したので、開いたドア近くにいた者は皆急いで身体をかがめた。重苦しい腐った空気にクレッチマーの言葉が輪をかけた。カッセルは、U99が鴨を積むことは二度とあるまいと確信した。

二時間後に浮上すると、あたりはすでに暗くなっており、目に入るものは何もなかった。電動機の片方が故障、攻撃用潜望鏡も損傷、そのうえ魚雷もほとんど使い果たしていたので、クレッチマーは難破寸前のアギア・エイリニ号の追跡をあきらめ、機関故障のため帰港する旨デーニッツに短く打電してから帰投針路を取った。爆雷攻撃のみならず、あまりに多くの危険を伴う、あまりに多くの哨戒に乗組員は疲れ、意気消沈して基地に到着した。二日後、デーニッツは公式報告書にこう記した。

「大成功かつ指揮の良く取れた作戦行動」

ロンドンでは、対潜水艦部が大西洋における敵の戦術について、かなり正確な結論に達していた。彼らが見るところ、これらの戦術は、Uボートの機能概念の全般的再構築を求めていた。デーニッツはUボートを潜水艦ではなく「可潜艦」として使用していた。これはつまり、Uボートは概して夜間に浮上しながら魚雷艇のように攻撃を行なうということだ。したがって、英海軍の攻防戦術は、主として日中に安全目的で潜航するだけのUボートを水上艦とみなして戦うように適応せねばならない。

このころクリーシーは、同部「敵戦略戦術課」に極めて高い水準を要求しており、その課員たちは、めざすべき目標についてこう言われていた。デーニッツの次の一手を、デーニッツ自身が考える少なくとも一週間前に推測せよ、と。

10　休暇

　翌日、クレッチマーは部下に向けてこう告げた。

「これから修理に向かう。一ヵ月間の入港になろう。つまりは三週間の休暇だ」

　興奮のざわめきが起きた。

「帰省してもいいし、何日かをキベロンの保養施設で過ごしてもよい。ただ、山間部で休暇を過ごしたいと思っている者は、わたしと一緒にシュレージェンのクルムヒューベルでスキーでもやろうじゃないか。奥さんを連れてきてもいいし、そうすればホテルを特別価格で紹介しよう。来たい者はカッセル一等兵曹に名乗りたまえ。明日には出発できるよう移動の手配が完了しよう」

　上陸してから二日目の夜、デーニッツはクレッチマーを夕食に誘った。その後、美食を好むU99艦長は、司令部では二度と食事をしまいと心に決めた。提督は、潜水艦隊司令部の陸上勤務者には一般国民への配給食と同じものを常食とさせていたのだ。望めばほとんどどんな食材でも入手できることに慣れたUボート艦長にとっては、これは粗食でしかなかった。

コーヒーを飲みながらデーニッツが言った。

「以前約束したな。もしバークステンとエルフェを手放して二人に指揮を取らせてやれば、望みどおりの先任をつけてやろうと。誰にするかね。ここに候補者リストがあるんだが」

参謀が短いリストを手渡すと、クレッチマーはそれを一瞥した。

「フォン・クネーベル・デーベリッツ中尉であります、提督」

デーニッツは副官に向き直った。

「ほら、言ったとおりだろう」

今度はクレッチマーに微笑んだ。

「そう言うと思っておったから、彼には君の休暇中にここに来るようすでに指示を出してある。君たちはキールで一緒だったな。仲も良かったと思う」

クレッチマーは、選んだ士官が信頼できる者だと分かっていたが、休暇のほうが気になった。

「休暇は何日いただけるのでしょうか、提督」

「かなりの日数だと思う。君の部下と同じだろう――三週間だ。ところで明日は車でケルンに行くんだが、私に同行してそこから帰省したらどうだ？ ほかに士官が一人同乗するだけだから余裕はあろう」

翌朝、緑色の参謀用乗用車がロリアンを離れパリに向かった。デーニッツ提督は運転手と共に前部席に、クレッチマーはもう一人のUボート艦長リュート大尉と共に後部席に座っていた（原注：リュートは第二次黄金期に「エース」として名を馳せた。これは米国が参戦したことによって幕を開け、東海岸がUボートの絶好の猟場となった時期であった。同人は一九四五年のドイツ降伏直後に死んだ。海軍兵学校長だったリュートが、ある夜基地に戻った際、歩哨に誰何されたが合言葉に混乱があり、歩哨が射殺してしまったのである。訳注：マティアス・ゴットロブという当時一八歳の歩哨本人の証言によると、三回誰何したにもかかわらずリュートが何も答えなかったため銃を撃ったとのことである。死後三日後の五月一六日、ナチス・ドイツ降伏後にもかかわらず、鉤十字付軍旗を使った正式な軍葬が連合軍当局によって許可された）。

移動の途中、デーニッツはクレッチマーに対し、前線指揮官をやめて自分の参謀になるか、あるいは潜水艦学校の主任教官になるよう再度の説得にかかった。危険から退き、名誉に甘んじることのみを事実上意味するその申し出を、クレッチマーはいつものように断わった。

いつの日かこうなろうことは、日ごろから気にしていたことだった。U99の「エース」艦長と、U23を指揮していた頃の狭量で超然とした青年士官とを分かつものは一年ほどの期間でしかなかったが、あまりに短期間のうちにあまりに多くの作戦行動をこなし、あまりの重責が若い双肩にかかっていることで、陰りが表われていた。顔は強張り、しわが刻まれた。頭髪は薄くなりはじめ、額が広くなった。厚かましい自信過剰は、知識と経験に裏打ちされた控えめな落ち着きに取って代わった。それでもその奥底は堅固不動で、指揮権を保持しようとする決意や、自分を陸に上げようとするいかなる試みにも抗う決意にいささかの緩みもなかった。

クレッチマーの戦争哲学は単純だった。洋上では、スコールのたびに、あるいは霧や濃霧のたびにその背後に潜む危険に甘んじながら安らぎを得た。陸では、司令部参謀の伊達者たちの中に決して入ろうとはしなかったが、自身は策士でも出世主義者でもなかったが、デスクワークの士官たちは暇を持て余していたため、その両者になった。自分自身がもたらす、あるいは直面する破壊の恐怖について、クレッチマーが戦闘の最中に深く思索したかどうかは疑わしい。生存者を救出するのは、それが名誉と義務にかかわる自身の道徳律と合致しているからだった。そのかわり、自分自身が危機に見舞われたときは敵もまた自分を助けてくれることを期待した――そしてそれを疑いもしなかった。もし深く考えることを自身に許していたら、指揮の重圧の下でクレッチマーの精神は錯乱してしまったであろう。

暗い大西洋上を駆け抜けて攻撃する時は、敵や部下の運命にくよくよしている暇などほとんどなかった。その結果、極度の肉体疲労が心理的な防衛機能に働き、すぐに睡魔となって表われるのだった。これがクレッチマーの生き方であり、戦争の中で選択した役割だった。デーニッツが激しく諭したために、今や陸上勤務が間近だと警鐘が大きく鳴り響いている。

「君は開戦以来ずっと海の上にいるし、陸上勤務を少しも経験したことがないたった一人の現役Uボート艦長だ。この休暇を利用して、指導教官職を申請しにキールへ出頭することを考えるべきだと思うがな」

「それは命令ですか、提督」

「そうじゃないことは君も分かっておるだろう。だが、いつまでも片意地を張っていると命令にせんとならんぞ。君が無休でやっていることを分かってくれる者などおりゃせんて――部下の安全を考えただけでもそうだ。疲れた艦長は海では厄介者だ。それを忘れるなよ」

　クレッチマーはむっつりとして窓の外を見つめた。楽しくしていたい時に、この陸上勤務の話が蒸し返されることで少し気分が沈んでしまった。それで思い出した。

「ついでながら提督、プリーンも開戦以来、陸上勤務を経験しておりません」

　デーニッツはいらついて鼻を鳴らした。

「分かっておる。だから君たち二人だ。彼も同じように頑固だな」

　クレッチマーには、この話がこれで終わったわけではないことが分かっていた。休暇が終わる頃、デーニッツはまた陸上勤務を強要し、U99をほかの艦長に引き渡そうとするだろう。クレッチマーは戦闘においては冷徹非情だったが、自分の船と部下を手放さなければならない日のことを考えると、狼狽せずにはいられなかった。

　デーニッツは、パリで二人の艦長が娯楽を求めに行くのを止めはしなかったが、ケルンへの車旅を続けるため、翌早朝に司令部に来るよう忠告した。クレッチマーは、ケルンでデーニッツと別れてからシュレージェンに向かうことにしていた。二人の士官は最初、あてもなくクラブやバーを巡りまわって夜の大半を過ごしたが、そのうちコニャックとワインが効いてきた。元気づいたクレッチマーは、友人でもあるリュートをシェゼルに連れて行った。二人ともほとんど寝ておらず、夜明けに車がケルンへの長旅につくや、クレッチマーがおずおずと、十分な休息を取って饒舌になっているデーニッツに願い事を切り出した。

「もしお構いなければ、リュートも私も少しまどろんでよろしいでしょうか、提督」

　返答を待たずに二人は腕の上に頭を垂れ、恩に感じながらまぶたを閉じた。目が覚めた頃にはケルンに近づいていた。自分の二人の下級士官がこれほどの二日酔いになっているのを見て愉快になったデーニッツは、駅に着くとクレッチマーに、いそいそと別れの言葉をかけた。

ホテルでクレッチマーと合流した大方のU99乗組員にとって、クルムヒューベルは楽園だった。デーニッツの助けもあって、クレッチマーは水兵たちの料金を海軍が持つように取り計らっており、クリスマスを共に過ごそうと誘った部下の妻や恋人にも名目料金だけで部屋が与えられた。濁った黄色い空気と塩化ガスの悪臭は、雪に覆われた山々の冷たいさわやかな空気へと変わり、風雨にさらされて陰気で病的だった顔にも、血色のよい強健な頬と健康そうな眼光が戻った。

一日中スキーを楽しんで一週間たったころ、クレッチマーのところに訪問者があった。それはベルリンの出版業者で、間髪を入れずに、自分のところは政府高官らとのコネを持つ大出版社だとまくし立てた。クレッチマーの偉業を自著にするよう準備して欲しいらしい。U99艦長は親切心で聞いてやったが、すぐに返答した。答えはノーだ。業者はうわべだけの笑みを浮かべて言った。

「もちろん、前線にいるあなたのような方々が宣伝についてどう思っていらっしゃるかは存じています」

敵意を取り払おうと開けっぴろげに言った。

「でも箔がつくと思いますよ、艦長。わたしにはこの件を知っておられる有力人物が何人もついているんです。その方々もあなたが同意するものと思っていらっしゃる。ご辞退されてかがですか」

「答えは否です。遠路はるばる来ていただいたのに済みませんが、これから部下と山に登ろうとしていたところでしてね。お見受けしたところ登山にお向きのようですから、一緒にいは皆さんが失望されるのでは」

肥満体型に触れられて立腹した業者の態度は豹変した。

「艦長、忠告ですがね、この本はUボート部隊の徴募キャンペーンの一環であり、国民の士気を高めるためのものなんですよ。あなたにはそういう本を書くことが期待されているわけだ。わたしがベルリンに戻った時に、あなたがお国に非協力的だったとはとても報告できませんせんがね」

クレッチマーが切れた。

「神に誓っても断じてそんなことはない！」

なんとか自制したが、顔は怒りで青ざめていた。

「答えは今でも否です」

業者がせせら笑った。

「すでに著作のあるプリーンや前大戦のリヒトホーフェンより、ご自分がはるかに優秀だとお思いのようだが」

「そんなふうには思っていませんよ。でも、あなたにとってわたしの著作がそんなに重要なら、もっとうまいやり方があるはずです。断わっておきますが、そういう企画にわたしが同意するのは、上官たるデーニッツ提督がそうせよと命じた時だけです」

これにヒントを得た業者は、この件はこれで終わったわけではないと言い残して去っていった。二日後、クレッチマーはロリアンからの電報を受け取った。それにはデーニッツの署名があり、出版社のために本を書くようにと書いてあった。この、あまりにデーニッツらしくない命令に途方に暮れつつ、クレッチマーは出版社に電話をかけ、承諾する旨伝えた。さらにその二日後、面接しに特派員がやって来た。クレッチマーと面接が行なわれている最中、別の部屋では、非公式ながらU99の広報担当を務めるカッセルが、新聞記事用に自分たちの哨戒についてペンを走らせ、放送用の原稿を準備していた。

　クレッチマーはなるべく記者に時間を与えないようにして、しかも事実の核心だけを語るにとどめ、記者の骨を折らせた。ロリアンに帰ったらデーニッツに翻意を促し、この仕事の契約を破棄するよう説得しようと思っていた。この本が宣伝用以外の何ものでもないことが分かっていたからだ。クレッチマーには、自分の同僚士官たちや他の艦長たちの気持を察することができた。彼らも同様に辛酸をなめていたし、自分が幸運なのは、単にそれをもたらす馬蹄のおかげにすぎないと思っていた。しかも、彼らはそれがなくても自分と同じように多くの哨戒をこなしているのだ。

　一九四一年一月が終わろうとする時、休暇も終わり、クレッチマーはロリアンへと戻った。司令部へ直行すると、そこでデーニッツと会った。提督は話を最後まで聞くと静かに言った。

「君の言っていることは皆目分からんぞ。出版社とか本とか何のことかね？」

　クレッチマーは言葉にならなかった。

「でも提督から電報を頂きましたが」

デーニッツは当直士官を呼び、ファイルを持ってくるよう言いつけた。例の出版社がデーニッツに宛てた手紙が見つかり、その余白には「よろしい」と書かれていた。そこで提督は思い出した。余白に「よろしい」と書いたのは、宣伝に利用されることを拒否したクレッチマーの判断に同意したに過ぎないということを。

つまり、机を片付けた際にその手紙を見つけた当直士官が、「よろしい」と書いてあるのを、出版社の意向にクレッチマーを従わせるようにという意味に解釈し、そうした内容の電報をデーニッツの署名入りで送ってしまったというわけだ。命令は直ちに撤回され、クレッチマーの名を本に冠したり、そうしたものの出版に本人が手を貸すこともないという旨の新たな命令が公式に発出された。クレッチマーはこれで納得した（原注：この数ヵ月前、プリーンがロイヤル・オーク撃沈を記した自己の経歴に関する宣伝本を出版していた。クレッチマーはこれを快く思っていなかった）。

そうこうするうち、戦争前に彫刻家だった参謀の一人が、士官公室用にクレッチマーの胸像を彫るようデーニッツから命じられた。一週間以上もの間、クレッチマーは毎日辛抱強く椅子に座った。小さな胸像だったので完成までに二週間しかかからなかった。除幕式ではデーニッツが司会を務め、これにはプリーンとシェプケも同席した。提督は一目見ると、当直兵に向き直って言った。

「片付けたまえ。こんな人物は知らん」

あまりにひどかったので、いく分落胆しながらもクレッチマーは同意した。そして、哨戒から戻ったばかりの友人やライバルから受けた冷やかしの言葉を愛想よく受け止めた。プリーンが、「寡黙なオットー」が「不滅のオットー」になったと茶化す一方で、シェプケは二人に賭けの清算を思い起こさせた。

クレッチマーはすでに撃沈トン数二五万トンに到達しており、この戦争でそれを達成した初の潜水艦艦長になった。今やシャンパンをせがむ時だ。

翌日、クネーベル・デーベリッツを自室に呼ぶと、陸軍への贈呈品の内容を決めるよう言った。陸軍司令官から、軍楽隊作曲の「クレッチマー行進曲」を含む曲目リストを公式に贈呈されていたからだった。それに返礼したく思っていたところであり、結局、「幽霊タンカー」コンチ号の救命浮輪をきれいに塗り直し、それを陸軍に手渡すことにした。

その式典は、参謀や他のUボート乗組員のみならず全将兵が整列して参加した非常に感動的なものだった。クレッチマーが救命浮輪を正式に手渡すと、ドイツ放送社の代表が式典を録音させてくれと頼んできた。

しかし、クレッチマーはこれを断わり、従軍記者とのインタビューも断わったが、彼らが式典に出席することや、それを記事にすることは許してやった。だが、放送局チームが最後には勝利をおさめた。カッセルの黙認で、腕時計式のマイクロフォンをはめた水兵がクレッチマーの背後に立ち、右腕を差し上げていた。その小さなマイクロフォンは、艦長が言ったこと全てを録音したのだった。

二月一七日、デーニッツはクレッチマーを呼びにやり、こう言った。

「君には少しでも陸上勤務を経験するよう考え直してもらいたい。U99は三日後に出撃するが、別の艦長を充てるだけの時間的余裕はまだある」

「嫌であります、提督」

「よかろう。ペーターゼンが次席士官職を引き継ぐことになっていると理解しておる。それと、二人の少尉候補生を数週間あずかることになるぞ。明日到着するはずだ」

その日の朝、四人の少尉候補生はロリアンでの任務に付くべくキールを出発した。そのうちの一人、金髪長身で齢一八のフォルクマー・ケーニッヒはUボート部隊への入隊を誇りに感じていた。しかし、ハンブルクで汽車を乗り換えた際、ほかの三人とはぐれてしまい、汽車に乗り遅れてしまった。ロリアンに遅く到着すると、自分がいないことで司令部周辺には悪評が飛んでいることを知った。

ケーニッヒはもう一人の候補生と共にプリーンの指揮するU47に乗り込むことになっていたが、U47はその日の午後に訓練航海に出てしまっており、他の候補生がその代わりを務めたのだった。そこでケーニッヒは、U99に出頭するよう言われた。Uボートのそばの波止場でクレッチマーと出会うと、敬礼して着任の報告を行なった。クレッチマーは上から下まで一瞥すると鋭く言った。

「Uボートについて何か知っているつもりか」

ケーニッヒはこの挨拶に困惑した。規律は厳しいが、クレッチマーは筋のとおった男であり、仕えるには最高だと聞いていたからだ。疑念が心中に差し込んだ。

「私が知っているのは、少尉候補生訓練課程の内容だけです、艦長」

「まあ、この戦争をどうやるべきか、最初の航海でおれたちに教えてくれようってところだろうな。だが、そんな考えはすぐにお前の頭から叩き出してやるさ」

クレッチマーは歩き去り、残されたケーニッヒは一人で乗艦した。そこで上級少尉候補生のルバーンに挨拶された。

「それで、艦長には会ったか？」

「会いましたよ。最低の顔合わせだったと言えなくもないです」

「忘れろよ。艦長ももう覚えてないさ」

同じ日の午後、出撃する前にケーニッヒは司令部の作戦室に連れて行かれ、北大西洋上にいる全Uボートの位置を見せられた。当直士官が、一連の小さなピンが立てられた大きな地図を見せると、ケーニッヒはぽかんと口を開けた。地図はピンで埋め尽くされているものと思っていたのだ。そのかわりあったのは四本だけだった。ケーニッヒが当直士官に向き直った。

「北大西洋上にいるのがこれで全部だとすると、ほかの艦はどこにいるのですか」

「ほかのはどうしただと？　ばか言うな。そこにある以上にこの作戦海域に出ることなどほとんどないのさ」

これがケーニッヒの最初の幻滅だった。

訓練を終えたU47のプリーンは、一九日の早朝に出撃すべく準備を行なった。小奇麗な皮のオーバーオールを着込み、まばゆい白カバー付制帽を被って到着すると軍楽隊が演奏し、兵士やら造船工やら他のUボート乗組員らがプリーンを見送ろうと取り囲み、少女は早咲きのブルターニュ産カメリアの花束を贈った。そこから一本引き抜くと、それを少女に慇懃に渡し、もう一本を自分のボタンホールに付けた。仲間の艦長たち何人かがプリーンに武運を祈ったが、その中にはクレッチマーもいた。

「ちびプリーン」

愛称で呼びながらクレッチマーが言った。

「二、三日後にはおれも後に続く。船団を用意しておけよ」

「そうすることにするよ」

微笑みながらプリーンが答えた。

「ものの嗅ぎつけには親父の鼻が一番さ」

「武運と大猟を祈る」

クレッチマーはそう言ってプリーンの手を握った。

「ありがとう、オットー。今度の哨戒は何か違う気がする。おれたち二人にとって大きな意味を持つような、そんな予感がな。さよなら」

その晩クレッチマーは、少尉候補生もまぜた新旧双方の部下士官を、ロリアン近郊のポンタバンにある「モリン・ド・ロスマデク」での送別会に迎えた。コーヒーやブランディ、それにクレッチマーには不可欠の葉巻を楽しみながら、独自の艦を持つことになったバークステンとエルフェに言った。もはや自分は二人の艦長ではないのだから、これを機会に、自分のやり方に文句があれば好きなように並べてよろしいと。それが新任士官のためになるとも述べた。

バークステンとエルフェは互いに含み笑いをした。レストランのくつろいだ雰囲気の中で、これまで共に体験してきたことを語らうのは楽しかった。戦争のあまりに多くを見てきた人間に発作のように襲いかかる恐怖も、緊張も、戦慄も、むかつきも、今の彼らには無縁だった。二人はもはやU99に魂を与える乗組員ではなかったが、艦の一部は二人に永遠に宿るだろう――つまり死ぬまでは。二人とも深く考えるふりをした。バークステンがようやく口を開いた。

「そうですね、私が思い出すのはですね、艦長、二度目の哨戒時にインバーシャノン号を攻撃しようとしている時に、艦長が私の首の後ろを思い切りぶん殴ったことですかね。あの後、二、三日は痛みましたよ」

クレッチマーは少し虚を突かれたように見えた。

「殴ったって？　信じられんな」

「ご自分がやったことに気付いてすらいなかったと思いますよ。艦長は攻撃に入るべく操舵指揮に集中してたんですが、私が双眼鏡でほかの目標を追ってたのが艦長には邪魔だったんです。エルフェが後で教えてくれたんですが、艦長は私に、さがって照準器に目標を定めるよう二、三回怒鳴ったそうです。でも私にはそれが聞こえなかった。次に覚えているのは、艦長が私の首の後ろを殴って照準器の脇に行くように私を押したことです。思うに、艦長は攻撃に夢中になっていたために自分でやったことも分からなかったのでしょう。これが私の愚痴ですが、まったく気にしていませんよ」

クレッチマーはクネーベル・デーベリッツに向き直った。

「私に期待できるのはこんなところだ。明日の出撃前に転属を申し出た方がいいぞ」

些細なことで出撃日が二二日に遅れたため、この日の午後に出港できるよう支度した。見送りは、これまでクレッチマーが受けた中でも最高のものとなった。これは陸軍によって計画されたもので、その地域の連隊がU99と縁組関係があったためであり、また、今やクレッチマーが最高の撃沈トン数を保持する「エース」だからでもあった。岸壁で軍楽隊が演奏する中、クレッチマーはそこにいる皆に別れの言葉をかけた。陸軍は小型の河川用汽船を徴発しており、軍楽隊に演奏させながら港口までU99についてきた。別れの信号を発する前にU99がその汽船の船尾に艦首を向けると、耐水性のバッグに入れた郵便物が手渡された。掃海された水路に沿って外洋をめざしたU99乗組員が最後に聞いた音は、「クレッチマー行進曲」の最終小節部分だった。

11　洋上の「エース」たち

一九四一年二月二五日、U99はセントジョージズ海峡を越え、U47に割り当てられた北大西洋上の哨区のわずか南方に近づいていた。翌日、夜が明けて間もなく、カッセルがプリーンの潜水艦隊司令部宛信号を傍受した。

「推定速力七ノットにて西に向かう敵船団を視認。本艦は航空哨戒により駆逐さる。プリーン」

二日後、クレッチマーは厚い霧を抜けながらU99を船団捜索に向けた。その日は苦労した。プリーンの航海士がペーターゼンに次いで優秀だということは分かっていた。統合した位置報告が信頼できるものであれば、船団はすぐそばにいるはずだ――渦巻く濃霧のために前方がほとんど見えないU99の艦橋見張員にとって、自分たちのか弱い小船をつぶし沈めてしまう黒い怪物のような巨大な鉄の塊が、いつ目の前に現われても不思議ではなかった。耐え難いほど大きな重圧だ。

そこでクレッチマーは、潜望鏡深度に潜航し、聴音機で全方位を探るようにカッセルに命じた。これまでの航法は正しく、ほとんど完璧だった。左舷から広い円弧状の音源が聴音機に捉えられた。クレッチマーは迎撃に向かい、カッセルから大声で知らされた推定距離に基づいて、接近しすぎる前に浮上することにした。海面に出て最初に目にしたものは、船団のあとをゆっくりと追う一隻のUボートであり、その艦橋の見張員は、海中から現われたこの新たな仲間を不思議そうに見ていた。

これだけ広大な大西洋の中で、わずか五〇〇トンの小さな潜水艦が兄弟艦の真下から浮上してそれを転覆させたとしたら、さぞ不運なことだったろうにという思いが皆の胸中を横切った。その潜水艦はU47だった。信号の交換に引き続き、クレッチマーはプリーンに対して、シェプケも自分に続いて出撃したからこの辺りにいるはずだと伝えた。互いにはっきりと見える距離で手旗信号によって交信しながら、両艦は未だ見えない船団のあとを追った。

突然のように霧が晴れると、二隻のUボートは厚いとばりを突如抜け出た。目前には船団が広がっている。五キロも離れていない距離に二隻の駆逐艦がおり、抜け目ない見張りを乗せた方がすぐに変針してこちらに向かってきた。二隻のUボートは潜航し、プリーンは北へ向かい、クレッチマーは船団にさらに接近することにして、近寄ってくる駆逐艦に向かっていった。プロペラの振動音が直上を通過し、それから爆雷が降ってきたが、少し離れていた。さらに爆雷が続いたが、大まかな方向から判断して、攻撃されているのはプリーンだと思った。

霧が水上航走を妨げたため、その日の残りは水中に留まった。当海域にいる全Uボートに対して司令部から発せられた電信によれば、沿岸航空隊が船団爆撃に発進したところだ。その夜浮上しても何事も起きなかったが、霧がさらに濃くなり、船団も消えてしまった。翌日に潜航して水中に留まっていると、聴音機に音源を捉えた。夜に浮上して船団に再度追いつくと、ねたましい光景が見えた。六機のフォッケウルフ爆撃機が日没直前に攻撃したところであり、船団の背後で三隻の船が燃えながら沈もうとしていた。U99はそれらの残骸を通り過ぎたが、主目標の姿はまったくなかった。

間もなく、波を切って西に進んでいる独航船が見つかった。夕方以来、海が徐々に荒れ始め、今や大波がU99を弄んだため、最大速力も一〇ノットに減速してしまった。クレッチマーは、その汽船から一キロ半以内に近づいて一本目を発射したが、悪天候のためそれてしまった。これほど荒れた海では再度やっても無駄だったため、平行針路をとって翌朝まで待ち、それからもう一度試みることにした。

U99が変針していると、船の前にいたもう一隻のUボートが曳航弾を発射し、船を停止させた。もはや自分の獲物ではなくなったため針路を変えた。後日、クレッチマーは自分の獲物がプリーンに「盗まれた」ことを知った。プリーンは駆逐艦からうまく逃げおおせ、クレッチマーのプロペラ音を船団のものと思いながら、そのあとを付いてきていたのだった。

ロリアンではデーニッツが、北大西洋に展開するUボートチームに苛立ちを募らせていた。「エース」が三人いるにもかかわらず、これまで合同攻撃をなし得ていないからだ。提督は、参謀が推定した船団針路を横切る迎撃「ストライプ」の形成をチームに命じた。この「ストライプ」の中には、U100（シェプケ）、U47（プリーン）、U99（クレッチマー）、U95（シュライバー）がいた。これらはアイスランド沖四〇キロの海域を受け持ち、敵と遭遇することを祈りながら東に向かい始めた。しかし、三人の「エース」がその場を去る一方、U95は命令を誤解し、その場に留まって船団の到着を待った。

シェプケ、プリーン、クレッチマーの三人は移動しながら手旗信号で交信した――何となく真剣味がなかった――それからクレッチマーはペーターゼンに、以前の哨戒では一週間走っても一隻のUボートも見なかったのに、今回はどこに行ってもプリーンにつまづいてばかりだと述べた。

艦橋では、少尉候補生のケーニッヒが他のUボートに見とれ、夢にまで見た光景に魅了されていた。しかし、あまりに恐ろしい光景が、かえって美しいものだとは想像だにしていなかった。取るに足りないような小さな潜水艦が、山のような波によって宙に持ち上げられたかと思うと、今度は横滑りして波間に沈み、荒れ狂う海に覆われる。それから別の波頭に登りつめ、水を滴らせながら一瞬立ち止まったかと思うと、また下に向かって突っ込んでいく。波を貫いて走ると、それが泡の滝となって頭上ではじけることもしばしばだった。

船団との接触を失ったか、あるいは位置を間違えたのは明らかだったので、「ストライプ」を解体し、クレッチマーは北へブリディーズ諸島に向かった。プリーンはさらに東に向かうと、なんと、ノースミンチ諸島から西へ向かう別の船団にもう少しで正面衝突しそうになった。そこでこう発信した。

「速力八ノットにて北西に向かう敵を視認」

サン・エルモ光として知られる海の怪現象をU99乗組員全員が目撃したのはまさにその時だった。海水が艦と艦橋に叩きつけると、あたかも船体と見張員が発光塗料で覆われたかのように光り輝いた。艦橋ではペーターゼンがかがり火のようにゆらめいた。この後、皆押し黙ってしまった。というのも、世界中の船乗りの間では、この電光現象で光った船は沈没する運命にあると言われているからだ。

三月七日午前一時、クレッチマーは報告された船団――非常に大きな正面幅をもった隊形だったので、端から端まで横断して船団右翼に位置するのに全速航走しても一時間以上かかった――の影になった側に到達した。遅い商船が、荒れた海の中で上下左右に重苦しく揺れていた。クレッチマーは、二隻の駆逐艦が右舷正横のかなり近い距離にいるのを、さらに艦首方向にもう一隻いるのを認めた。これは強力な護衛を付けている証拠だ。

ゆっくり辛抱強く内向きの針路を取りながら、正横にいる二隻の駆逐艦の間で視界から消え、船団の右舷縦列沿いに肉薄した。すると、大型タンカーが影の中から現われた。攻撃針路を取りながら近づいたが、すぐにそれが最初思ったようなタンカーではなく、奇妙な形をした捕鯨船以外にありえないことに気付いた。

魚雷が船央に命中した直後、カッセルが救難信号を傍受した。それは、ボイラー室に雷撃を受けたテルイェ・ヴィケン号が救援を求める内容だった。急いで調べると、二万トン以上のこの船は、この種としては世界最大のものであることが分かった。前方にいる隣の船はタンカーで、クレッチマーはその脇に忍び寄り、距離五〇〇メートルから魚雷を発射した。それが船尾に命中すると船は停止した。

二隻の船は互いに数百メートルしか離れていないところで停止しており、しかもU99からも同じほどの距離しか離れていなかったので、二番目の船を艦載砲で沈めることにした。これは意外な選択で、おそらく賢明なものではなかったであろう。

数秒毎にU99が波の頂きに乗り上げたため、砲員たちは目標をはっきりと見ることができたが、それでは二、三発の砲弾を送り込むのに足る時間でしかなかった。そしてまたうねりの下に戻され、視界は波によってさえぎられた。クレッチマーは双眼鏡を通して着弾を観測することができたが、腹の立つことに弾は波頭に当たっているに過ぎないようだった。これは、クレッチマーに言わせればまったく下手な砲撃でしかなく、こうしてこの二隻の船にかかわっている間にも、船団の方はU99を追い越してどんどん闇の中へと消えていってしまうためなおさら頭にきた。

目標はすぐに船尾備砲で応戦を始め、同時に救援信号を発した。それによると同船はアセルビーチ号だ。クレッチマーは接近して、二本目の魚雷を発射した。これが船尾付近に再び命中すると、タンカーはすぐに転覆して沈没した。

太陽が昇ったころ、クレッチマーはテルイィェ・ヴィケン号がどうなったか見に戻った。午前七時二五分、船団位置と新針路に関するプリーン発の最終無電を傍受した。U99が索敵に戻ると、さらに多くのUボートがいることが驚くほどありありとしていた。停止しながら燃え沈むほかの船の残骸が、救う手立てもなく数百メートルごとに荒波にもまれている。例の捕鯨船の位置に到着したが、その姿はなかった。

二隻の駆逐艦が生存者を拾い上げながらゆっくりと周囲を航行していたため、クレッチマーは用心深くその場から去った。ちょうどその時、カッセルが今度はマッツ少佐（訳注：原文どおりだが、この時点では大尉）率いるU70からの信号を捉え、同艦が荒天の中で艦橋を損傷したことや、修理に帰投する前に魚雷を使うつもりでいることを知った。マッツが自分たちの前を横切って船団を追っていくのが見えたので、お互い手を振り合ったが、その時、二隻のコルベット艦がスコールの中から現われて二隻のUボートに迫った。マッツが変針せずに急速潜航する一方、クレッチマーは回頭して船の残骸の下方へ潜りこんだ。時折スコールの降る明るい朝だったので、そんな近距離で浮上して逃げようとしていたら望みはなかったであろう。

U99艦内では、最初の爆雷散布帯投射が海水を通じて近くに響き渡るのが聞こえたので、マッツが攻撃されているのが分かった。無視するには近すぎるほど狙いの良くつけられた爆雷の衝撃によって、U99も上下に揺さぶられた。鋭い爆発音が鼓膜をつんざき、照明も消えた。非常灯が点くとクレッチマーは、推進用電動機一基以外の全モーターを停止するよう命じた。

深度六〇メートルでゆっくりと移動し、海上にある船の残骸の真下をさらにめざした。そこは平穏で静かだったが、第二波の散布帯によって乗組員はあらゆる方向へ飛ばされ、U99は何かの生き物のように右へ左へと傾き、爆発によって突如起きた圧力の下でリベットや接合部が不吉なきしみ音を立てた。クネーベル・デーベリッツが、よろめきながら船体の鋼板を前部から後部まで検査したが、浸水は全くないと報告したので皆ほっとした。クレッチマーは無意識的に離脱を可能とする針路を取っていた。アズディック装置は、目標までの間に障害物があると混乱しがちであり、事実、このコルベット艦の水測員は、爆雷によって起きた海水の乱流と船の残骸にまごついていたのだった。

この攻撃の間、ケーニッヒは自分の寝台で熟睡していた。一〇〇以上の爆雷を数えた後にカッセルが弱まるプロペラ音を報告したものの、今度は二隻のコルベット艦がマッツを攻撃しているのが聞こえた（原注：この二隻のコルベット艦HMSカメリアと同アーバタスは一日中攻撃を継続し、最後の散布帯の一つがU70を二つに引き裂いた。マッツは救助され、ハンブルクに健在である。訳注：マッツは一九九六年八月二二日に死去している）

午後になってクレッチマーは、波打つ戦場から十分離れたと判断したため、浮上して周囲を見渡した。その後少し経ってから、新型潜水艦UA（訳注：戦前にトルコがドイツに発注していた潜水艦を、大戦勃発に合わせてドイツが徴発したものであり、「新型」ではない）の艦長であるエッカーマン少佐からのロリアン宛無電を傍受した。それによると、同艦はひどい損傷を受けたため帰投途中とのことだった。「狼群」は頑強な護衛によってますます数を減らしていったが、クレッチマーは独自の行動を取っていた。

追尾していたプリーンは前夜一晩中、船団の位置、針路及び速力について定期報告を行なっていたため、カッセルは無線機の前で次の報告を受信するのを今や遅しと耳を澄まして待ちかまえていた。しかし何も聞こえなかったので、クレッチマーは、プリーンが潜航を余儀なくされ、獲物の追尾を行ない得なくなったのだろうと考えた。プリーンの代わりをなすべきかどうか迷ったが、その日の午後は判断を避け、ほかのUボートが先に引き継いでくれるよう願った。クレッチマーにとっては、一八番の攻撃法が実施できなくなる追尾はうんざりするような任務でしかなかった。今やプリーンの身を案じたデーニッツは、間を置いて送信を続けていた。

「U47は位置、状況、戦果を報告せよ……U47、位置を報告せよ」

しかし、返ってくるのは沈黙のみだった。

暗くなってから、クレッチマーは船団との接触を再度試みて、その位置を報告しようとした。真夜中になってそれに成功すると、プリーンに対して位置報告を命じるロリアンからの別の信号を捉えた。Uボートは、潜望鏡深度で潜航していれば特定長波帯による無電を受信することができる。したがってクレッチマーとしては、プリーンが今も受信できないほどの深度に潜航中か、あるいは無線機が故障しているのだろうと考えた。一方、群れのほかの「狼」は、駆逐艦とコルベット艦からなる強力な護衛によって船団からの後退を余儀なくされたため北へ退避し、そこで別の船団に偶然遭遇した。今次哨戒における戦闘の第三幕が切って落とされた。

一四日の日没時、クレッチマーはロリアンから自身宛の一風変わった無電を受信した。それによると、テルイェ・ヴィケン号が海軍省に発した通信文が傍受され、同号は英国に戻ろうとするも急速に沈みつつある状況とのことだった。さらに、この船は位置を知らせており、救助も至急要請していた。

クレッチマーは、本来ならすでに沈没しているはずのこの巨船を今度こそ仕留めてやろうと、浮上したままその位置へと急いだ。夜半少し過ぎにそこに到達したが、すでに遅すぎた。テルイェ・ヴィケン号の最終幕は、最後まで船上に留まっていた船員たちを助け上げている駆逐艦二隻とコルベット艦一隻が見守る中で演じられた。駆逐艦はU99を発見すると回頭し、進路を阻もうと全速で迫ってきた。U99は深く潜航し、駆逐艦が艦尾を航過するのを聞いた。

かなり経ってから、再浮上してそのまま北をめざし、その間に前部魚雷発射管に再装塡した。ここ数日間続いた嵐の後の、心地よく静かな夜だった。風は弱いが冷たさを増していた。U99は、静かな水音をたてながら舷側で陽気にはしゃぐ波の中で軽快に揺れていた。クレッチマーが次から次へと葉巻をふかす傍らで、目標なしという言葉が飛びかった。

艦内での喫煙は禁止されていたため、乗組員は代わるがわる上甲板に出てきてタバコを吸った。ベルクマンが機関室に消えたので、カッセルがからかい半分にそのドアをさっと開け放つと、ちょうど通気孔のそばでタバコをゆっくり大きく吸っている戦友の姿が見えた。ベルクマンはあわててタバコを消し、邪魔者は誰かと振り返った。カッセルを見るとベルクマンは猛烈な勢いで怒鳴りつけたが、カッセルの方は無邪気に微笑んでドアを閉めてやった。

次の六日間は、担当海域を哨戒しても独行船一隻すら視認できなかった。しかし、三月一五日、推定距離五五キロ向こうに煙の尾を見つけた。その海域に到着すると、米駆逐艦の輪郭が水平線上にくっきりと浮かんでおり、それがこちらに向かってくるのが見えた（原注：これは、バミューダの港湾施設と引き換えに英国に渡された五〇隻の旧式駆逐艦の一隻）。クレッチマーは潜望鏡深度に潜りながら、先ほどまで自分がいた位置に駆逐艦が近づき、数分間うろついてから船団の方に戻っていくのを観察していた。しかし、浮上すると煙の尾はすでに消え去っており、駆逐艦も高速すぎて追尾不能だった。

U99はその晩、かつてアセニア号を撃沈して国際問題を引き起こしたレンプ大尉が指揮するU110からの信号を受信した。レンプは、アイスランドと北緯六一度線の間に船団を視認したと報じていた。ペーターゼンが迎撃針路を算出し、新たな目視位置に全速で向かった。U

99よりさらに西にいたU100のシェプケもその報告を受信し、あとに続いた。プリーンからは依然、何の音沙汰もなく、失われたものと推定された。

　一六日早朝には船団の推定位置に到達したが、視界には何もなかった。潜航すると、かすかなプロペラ音が南方にするのが水中聴音機に捉えられた。浮上したものの、二時間後には霧の中に入り込んだため、聴音機にさらなる音源を得ようと再び潜航した。すると、大音響がヘッドフォンから割れるように鳴り響き、それに驚いたカッセルが椅子から飛び上がらんばかりになって怒鳴った。

「全方位に推進機音です、艦長」

　衝突の危険があったにもかかわらず、クレッチマーは浮上を決意した。薄れつつある霧の中に出ると、自分たちが船団右翼の直衛線の内部におり、駆逐艦二隻が左舷にいることが分かったほか、一隻が前方からこちらに向かってくるのが見えた。潜航して船団の真下をめざし、船団のかなり後方で安全に浮上できるまで徐々に減速した。再浮上すると霧が完全に晴れており、四隻のトロール船が船団を離れて、波を切りながら南に向かっていくのが見えた。おそらくほかの船団と合流するのだろう。

　正式な追尾艦はレンプだが、クレッチマーは、日中を過ごすには船団後方がいいと判断してそこに留まった。夕暮れには船団に追いつくだろう。その日の午後は、船団周囲を広範囲に飛んでいるサンダーランド飛行艇の探知を避けるため、間をおいて潜航しなければならなかった。しかし今は、船団の八キロ弱後方におり、薄い霧の中に隠れているところだ。同時に、旧式のラガー船のように見える奇妙な船が背後に現われたため当惑したが、これは生存者を拾い上げるため船団に随行している救助船だと見抜いた。船団右翼で爆雷の鋭い爆発音が聞こえたので、付近にいるUボートを急いで調べると、それはシェプケだということが分かった。同人は、日没時の魚雷散開発射攻撃を目論みながら船団に迫ろうとしていたのだ。

U99は早朝には船団左翼に達し、マスト先端が見えるように接触を保った。夜間に霧が晴れ上がったように見えたので、クレッチマーは哨戒長を残して艦内に降り、今次哨戒の「客人」ヘッセルバート少佐と休憩することにした（訳注：この時点では大尉）。同人は帰還してから自艦の指揮を取ることになっていた。

午後三時を少し過ぎた頃に艦橋に戻ると、憤慨愕然としたことに見張員が船団との接触を失っていた。視野に再度収めようと変針したが何も見えなかった。船団は哨戒長に気付かれないように右舷に変針していたのだった。結局、潜航して水中聴音機を使用すると、非常にかすかなプロペラ音をどうにか南に捉えたので、浮上してその方向へ全速で向かった。船団は、哨戒長が接触を失った時にルージーバンク周辺で変針していたのだ。クレッチマーは時間を無駄にしたくなかった。すでに一ヵ月間哨戒しており、対船団戦に三回参加している。燃料が底をついてきた。左正横にいる護衛艦二隻の間を通り、左舷外部縦列の中央に位置するタンカーを攻撃した。距離は一キロ半以下しかなく、魚雷は船央マスト直前に命中した。ハイオクタン価ガソリンが爆発して内部で燃えると、巨大な炎の塊が現われた。このタンカーと船団外部の駆逐艦との間に位置していたU99は、ぎらつく白い炎の中で、くっきりと照らし出されてしまった。

クレッチマーは、あまりに不意に裸同然とされたことに驚き、これに落ち着かなかったので、潜航しながらまたも護衛艦を通過して、直衛線の向こう側に広がる暗闇の中へと逃げ込んだ。浮上して背後に回り込み、悶え燃えるタンカーを越え、後部護衛艦の間に忍び込んでから船団中央船列に入った。両側にいる船からはわずか数メートルしか離れておらず、これらを滑るように通過して適当な目標を探した。二縦列向こうに別の大型タンカーを見つけたので、商船列の間を抜け、目標の脇を走った。魚雷一本を発射すると、タンカーが爆発してU99を揺さぶり、またもその炎によって周囲の全商船に姿がさらされてしまった。込み合う浜辺で、あたかも素っ裸で日光浴しているように感じられた。炎はやがて巨大な煙にとって代わり、海上に霧のようにゆっくりと降りてきた。クレッチマーはその中へと舵を取り、それを越えてから別の船列間へと入り込んだ。

一方、護衛艦は船団両翼に照明弾やスノーフレークを打ち上げ、直衛線外部から魚雷を散開発射しようとしているUボートの攻撃を阻止していた。クレッチマーは一五分ほど船団の一部と化してその脇に沿って走ると、三隻目のタンカーを見つけた。U99をそのそばにもっていき、魚雷一本でしとめた。タンカーが停止すると、黒い煙が甲板の下から噴出し、赤い烈火が甲板をなめた。

また先ほどと同じ行動を繰り返し、煙雲の中に隠れながら、別の船列間に姿を現わして船団の一部となって航走した。この時、爆雷攻撃は数キロ後方と右舷側で行なわれていた。小型の護衛艦二隻が、しとめたタンカー三隻の周囲で生存者を拾い上げているのが見える。船列間前方へ移動すると、二隻の大型貨物船を発見した。それぞれに魚雷一本を撃ち込むと、その両方がほとんど当時に船央に直撃した。小さい方はすぐに沈没したが、大きな方はわずかに水没しただけだった。クレッチマーはそれに沿って停止すると、ほかの船が脇を通り過ぎていく傍らで魚雷をもう一本発射した。二〇〇メートル弱の距離にもかかわらず外れた——次は故障だった。三本目が目標船尾に命中すると、この船は水平を保ちながら沈んでいった。

この時すでに船団は前方に行ってしまっていたので、これに追いつこうと速力を増した。この間、カッセルが救難信号を傍受し、それぞれの船名を書き留めた。最初のタンカーはフエーム号、次がベドウィン号（ともにノルウェー船）、そして三隻目が英国タンカーのフランチェ・コムテ号だった。さらに、小型の貨物船はヴェネチア号で、より大型の方がJ・B・ホワイト号だった。

U99が後方からまたも船団内部に入り込むと、船を少し間引いてやったように思えたので、クレッチマーは残忍な独笑を浮かべた。船と船の間隔が以前より大きくなっている。別のタンカーを視認すると、U99は確信したようにその目標の脇に沿い、外側に回頭してから艦尾の魚雷を一本発射した。その結果は常軌を逸していた。船が真っ二つになって内側に傾きつつも、なんとかU99のほうへ回頭すると、衝突しようとこちらに向かってきたのだ。すでに魚雷が残っていなかったので、逃げる以外になかった。カッセルは、コーシャム号と名乗るこの船の無電内容を報告した。退避の途中、二つに割れた船が海水の噴出音を轟かせ、蒸気雲をもうもうと吐きながら海中へと消えていくのが見えた。

照明弾を撃ち上げている二隻の護衛艦の間を航過しながら船団を後にし、帰投すべく暗闇の中へと消えた。背後には、この哨戒の第四時攻撃によってもたらされた残骸の散らばる戦場が広がっていたが、この戦闘の間、すでに四八時間近くも戦闘配置についていた彼らには、どうしても休息が必要だった。

周囲は静かで、船団も消え去っていた。クレッチマーはルージーバンク北に針路を取ることにし、艦内に入って「客人」のヘッセルバートとこの哨戒について論じた。ペーターゼンがコーヒーとサンドイッチを取りにやらせ、戦闘日誌に次のように記したのがちょうど午前三時だった。

「艦内に降りた艦長から当直を引き継ぐ」

発令所では、クレッチマーがカッセルとヘッセルバートとともに座りながら撃沈トン数を総計し、船名を確認して、ロリアンへの戦果報告の電信内容をまとめていた。それよりなによりも、クレッチマーの心は今やパリのシェゼレに……。突然、気の緩んだUボートの艦内に鋭い警報が鳴り響き渡った。

12 罠

駆逐艦ウォーカーに座上するドナルド・マッキンタイア中佐隷下の船団護衛グループには、船団がこの三日間追尾されていることが分かっていた（原注：マッキンタイア現大佐は、巡洋艦ダイアデム艦長であり、殊勲章を二度受章している。大佐は大戦中、ヘスペラス、ウォーカー、ビッカートンの指揮を取り、確認されているだけでもUボート七隻を撃沈、英海軍のUボート「撃沈王」として戦争を終えた）。

マッキンタイアにとって今回の航海はウォーカー艦長として、また、護衛部隊首席士官として初めてのものだった。後に現われた護衛グループチームは、船団護衛任務を引き継ぐ前に数週間の訓練を能率的にこなしたが、この頃はまだ、そうした部隊の日々は到来していなかった。現在のところ、護衛艦種を問わない喫緊の要請のため、これらのグループは寄せ集めの船を緩やかに束ねたものに過ぎず、船団の守りも、実践策に依拠するよりは、個々の艦長の判断に任されていた。こうした状況だったから、一六日の日没後、タンカーが爆発炎上して攻撃が本格的に始まった時も、ウォーカーの艦橋にいたマッキンタイア中佐は途方に暮れるばかりだった。

決然としてはいるものの装備の貧弱な護衛艦は必死に反撃し、大西洋の暗闇から現われるUボートを引き離そうとした――回頭し、変針し、あるいは海上を照らそうと照明弾やスノーフレークを打ち上げながら。しかし敵影はなく、時間だけが無為に過ぎていった。やがて、攻撃の重点は左翼からやってくるのが明らかになった。護衛艦には知る由もなかったが、そこにはシェプケ、クレッチマー、レンプ、シュルツが集まっていたのだ。

護衛艦の多くの艦長はここ数日、船団がずたずたに引き裂かれているのを見ていながら、敵の位置を暴くための装備も船もないことに絶望しており、ウォーカーの艦橋にいたマッキンタイアにもそれが感じられた。レーダーはまだ初歩的な装置でしかなく、アズディックは浮上しているUボートには効果がなかった。

護衛艦の中にいたもう一隻の駆逐艦ヴァノックだけを帯同して、左舷を大きく円状に覆うように回頭すると運が開けた。ウォーカーが、浮上して退避しているUボートが発する蛍光性の白波を発見した。全速で追尾し、獲物が残した渦の上に爆雷散布帯一〇発を投下した。これはシェプケだった。接触を失うと、マッキンタイアは生存者を救助するため南に向かうことにした。これが終わると、二隻の駆逐艦は船団左翼に向かい、もう一度そこを捜索した。そのころ、シェプケは爆雷攻撃で損傷を受けており、長時間の潜航はできない気がしていた。そこで敢えて損傷を点検することにし、浮上して逃走しようとしたのだろう。

U100が海面に現われると、ヴァノックのレーダー操作員が、Uボートとみられる濃緑色の点がスクリーン上に映し出されたと艦橋に報告した。これは海軍史上特筆すべきものである。

なぜなら、これこそ、この原始的かつ未熟な装置がUボートに対する夜間攻撃を可能にした、知られる限り初の瞬間だからだ。ヴァノックが無電でウォーカーに報告すると、二隻の駆逐艦はマッキンタイアの命令に基づいて高速で急旋回し、ヴァノックの電探員が示した方位に向かった。

一キロ半ほど索敵していると、船体が見えないほど小さなU100の輪郭を海面上に視認した。マッキンタイアからの手短な命令によってヴァノックが攻撃に向かった。ほっそりとした形の駆逐艦は、U100の艦橋めざして一直線に向かっていった。ナイフの刃先のような駆逐艦の艦首が、水しぶきをもうもうと立てながら向かってくるのをU100の乗組員が見つけると同時に、夜風の中で警報の悲鳴がかすかに鳴り響いた。艦外に飛び込み、そこから逃れようと必死になって泳ぐ者もいる。ヴァノックの艦橋では、ドイツ語で叫ぶシェプケの声が聞こえた。

「慌てるな。こちらを逃すところだ。艦尾をかすめるだけだ」

それから引き裂きしむような凄まじい音が起きた。ヴァノックがU100の艦橋中央に激突したのだ。これによって、残っていた乗組員も海中に放り出された。駆逐艦の艦首はシェプケの両足を大腿部から切断し、潜望鏡ハウジングの後ろにその身体を押し込んだ。ヴァノックは、速力を維持したまま打ちのめされたUボートに乗り上げて停止し、今度は両舷機を後進にして自らを解き放とうと懸命になった。激しい衝撃を伴って遂に自由になると、U100が宙高くせり上がった。まだ息のあったシェプケが艦橋から押し出され、その身体は宙を舞って力なく海に落ちていった。激しくもがいている数秒の間も、白カバーが付けられた制帽は今も精一杯威勢良く斜めに被られていた。それから激しく波打つ海面の下に沈んでいき、間もなくU100もこれに続いた。短所が色々あったにせよ、シェプケは「エース」らしく死んでいった――自艦の艦橋で。

ヴァノックが現場を探照灯で照らすと、わずか五人しか泳いでいなかった。ウォーカーに周辺をアズディック探知させたまま、ヴァノックは約五〇人いた乗組員の中で生き残ったこれらの者を拾い上げ、艦首の損傷を点検した。ウォーカーの艦橋では、マッキンタイア中佐がヴァノックからの被害報告をいらいらしながら待っていた。そこへ突然、アズディックを操作している自艦の水測員から叫び声が上がった。

「右舷に反応あり、艦長」

距離と方位が伝えられた。マッキンタイアが驚いたことに、それは目標がヴァノックのほぼ艦尾直下にいることを示している。しかし、これはもっともあり得ない位置だった。マッキンタイアと部下の士官たちは、この反響音が衝突後の海水の乱流によるものか、あるいはヴァノック自身の航跡によるものだと思い込むところだった。しかし、水測員は、この反響音がUボート以外の何かによるものだとする見方に頑として抗った。何かほかのものであるにしては音響があまりに安定しており、あまりに強かったからだ。マッキンタイアは未だ信じることができなかったが、攻撃の好機をみすみす逃すようなこともしたくなかったので、速力を上げて戦闘行動に入る一方、ヴァノックはこれに道をあけてやった。それにしても、わずか数秒前には一隻のUボートしかいなかったはずのところに、二隻目のUボートがいるなどということがあり得ようか？

ペーターゼンは艦橋のハッチを抜け降りると、右舷八〇〇メートル弱向こうに駆逐艦がいると報告した。

「一体なんで潜航なんかしたんだ」

クレッチマーが聞いた。

「浮上したままでは逃げ切れませんでしたよ」

ペーターゼンは心配した面持ちだった。

「お分かりにならないでしょうが、艦長、奴らはこちらを見たに違いありません」

クレッチマーはわざわざ返答しなかった。カッセルがプロペラ音の接近を告げたので、深度九〇メートルに潜った。攻撃の開始を待っている間、クレッチマーはペーターゼンの話から何が起きたかを結論付けた。右舷前方担当の見張り——ある兵曹——がぼんやりとしており、適切に警報を出すことができなかったのだ。その兵曹は駆逐艦を発見できず、ペーターゼンへの報告もなし得なかった。偶然にも敵艦を視認したペーターゼンは、月光の中で乳白色と緑色に輝く迷彩塗装が施された舷を、あまりの近距離のため見上げねばならないほどだった。

そして、あまりの近さに仰天したため、最初に思いついたのが潜航だった。事態が急展開したとはいえ、クレッチマーにはペーターゼンが本当に状況を把握していたのか疑わしかったので、しっかりするよう厳命した。この間、カッセルはプロペラ音を報告しており、今や付近に二隻の駆逐艦がいるものとみていた。一隻の接近をカッセルが大声で伝えるや、最初の七発の爆雷が不意に降ってきた。

何度も爆発が続き、U99はほとんど円を描くようにぐるぐると揺れた。それは、クレッチマーがこれまでに経験した中でも一番の至近爆雷だった。衝撃波が艦を揺るがし、照明は消え、固定されていない物すべてが粉砕された時の、不快で不吉な大音響が耳を満たした。各種装置のガラスの指針盤は粉々になり、時辰儀は壊れ、深度計を含む多くの計器盤も故障した。今や、自分たちがどれだけの深みにいるのかも知る術がなかった。

爆雷に激しく揺さぶられているため、予想よりも深いところにいるのはほぼ確実だ。みな正確に狙いが付けられた爆雷が引き続き降り注ぎ、パイプは裂け、発令所前部の乗組員用区画にジェット噴流となった水が送り込まれた。艦はひどく傾き、後部燃料タンクから漏れた燃料が発令所に注ぎ込まれ始めた。数分で燃料と海水がくるぶしまでの深さに達したので、クレッチマーは圧搾空気を噴射して浮上する必要があろうと判断した。

前部魚雷発射管室にある第二深度計は機能しているようだ。それによれば、信じがたいことに潜水艦の圧壊深度より三〇メートルも深い一八〇メートルにいることが分かった。当然、外の水圧がいつ何時、船殻をぶち破るか分からない。機関長が、プロペラによる推力が失われ、速力が得られなくなったと報告した――危険だ。速力がなければUボートは沈むしかない。そこでクレッチマーは、バラストタンクに圧搾空気を噴射するように命じた。「ポップ」こと発令所の一等兵曹が、空気バルブを力いっぱいに開こうとした。だが、全く動こうとしない。ペーターゼンが深度計の脇に立ち、沈下するにしたがって深度を読み上げた……二〇〇メートル……二一〇メートル……。艦尾から鋭い音が聞こえ、後部魚雷発射管室右舷側にわずかな浸水が起きた。これはいよいよ終わりの始まりだ。もはや望みは「ポップ」のバルブだけだった。しかし、それは今も動かすことができないでいる。

ロリアンの潜水艦隊司令部の無線室は沈黙を守り、聞こえるのは発電機の単調なうなりと、一五分ごとに告げる時計の規則正しい鐘の音だけだった。北大西洋の地図の上には行方不明になったUボート、U47を表す赤い旗が立っている。しかし、提督らはほかの「エース」たちの戦果報告を確信して待ち受けていた――シェプケとクレッチマーからの報告を。


水兵一人の手助けを受けた「ポップ」は、半狂乱になって空気バルブを開こうとした。それがわずかに動くと、注意深く、空気を無駄にしないように押し開いた。

「二二〇メートル」

ペーターゼンが大声で読み上げると、クレッチマーが飛び上がって「ポップ」の背中に強い平手打ちをくらわせ、そして叫んだ。

「もっと早く一杯に開けるんだ」

空気がバラストタンク内になだれ込み、一瞬、艦が身震いしてから今度は横揺れを起こすと、ペーターゼンが興奮して叫んだ。

「二一〇……二〇〇……一九〇……浮上してます」

六〇メートルでクレッチマーは空気を止め、その深度にU99を保とうとしたが、エンジンの修理がまだ済んでおらず、プロペラが破損している疑いもあった。速力がなければ、海面に向けて浮上を続けている艦を操ることができない。艦首が海面から飛び出すほどの力で浮上し、その後もとに戻った。クレッチマーが艦橋に駆け上がると、次席電信員のシュトーラーがロリアンに初めて打電した。それはこう発していた。

「爆雷……爆雷」

ロリアンでは無線室が息を吹き返した。警報ブザーが鳴り響き、使者が電信を長官や参謀ら数人に届けると、直接聞こうと皆が無線室に走ってきた。ここ数日、皆が「エース」の一人に異変が起きていることを心配していた。今度は二人目だ。大西洋で何が起きているというのか?

当直の首席参謀が、その夜まだ報告していないUボートに対して送信するよう命じた。

「U110（船団追尾艦）に帯同する全潜水艦は、位置、状況及び戦果を直ちに報告せよ」

待てども返答は何もなかった。

「U99及びU100は位置を直ちに報告せよ」

またも両艦は返答しなかった。U99の発令所では、カッセルが口述筆記させている電信内容を先任がひったくった。それにはこうあった。

「駆逐艦二隻——爆雷——五万三〇〇〇トン——捕捉——クレッチマー」

それは、最後まで艦と格闘しようとしている一人の男からの簡単な信号だった。しかし、クネーベル・デーベリッツが「沈む」という単語を挿入し、その全文が付近にいたU37に傍受されてロリアンに転送されたので、参謀はこれを、クレッチマーが二隻の駆逐艦と船舶五万三〇〇〇トンを撃沈したという意味に解釈してしまった。デーニッツは外洋で演じられている劇的光景を察した。自分の最優秀の艦長たちが、生命を賭して戦っている。しかし、その戦いがどう進展しているか、つまり、「エース」たちが致命的な罠にはまってしまったことまでは知る由がなかった。

クレッチマーが艦橋に上りつめたとき、U99は右舷側に傾き、周囲の海面には大きな油紋が覆い広がっていた。一隻の駆逐艦が正横を向けて真正面にいた。クレッチマーは魚雷を持ち合わせていないことを呪った。不利な形勢にもかかわらず、確実に命中させられるものを。機関長とその部下たちは、少しでも操艦できないかとディーゼルエンジンを動かそうと奮闘したが、プロペラが吹き飛ばされているか、あるいは爆発で損傷を受けているかのどちらかだった。クレッチマーたちは、緩やかなうねりの中でゆらゆらと揺れるほかなかった。

損傷を受け、ゆっくりと動いているヴァノックの乗組員は、二隻目のUボートが艦尾下方のあまりに近い海面に飛び出してきたのを見て仰天した。ウォーカーに急いで報告すると簡単な答えが返ってきた。

「よし、そこをどけ」

ヴァノックは速力を増して回頭した。英側艦長たちがこの事態の急展開に自艦を適応させたので、数秒の間、理論的には三隻の船が三角形の角でお互いを見合う形となった。クレッチマーが、脱出速力も魚雷もないことに空虚な怒りを覚えていた頃、マッキンタイア中佐は、自艦以外のたった一隻の駆逐艦がUボートに追突して損傷を受けている中で、自艦自体に損傷を与えられるような余裕はないということを忘れていなかった。少なくともあと四日間は船団を護衛しなければならない。同時に、護衛艦艦長はもし可能であれば、なしうる限りの努力をしてUボートを無傷で捕獲しなければならないという海軍省令に縛られてもいた。

そこで中佐は、Uボート乗組員を恐れさせて離艦させようと、主砲と小火器による砲火を開くことにした。二隻の駆逐艦は慎重に目標の周囲に円を描き、四インチ砲塔、機関銃、対空機関砲からの残忍な十字砲火の下にU99を維持した。曳光弾の雨と砲弾の破片がU99の船体と艦橋側面にはねたが、艦は砲火を避けるように傾いていたので、乗組員は反対側に多くの遮蔽場所を見つけられた。

クレッチマーは一瞬、砲員を配置させて応戦すれば、他のUボートが救援に来るまで決定打を遅らせることができるのではないかと真剣に考えた。しかし、傾いたU99の甲板より上に出れば、砲にたどり着く前に死んでしまうと悟った。奇跡的にも大口径砲の弾は大きくそれており、周囲全体に大きな水柱を作っていた。クレッチマーは全乗組員に対し、右舷側甲板に出て離艦準備をするよう命じ、次に、この窮地にできることが他に何もなかったので艦橋遮蔽物の下に座ると、部下たちが驚く中、葉巻に火をつけ始めた。

二隻の駆逐艦は用心しすぎのようだ。今にも雷撃されるのではないかと思ってためらい、引いているのがありありとしている。反撃用の牙を持たなかったので、クレッチマーは敵がUボートを捕獲しに突入班を送り込んでくるだろうと考えた。自沈用爆薬をセットするよう下命したが、たとえゆっくりであっても艦が沈んでいるのははっきり分かった。しかし爆破要員からは、爆薬のある区画に通じるドアが押しつぶされていると報告を受けた。

こうなっては全ハッチを開放する以外にない。それが済むと、クレッチマーは手すりにしがみついている部下たちに短い演説を行なった。その中で、今回の哨戒で故郷に連れて帰れなくなったことをいかに申し訳なく思っているかを述べ、捕虜になる前に少し水の中に浸かることになるかもしれないと告げた。それから部下たちを艦内に入れて、見つけうる中で一番温かい衣服を着させ、彼らが甲板に戻って来ると離艦の命令を待たせた。

クレッチマーはここで、一九三六年に自分自身が体験したこと、つまり一癖ある艦長によってバルト海に取り残されたことを思い出していたのだ。海で独りきりになったのはあれが最後だった。部下たちが救命帯を付けて戻り、自分の従兵が制帽を携えて現われると、それを規定の角度で被った。先任が艦内に留まり、秘文書が全て破棄されたかを確認し、機関長はバラストタンク内に空気がこれ以上残っていないかを調べた。

突然、艦尾が動揺と共に水面下に没し、海水が烹炊所ハッチや艦橋ハッチそのものを通ってみるみる浸入してきた。流れ込む海水の中で、クレッチマーには先任と機関長を艦橋に引っ張り上げる時間しか残されていなかった。しかし、すでに機関長がバラストタンクに圧搾空気を噴射していたために艦尾がまた持ち上がった。乗組員の半数は後部甲板に立っていたが、今や艦外で水に洗われていた。痛めつけられながらも激しく抗っているU99は、海中に漂う乗組員を背後に残しながら、待ち受ける二隻の駆逐艦から離れて、横向きになって漂流し始めた。

クレッチマーはペーターゼンに、たとえ海中で独りになっても駆逐艦に向けて自分たちの位置を点滅して示せるよう、携帯式電灯を紐で肩に掛けるように言った。さらにまた、その電灯で最寄りの駆逐艦を呼びとめるようにペーターゼンに命じ、信号を発しさせた。一文字一文字、英語で非常にゆっくりと。

「艦長から艦長へ……。貴艦方向へ漂流している海中の部下の救助を乞う。本艦は沈みつつあり」

駆逐艦――ウォーカー――がこの信号を「本艦は沈みつつあり」と読み取り、認識した旨の点滅信号を送ると、探照灯を照らしながら、海中を泳いでいる男たちの方へと接近した。クレッチマーと残りの部下たちは、泳いでいる仲間が昇降用ネットで引っ張り上げられるのを見ていた。ウォーカーがU99の右舷正横に近寄ると、クレッチマーはこの駆逐艦が自分の頭上から突入班を送り込み、それが自分のいる甲板に飛び込んでくるかもしれないと直感した。その時クレッチマーは、捕獲回避の機会の有無にかかわらず、U99には英水兵を一人たりとも踏み込みさせまいと決心した。クネーベル・デーベリッツとシュレーダー機関長と共に状況を検討すると、バラストタンクに注水するよう機関長が直ちに提案した（訳注：これは機関長の自発的提案ではなく、クレッチマーの命令によるものとの証言あり）。

ウォーカーがボートを下に降ろすのが見えたので、事態は急を告げていた。機関長が海水で満たされた発令所に消えていき、その姿を見ることは二度となかった。シュレーダーはバラスト制御装置を操作したはずだ。空気が逃げ、海水が入り込むにつれて断末魔の噴出音が高まる。艦橋に飛び上がるようクレッチマーが機関長に叫んだが、返事はない。艦尾が沈み、艦首が上がった。ここ一年近く大戦果を上げながら連合軍艦船を脅かしてきたUボートは、獲物を求めてさまよい続けてきた墓場たる海に、まず艦尾から滑り込んでいった。

クレッチマーとその部下たちは艦橋や甲板から流されたが、渦や逆流は発生せず、それに引きずり込まれることもなかった。皆は海中で一列になり、人間の鎖のように手と手をつないで一人たりとも失われないようにした。ウォーカーが近寄ってくると、そこまでの短い距離を泳いだ。クレッチマーは昇降ネットのへりを握りしめ、駆逐艦の脇にぶら下がりながら、上がっていく部下を数えていた。

U99と共に沈んだ機関長を別にして、他に二人の乗組員の行方が分からなくなっていた。一人は救命帯をなくして泳げなかった者、もう一人は爆雷攻撃時に脳震盪を起こした者だった。後者は、皆がネット上に助けてやろうとした際に落ちてしまい、二度と姿を現わさなかった。士官を含めた部下が登り終えると、クレッチマー自身がよじ登ろうとしたが、長靴が水でいっぱいになっていたために引きずり降ろされてしまった。脚を上げることもできない。生存者全員を艦に上げたと思ったウォーカーが速力を上げると、その流れに引きずられたが、やがては押し離されてしまうだろう。これで自分の人生も終わりだ。その時、部下の掌帆長が舷側から海を一瞥して叫んだ。

「あそこに艦長が」

その掌帆長がクレッチマーを助けようと降りてきた。駆逐艦の甲板に引き上げられると、何時間もの戦闘と緊張で衰弱していたのに、英国人兵曹が元気のいい笑みを浮かべながら、大型のコルト45口径ピストルをクレッチマーの顔に突きつけた。万一捕虜になった場合の待遇についてはあらゆるものを想像してきたが、これはほとんど想定外だ。クレッチマーは笑い始めたが、その兵曹が双眼鏡を物欲しげに見ていたので直ぐにやめた。とっさに、こんなに貴重な双眼鏡を敵兵の手に落としてはならないと考え、艦外へ放り投げようとした。しかし遅すぎた。頭から掛け紐をはずしたその時、もう一人の水兵がそれをひったくったのだ（原注：マッキンタイア大佐はこの双眼鏡を自分の「戦利品」だとして、終戦まで使用した――実は今でも使用している。レンズにわずかながらの水滴が入っているものの、大佐が言うには「これは英国製よりはるかに性能がよかったし、戦争で捕獲した一番貴重なもののうちの一つだ」。訳注：これにはさらに後日談がある。実は一九五五年に本書が英国で出版されたのを記念して、クレッチマーが夫人と共にロンドンを訪れた際、式典で再会したマッキンタイアから、このツァイス製双眼鏡が返却されたのだった。その本体には次のような銀のプレートが付けられていた。「勇猛なる敵、オットー・クレッチマーに返還す。ドナルド・マッキンタイア英国海軍大佐、一九五五年一〇月二四日」）。

クレッチマーは、艦尾にある艦長用個室に連れて行かれると、部下の士官と共に濡れた衣服を脱がされ、大量のラム酒を与えられた。ウォーカーの機関士官であるオズボーン大尉がダブルの制服を携えて現われ、クレッチマーにそれを手渡した。

「ぴったり合うはずだ」

結局、U99の士官たちは士官室に連れて行かれ、外に武装哨兵の立つ艦長用個室に残されたのはクレッチマーだけとなった。肘掛け椅子に深く座ると、一ヵ月に及ぶ戦闘行動の緊張が解けきり、睡魔の波に襲われた。

これが、戦争中に船団護衛グループが成功を収めた初の対Uボート夜間攻撃だった。しかも二人の「エース」を仕留めたのだ。

何時間かして目覚めると、中佐を示す三本線の袖章を付けた英国士官が、机に座ってこちらを見ているのに気付いた。それはマッキンタイアだった。頭がはっきりしてくると、クレッチマーは悲しげな笑みを浮かべて言った。

「部下たちをご親切にも助けていただきありがとうございました。お言葉ながら、あなた方を攻撃する魚雷がなかったことが悔やまれてなりません。ともあれ、あなた方の成功には心より祝福いたします」

マッキンタイア中佐は、ぶつくさと曖昧な言葉を吐きながら差し出された手を取ると、士官室を出て行った。一人になったクレッチマーの思いは、U99の最後の数時間に駆け戻った。シェプケは撃沈された。プリーンは死んだのだろう。一九三六年、キールの潜水艦学校に若々しい熱狂を身にまとって到着し、同胞の追従と敵の畏敬を自ら勝ち取ってきた三人の若き志願訓練生の中で、自分だけが今も生きている。この時のクレッチマーには――今でもそうだが――あたかも何か強力な目に見えざる力が三人をキールに導き、名声へのはしごを登るよう画策し、遥かなる大西洋の同じ運命的な合流地点に送り込んだかのように思えた。これが気楽ならざる思いだったのは、皆を誘導した同じ手が、自分にどれほど特殊な宿命を残したのかわずかながらも不安になったからだった。

クレッチマーが士官室の閉ざされた空間の中をゆっくりと一定の歩調で歩いていた頃、ロリアンの参謀たちは心配して無線室に群れ、通信士は無言の洋上に呼び掛けの信号を送っていた。

「U99及びU100は直ちに位置、状況及び戦果を報告せよ……位置を報告せよ……位置を報告せよ……」

その朝、クレッチマーは運動のため甲板に出ることを許された。考え深げに後甲板を上がり降りしていると、前甲板では、部下たちが食堂の清掃中に運動を許可されていた。マッキンタイアは捕虜たちの勇敢さを正当に認めながらも、成し遂げたものなど実際にはほとんどないのだと戒めてやることにした。ヴァノックを依然として帯同しながら、船団と再合流し、前方位置を占めようと速力を上げた。誇らしげに後方から船団縦列の間をぬっていくと、四八時間近く攻撃の緊張にさらされていたにもかかわらず、船団は完璧な隊列で航行していた。縦列の間隔は詰められており、船の長い列があたかも何かの艦隊演習にでも参加しているかのように穏やかに進んでいた。マッキンタイアは、激励してくれるそれぞれの船を過ぎる際、自分の職責に満足した――戦果の知らせは遥か前方にまで達していたのだ。前部甲板ではU99の乗組員が破壊の名残を求めて虚しく見回したが、それはもはや背後にあるだけだった。今日は別の日――勝利の日――であり、ドイツ人捕虜の中には、目的地に到着しようとしているこれらの船を止めるには、少人数の勇敢さだけではとても足りないように思った者もいたに違いない。

一旦位置に付くと、マッキンタイアは当直士官に艦橋を任せた。下に降りて髭を剃ってさっぱりすると、クレッチマーに再び話し掛けた。中佐には、自分が沈めたのがどのUボートなのか依然として分からなかった。ヴァノック艦上の五人の捕虜と自艦上の捕虜が艦番号を偽り、故意に自分を欺こうとしているのではないかと怪しんだ。クレッチマーは、名前と階級はいとわず教えたが、それ以外は一切口にしなかった。

ヴァノック艦上では、生存者からシェプケの名が得られたものの、そのUボートの番号は尋問の途中で三回変わった。マッキンタイアは、正確な番号を得ようと決然とした――海軍省がUボートの型式を確定しようというのであれば不可欠だ。その時中佐は、クレッチマーが後部上部構造物に付いていているウォーカーの紋章を凝視しているのを見た。黄金の馬蹄の紋章下に長らく海に出ていた艦長が、上向きの馬蹄の紋章を付けた駆逐艦によって捕らえられていたのだ。マッキンタイアはクレッチマーの胸中に走るものを察して、穏やかに言った。

「君は馬蹄の間違ったほうを上にしていたね。だから運が逃げてしまったんだよ」

その晩、助け上げられた商船士官たちには士官室に敷くマットレスがあてがわれた。その一方で、クレッチマーには艦長の寝台を使うことが許された。床に入る前にオズボーン大尉がやってきて、ブリッジができる者がいないか探した。オズボーンは運がよかった。救助された商船士官二人とクレッチマーが大尉につきあい、夜遅くまで長らくトランプに興じた。

U99の士官たちがウォーカーの非番士官と若い商船士官二人と士官食堂で語り合っていた頃、艦首方向の下士官室では感動劇のような事件が進行しており、意外な結末を迎えようとしていた。ウォーカーの下士官数人と商船の生き残りの何人かが、食卓を挟んでU99の下士官たちと向き合いながら木製のベンチに座っていた。双方ともあからさまな好意や敵意を示すでもなく、険悪な沈黙につつまれていた。一人の給仕が入ってきて、一等兵曹にこうささやいた。士官食堂のUボート士官たちにはあらゆる配慮がなされており、ドイツ人艦長は個室でブリッジを楽しんでいる、と。士官たちの行ないをヒントにして、一人を除いたウォーカー乗組員の全員が緊張を解き、この招かれざる客たちにもてなしの意を示し始めた。ラム酒を回し、お互いの体験を自由に語り合ったが、一人の兵曹が座ったままカッセルを睨みつけており、カッセルはその敵意ある視線と交わるたびに落ち着きなく目をそらしていた。突然、その兵曹が叫んだ。

「畜生どもめ！　おれの兄貴は死んだんだぞ」

また沈黙につつまれた。そこで誰かが、彼の兄は商船に乗務していたが、それが雷撃されたのだと説明した。ラム酒がまた回され、友好的な雑談をさらに続けてから眠りについた。例の頑固な兵曹は落ち着きを取り戻し、カッセルを見つめて言った。

「まあ、お前たちだって死んでいたかもしれない。助け上げられただけ運がよかったな」

カッセルは、古いコートを枕代わりに硬いベンチに寝そべっていたので寝付くことができなかった。何度も寝返りを打ってもぞもぞしていたが、やがてうとうとしだした。その時、誰かが自分の頭を動かすのを感じたので目を見開いてみると、あの敵意剝き出しの水兵が、頭の下からコートを取り出して本物の枕に替えてくれていたのが見えた。

士官室では、眠りにつく前にひやりとする瞬間があった。英海軍の予備役士官がケーニッヒに向かってこう言ったのだ。

「俺はローレンティック号が撃沈された時にそれに乗ってたんだ。あれをやった奴らを見つけ出してやりたい。救命艇を降ろしている最中に魚雷の第二斉射が俺たちに当たったんだぜ。あれは修羅場だった」

その哨戒時にはU99に乗っていなかったケーニッヒは、慎重に押し黙っていた。ほどなくしてマットレスが敷かれ、皆が眠りについた。

翌朝の士官室では、電熱器の前に干されて置きっぱなしになっていたクネーベル・デーベリッツのジャケットから、土産漁りによって潜水艦徽章が取りはがされているのが見つかった。ウォーカーの先任士官が直ちに調べると、商船士官候補生がそれをやったことが判明した。その上官は、午前中にその徽章をジャケットに縫い戻すよう候補生に命じた。

食堂にいたウォーカー乗組員は、スペイン内戦の経験談をU99乗組員と交わせることを知った。当時、ウォーカー乗組員の何人かがスペイン沖を巡洋艦で哨戒しており、同時期にこれらのドイツ人数人もクレッチマーの昔の訓練艦であったU35で哨戒していたのだ。

カッセルはウォーカーの通信員にせかされて、駆逐艦の電信室に見学に連れて行かれた。梯子を登ろうとしたところで、一人の士官に止められた。

「この捕虜をどこに連れて行くつもりだ」

「電信室であります。彼はUボートの電信員なんです」

「下に連れて行け、ばか者。物事をもっと良くわきまえろ」

下士官用食堂に戻ると、カッセルは相手の不機嫌な顔を見て微笑んだ。

三日目、マッキンタイアたちは駆逐艦ヴァノックを先頭にして、捕虜を手渡すべくリバプールをめざした。ミンチ海峡を進んでいると、戦果の明確な確認を直ちに求める海軍省からの電文を受け取った。首相がその晩、下院での声明発表を望んでいるとのことだった。中佐は得られた艦番号――U100とU99――を信じることにし、その旨返信した。その結果、首相と海軍大臣からの祝電がウォーカーに届き、マッキンタイア中佐は後ほど殊勲章を受章することになった。

二一日の朝、ウォーカーがリバプールの埠頭に到着すると、マッキンタイアを出迎えるべく、サー・パーシー・ノーブル西方近接海域司令長官やその参謀である上級士官たちが波止場にいた。舫綱が渡されると、カッセルが食堂のベンチの上に立ってウォーカー乗組員に対して演説をぶち、U99乗組員の生命を救ってくれたことや、過去数日間の厚遇に感謝の意を表明した。それに対して一人の一等兵曹が返礼した。

「お前たちを救えて本当に良かった。だが、これからお前たちを陸軍に引き渡さなければならないのを詫びなければならない。彼らのもてなしはそんなに良くないぞ。ユーモアのセンスがないからな」

U99乗組員が中央甲板に列をなして並ぶ傍ら、マッキンタイア中佐は陸のバグパイプの演奏で迎えられた。中佐はサー・パーシー・ノーブル提督の方へ進み、そこに佇んでしばらく言葉を交わした。陸軍のステーションワゴンが波止場にやってきて、兵士二人と士官一人が飛び降りるとタラップ脇に立った。今や潜水艦着と皮ジャケットを着て制帽を被ったクレッチマーが、合図とともに付き添われて岸壁沿いに現われた。タラップを大股に下り、上陸しようとした時、岸壁は沈黙に包まれた。クレッチマーは、提督の周囲に立っている士官団とマッキンタイアに一瞬目をやり、その駆逐艦艦長のところまで行って厚遇の礼を正式に述べるべきか迷った。だが、その代わりかすかに会釈し、両肘に付いた兵士とともに待ち受ける車に歩を進めた。ウォーカーの甲板上で状況を見ていたU99の乗組員たちは、自分たちの艦長が車で連れ去られると、さっと直立不動になり、そして敬礼した。

13 密会

リバプールの通りを行進したことは、U99乗組員の生き残りの中で誰一人として忘れたことがないほどの試練だった。リバプールは大西洋の戦いにおける作戦上の中心地だった。そこに船団が集結し、そこに水兵たちが妻や恋人を残していた。

今やウォーカーとヴァノックの戦果の知らせが町中に広がり、ドイツ人がライム・ストリート駅に向かって港の門から外に歩み出すと、血縁者を海で亡くしたと思われる数百人の婦人たちによる怒りのデモで迎えられた。彼らにとってU99の乗組員は殺人者だった——生きているのを見るのは初めてだ。今が悲しみをぶちまける機会だと捉えたのも無理はなく、Uボート乗組員一般に対して必然的に抱いてきた憎悪があらわにされる場面もあった。

四二人のドイツ人水兵たちは、爆発寸前まで張り詰めたものを感じ、リバプールの街燈柱に吊るされて人生を終えるのではないかとしばし思った。しかし、群集はライム・ストリート駅まで連なる警察の非常線の後ろに引き下がっていた。捕虜たちはこのデモでロンドン行き列車に乗り遅れたため、今度は道を逆戻りしてウォルトン刑務所まで行進させられた。ここで下士官が兵と分別され、それぞれのグループが大きな共用房に拘留された。士官たちが通常の独房に何人も入れられる一方で、車で直接刑務所に連れて来られたクレッチマーは、すでに一人で独房に幽閉されていた。英国人が捕虜に何をするかは全く分からなかったが、独房の小さな空間の中を行ったり来たりしながら、これが終戦まで自分の家になるのだろうと感じた。

この疑念は、夜になって藁の敷物と毛布一枚がそれぞれに配布されると確信に変わった。この晩に眠ることができたのは、物事に動じないケーニッヒ少尉候補生と艦長だけだった。あとの乗組員たちは横になりながら、これからどうなるものかと思案していた。

陸軍の警護兵が朝にまた彼らを呼びにきた。クレッチマー一人だけが車で連れ去られ、乗組員たちはライム・ストリート駅に直行するよう行進させられた。群集はおらず、乗組員が駅までの道のりを通り抜けている間に、早起きの者たちがわずかに彼らに目を向けた程度だった。今回は列車に間に合い、ロンドンまで乗せられていくと、尋問のためケンジントンの第一収容所に送られた。

その頃クレッチマーは、陸軍の一部隊が野営していたプレストンの地方サッカー場の控え室に拘留されていた。ここで再び身体検査を受け、初めての入浴を許された。清潔なシーツときちんとした寝台が自由に使えたので、一二時間近くも眠った。翌日、揺り起こされると、温かいココアをいくらか与えられ、陸軍士官二人と共に駅まで車で送られた。ロンドン行き列車では三人のために特別な個室が指定されていた。移動はすぐに終わった。二人の護送士官は茶とサンドイッチを携えてきており、それを捕虜と分け合った。三人で英国と欧州の歴史について話すと、クレッチマーは護送士官より英古代史に通じていることが分かって愉快になった。

　ロンドンから、格付けのため今度はケンジントンに送られ、そこで担当尋問官に出会った――海軍情報部の士官で、クレッチマーは直ぐにこの士官に「ベルンハルト」というあだ名を付けた。神秘的なところがオランダ皇太子に似ていたからだ。翌週は毎日が尋問に費やされ、その後、コックフォスターズの通過部隊中央宿営地に移されると、最終的に収監されることになる捕虜収容所への移動の命令を待つことになった。

　四月三日、「ベルンハルト」がクレッチマーを呼びに来て、車でロンドンに移動するから三〇分以内に支度するように言った。


　クレッチマーを捕虜にし、U99を撃沈したことが確認されて以来、クリーシー大佐はある思案をしていた。もしその「エース」に直接会って話をすれば、デーニッツがどのように作戦を立案するのか、そのヒントを与えてくれる何かが出てくるかもしれない。しかしながら大佐は、もしクレッチマーを海軍省に連れて行けば、政治的にやっかいなことになりかねないと思った。他の選択肢としては、バッキンガム・ゲートの公園向かいにあるアパートの自室で密会することが上げられた。政治志向や志気の高さをみる形式的な尋問が終わるの待って、クレッチマーをロンドンに連れてくるよう指示した。

　四月三日の昼食時、クリーシーは自分のアパートまで車で来ると、妻に対し、午後になったらここに捕虜のUボート艦長を連れてくると説明した。元艦長と面会するのは自分だけのつもりで、その方がその捕虜も自由に話してくれるだろうと言った。夫人は、面会の間は部屋に護衛を少なくとも一人残すように懇願し、若いUボート艦長がこれを好機に夫の頭を殴って窓から逃走することは十分ありうることだと直言した。クリーシー大佐が恐怖心を静めてやると、面会中は見えないように寝室でじっとしていることで夫人も同意した。その一時間後に昼食を終え、訪問者受け入れ準備をした。

その頃、茶と緑の迷彩を施した車がトラファルガー広場を横切り、海軍省アーチを通り抜け、セント・ジョーンズ公園の大樹陰路を下っていた。その後部座席にはクレッチマーが座っており、「ベルンハルト」の哀れな話の顚末を黙って聞いてやっていた。四八時間休暇をアルコール漬けで過ごしたために、婚約者との関係がこじれているというのだ。

車がアパートの敷地外で止まり、クレッチマーが二階まで連れていかれると、召使がドア越しに出てきて居間に案内された。クリーシー大佐が歩み出て、他の誰よりも心の平静をかき乱してきたはずの敵を歓迎すべく手を差し伸べた。それは不思議なほど威厳のある会合だった。クリーシーが自己紹介を行なうと、クレッチマーは素早く直立不動の姿勢を取って敬礼した。それから大佐が「ベルンハルト」に向いて言った。

「隣の部屋にいるわたしの妻のところにいって、わたしが呼ぶまで待っていてくれんか。クレッチマー艦長と二人きりで話がしたいんだ」

驚いたような表情を見せながら「ベルンハルト」が部屋を出ていくと、クリーシーはクレッチマーに腰掛けるようにうなずき、二つのグラスにポルトガル産の甘ロワインを注いだ。二人はグラスをかかげて乾杯し、クレッチマーは葉巻を勧められた。

「君は葉巻だけを嗜むと理解しているが、これでよろしいかな」

クリーシーが微笑みながら言った。

クレッチマーは訝しげに一本取った。これは自分から情報を引き出すための罠か何かに違いなく、国際法の下で正当に要求される情報以外は一切話さぬようにしようと心に決めた。しかし、親しみのこもった質問をされ、船乗りどうしの接し方をされて気が緩み始めた。最初、クリーシーは情報をすすんで与えた。クレッチマーが初めて大西洋に出撃した時に経験した激しい爆雷攻撃は、新造のコルベット艦によるもので、英海軍に初めて就役した一隻だったと教えてやった。また、コルベット艦の目的を説明し、その戦術を論じた。クレッチマーはくつろぎ、自由に議論した。クリーシーは駆逐艦士官として、Uボートがあらん限りの最悪の天候下でも海上に留まり、攻撃すら行なおうとすることにいつも驚いていたと説明した。

「君たちはどうやってあんなことをやっているのかね？」

大佐が尋ねた。クレッチマーは艦橋見張員用の革紐と鎖のことや、上甲板の水を艦内に入れずに排水する特殊なハッチの格子のことを話してやった。クリーシーがうなずく。

「そうか、駆逐艦はひどいよ。でも君が経験してきたような天候の中でも浮上していなきゃならないなんて嫌だろうな。なにしろこっちの連中ときたら、そんな天気のときは潜航しているのが好きなもんでね。ところで、どうやってうまい具合に濡れずにいたのかね？」

何かしらクレッチマーは罠を疑い、「ミッキーマウス」オーバーオールのことはこのホスト役に話さなかった。それは、最悪の嵐の中でもUボート乗組員をずぶ濡れから守ってくれるものだ。それから別の質問がきた。

「プリーンについて。彼の乗組員のうちで救助された者がいるかどうか知ってるかな」

「すみません、大佐。プリーンがどうなったかは全く存じません」

「うーん、君が捕まる五日ほど前に我々が彼を沈めたことを君は知っているはずなんだが。彼は駆逐艦ウォルヴェリンの爆雷攻撃をひどく受けた（訳注：本書ローヴァー教授の序説参照）。ところで、攻撃の終盤に爆雷が爆発すると、明るいオレンジ色の閃光が海面一体に広がったんだが、なんでそうなったか分からんか――潜水艦の中で何か起きたのかな」

「すみませんが、大佐、そのような閃光のことは今まで聞いたこともありませんし、プリーンについてのお話は私にとっては初耳です」

クレッチマーは今や守りに入った。プリーンの死についてはすでに知っていたが、認めるつもりはさらさらなかった。クリーシーが客人の疑念に気付いて微笑んだ。

「艦長、わたしは一つ君に断言できる。わたしは君が思っている以上に君の作戦行動に通じているんだ。君の戦闘日誌に書いてあるのと同じくらい正確に、哨戒一つ一つについてわたしが説明可能だということが君には分かっているのかな」

とっさにクレッチマーは、とても信じられないといった眼差しを大佐に投げた。

「そんなことは信用できません、大佐」

「よかろう、では君がロリアンに到着した時から始めるとするか。それから、君たちの制服がキールから届けられるまでの間、捕獲した英軍の軍服を使おうと君が決めたことについても」

　クリーシーはそれから、異常なほど正確に哨戒ごとの描写をしてやった。

　クレッチマーは、自分を叩きのめした話の衝撃の大きさに愕然として椅子に背を持たせた。そして、ロリアンのどれだけのフランス人がこれほど奥深い情報をロンドンに送ることができるのだろうかとショックを感じ、この諜報活動が意味するところにぞっとした。英海軍省はUボート部隊の作戦計画について一体どれだけのことを知っているのだろうか？　クリーシーがドイツ側の個人名を話の中で使いこなしたのにはさらに驚いた。あたかも生まれてこのかたずっと知っているかのようにプリーン、デーニッツ、レーダー、シェプケに言い及んだ。クレッチマーが知る限り、敵方英海軍の誰かの名を知っている者はUボート司令部には誰一人としていない。残念ながらこれは怠慢だと速断した。なぜなら、個人の綿密な記録を得るほどに英海軍はこの戦争を推し進めており、ドイツ側にはそれが完全に欠落しているからだ。クリーシーがシェプケの最期に言及すると、クレッチマーはまたも動揺した。

「シェプケは哀れだった！」

　クリーシーが言った。

「あれには皆が申し訳なく思っているよ。大胆不敵な艦長にしてはひどい死にざまだった。シェプケを沈めたのは良かったが、彼には違う死に方をして欲しかったと皆思っている。それは信じてほしい」

　共に訓練を受け、共に戦った戦友たちについての詳しい話にクレッチマーはますます驚きを強めながらも、この、ドイツの政治宣伝が描こうと仕向けたものとは正反対の、超然としていながらも友好的な、たとえ敗者であろうとも礼を尽くすべき誉れ高い敵として自分を扱ってくれる英海軍士官に心ひかれていった。しかし、冷徹な指揮官は依然として健在だった。親密になり過ぎるのは禁物だ。

クリーシーが話題をデーニッツに変え、提督の性格を論じたほか、生産要求案を通すのにわずかながらの影響力に頼らざるを得ない提督の窮境に同情した。これは罠だった。何よりもクリーシーが知りたかったのは潜水艦隊司令長官の性格だった。クレッチマーは無意識にもその罠にはまった――完全にではないにしろ。

デーニッツをめぐる話が深まるにつれ、クリーシーにはデーニッツについて何か知りたいことがあるのではないかとクレッチマーは思い、当たり障りのない返答を行なった。しかしクリーシーには満足だった。知りたいことの全てを知ったわけではなかったが、相手のことが以前より分かったように感じられたからだ。加えて、クレッチマー自身の性格と人格というものが、Uボートを指揮する人間のタイプについてのヒントを与えてくれた。それはすなわち、護衛グループが戦わなければならない相手の性格の強さや教育内容といったものだ。クリーシーにとってこのことは、Uボートに関してクレッチマーがうっかり口を滑らせたかもしれない純粋に技術的な特定詳細部分よりもはるかに大きな価値があった。

大佐はまた話題を変え、駆逐艦の士官として参加したノルウェー作戦の写真を取り出した。二人が海の戦いについて数分間話し合っていると、隣室で何かが動いたような物音がクリーシーの耳に入った。後に知ったところでは、クレッチマーの脱走の前触れとなる乱闘音を待ち受けていた夫人がますます不安を募らせてしまったということだった。独笑みを浮かべ、クリーシーは飲み物をさらに二つ注いだ。このドイツ人からまだ情報を引き出せるかどうか、思いつくまま質問をいくつかしてみることにした。

「哨戒ごとに爆雷攻撃を受けたと思うが、それはどうだった？　こちらの攻撃はうまくいってたかな？　爆雷が近くで爆発したことは？」

クレッチマーは、危うく木端微塵にされそうになったこともある攻撃を思い出して、たじろかんばかりに、おずおずと答えた。

「そうでもありませんでしたよ、大佐。爆発音があまりに恐ろしいために近いように思いがちでしたが、経験を積むにしたがって、ほとんどの攻撃が目標から大きくはずれているということが分かるようになりました」

そう言って、クレーシーの鋭い視線を無邪気に見返した。

クリーシーは四時に面談を終え、寝室で夫人から茶をもてなされていた「ベルンハルト」を呼ぶと、三人で海軍省まで車で行くと伝えた。それから夫人を再度安心させたが、夫人は今や亭主の身を案ずるよりも、大西洋の荒海からやって来た「卑劣な悪党」を自身の目で見ようと興味津々になっていた。それから、三人はコックフォスターズへと戻っていった。

バッキンガム宮殿に近づいた頃、クリーシーが最近の空襲によって受けた損害を指し示した。クレッチマーは、爆弾が間一髪で宮殿をそれたという事実に純粋な衝撃を受けた。非軍事目標にもう少しで命中していたかもしれないことがひどく不満だったのだ。また、セント・ジェームズ公園の散歩道を歩いている市民が、ガスマスクを携えていることに気付いて奇妙に思った。というのも、ドイツでは誰一人としてそんな装備を持ち歩いていないし、ガスマスクを見たことがある者もわずかしかいなかったからだ。クリーシーが窓越しにセント・

ジェームズ公園をクレッチマーに見せ、この時季は木々花々が春の兆しを最初に現わすので、毎朝海軍省まで歩くのが楽しいのだと説明した。海軍省の外で車が止まり、クリーシーが降りた。大佐のもてなしにクレッチマーが謝意を表すると二人は握手した。そして車はクリーシーを後にした。

行き交う車を縫うようにして北ロンドンに向かうと、「ベルンハルト」が言った。

「こんな扱いを受けた捕虜は、知っている限り君が初めてだぞ。クリーシー大佐は君がさぞ重要な人物だと思ったんだろうなあ。たぶん、君の馬蹄にもまだ運がいくらか残ってるってところだな」

クレッチマーがかるく微笑んだ。

「たぶんな。対英進攻作戦が始まればじきに分かろうというものさ……」

14　収容所での戦い

　コックフォスターズの荘園内には改装された邸宅の一群があり、捕虜の士官たちは本館側に、それ以外の階級者は本館とは離れた場所に収容されていた。クレッチマーは、ベッド、戸棚、机を備えた二階の小さな寝室を割り当てられた。今まで着用していた衣服は持ち去られ、その代わりに、カーキ色の襟無しシャツ一着、パンツ二着、歯ブラシ一本、カミソリ一本、ガスマスク一式を与えられた。また、すぐにシャツのすそを利用して自分で襟を作った。

　第一週目に警備役でやってきた陸軍士官たちは、部下何人かと近くの競技場でサッカーをすることにしたが、士官側に三人の不足が出た。そこでクレッチマーと二人のドイツ人士官がこれに加わるように招かれた。これはリバプールに上陸して以来の本格的運動となったが、少しばかり試合に気合を入れすぎた。一人の英軍軍曹に激しくぶつかると、この軍曹は倒れ、怒ってクレッチマーを睨みつけた。残りの試合中は、自分が捕虜であることや、相手の一人が自分の目付け役であることを思い出しながら、より慎重にプレーした。

　数日後、馬小屋を改造した建物に収容されている自分の部下たちが辛い日々を送っていることに気が付いた。彼らの寝具は汚れ、食事も粗末だった。このことで不満を訴えると、いつか全員が銃殺されるのだからそんなことは問題ではないと言われたという。クレッチマーは、部下たちのこうした訴えが本当であるとすると、それはロリアンやUボートの戦術一般に関する情報の提供を部下に強要することを目的とした作戦の一環だろうと推測した。そこで部下に言伝して、英側は脅しているだけであり、どんなことがあっても姓名、階級、所属部隊以外は漏らしてはならないと言った。

捕虜になってから二週間後のある朝、海軍尋問官「ベルンハルト」がクレッチマーを衛兵室での茶会に誘った。二人が隅の席に陣取ると、「ベルンハルト」が海軍省からコックフォスターズに送られてきた一通の細長い紙を手渡した。それは、クレッチマーが三月一日付けで少佐に昇進したことを告げていた。クレッチマーの昇進の知らせは――それによるとプリーンも死後に同階級へ昇進した――ドイツ側ラジオによって発表されたものであり、それを傍受した海軍省がわざわざ公式に伝えたものであった。茶会の間、クレッチマーは他の英士官数人とも会い、その結果として招待を何件か受け、ほとんど一日置きに夕食前のワインを飲むことになった。

第三週目、クレッチマーとその部下たちはさらなる尋問を受けるため、ケンジントン・ガーデンの第一収容所に連れ戻された。これは主に政治傾向に関するものであり、この戦争に対する各人の考えを引き出すことを狙いとしていた。クレッチマーは、自分はUボート艦長であって高度の戦略に通じているわけではないが、個人的見解ではドイツは東方へ進軍すべきであった旨を述べた。しかしながら、西部が戦場になったからにはドイツが勝利するのは必然だとも言った。ギリシャでの戦争がすでに始まっていたので、尋問官たちはドイツ・イタリア軍がなぜ勝利を確信しているのかについてのクレッチマーの評価に関心があった。彼らは、ドイツ軍部隊が巻き込まれたことでドイツの終焉が運命付けられたとほのめかした。

「我々は六週間で勝利する」

クレッチマーはそっけなく言った。事実、ギリシャ戦争はドイツ軍が進攻してから七週間後に終了した。

自分自身あるいは部下たちがナチ党員かどうかという質問には否と答えた。信じてもらえるとは思っていなかったが、驚いたことに尋問官たちはすでにそのことを知っていた。彼らはさらに、クレッチマーが一六歳で学校を卒業して以来の活動リストを読んで聞かせて驚かせた。こんなに詳しい情報をどうやって入手したのか遂に分からなかったが、ドイツがどれだけ英側艦長について知っているか改めて疑わしく思えた。

ここに三日間いると、私物をまとめて最終的な捕虜収容所に移動するための支度をするよう言われた。翌日、ペーターゼン兵曹長とともに水兵たちはマンチェスター近郊ベリー所在の「他階級」用収容所に移動させられた。四八時間後、クレッチマーとその士官たちは――「客人」のヘッセルバートも含めて――イーストン駅まで連れて行かれ、そこからイングランド北部まで護送されることになった。列車を待つ間、クレッチマーのガスマスクや洗濯物の詰まったダンボール箱が落ち、その口がぱっと開くと、わずかな持ち物がプラットフォーム上に散らばってしまった。すると、護送していた陸軍の輸送部隊士官がかがんでそれらを全て片つけ、箱の周囲の紐を締めなおしてくれた。クレッチマーは、捕虜が監視役に望むべくもないような好意を受けたことに驚くと同時に嬉しく感じた。

列車がレイク・ウィンダーメアに到着すると、そこでトラックに詰め込まれ、湖を見渡す山腹のひなびた大邸宅に連れて行かれた。着いた先はグライズデイル・ホールで、正式には第一捕虜収容所として知られていた。ここでクレッチマーは、一〇〇人の海空軍捕虜を今後一年間統率するドイツ側首席士官になった。

その間、クレッチマーはデーニッツ提督に事情を報告していた。デーニッツは戦争勃発時、Uボートの士官が捕虜になった場合に使用すべき暗号を取り決めていた。提督は、捕虜であっても身内に手紙を書くことは許されるだろうと推測し、彼らからの手紙を親類が司令部に転送するよう事前に調整していた。

クレッチマーは母親に数回手紙を出したが、これらは全て検査のためデーニッツのところに送られた。暗号はこのようにして機能した。最初の手紙には、クレッチマーがロリアンにいた頃にレンプ主催のパーティーに出席し、それにはシェプケも同席したと書いてあり、他に十数人の士官の氏名が書き連ねてあったが、これらの名は架空のものだった。また、数字の暗号が、駆逐艦ウォーカー及びヴァノックの名をつづっていた。自分の健康に関する情報の中には、コックフォスターズという地名とクリーシー大佐との面談の要旨が隠されていた。

他の何通もの手紙が、機関長の喪失や部下についての情報を運んだ。英陸軍省の検閲にあったものの、これらの手紙は全てその目的地に着いた。解読が終わると、その暗号は、レンプの追尾を受けていた船団への攻撃最中にU99が撃沈されたことを示していた。

到着後、クレッチマーは、収容所長のジェームズ・レイノルズ・ヴェェイチ近衛歩兵第一連隊少佐（現中佐）のところに呼ばれ、クレッチマーがドイツ側の首席士官として、国際法によって規定された範囲内で捕虜の活動を統率する任を負うことになると告げられた。ヴェイチは、自分の主要任務は脱走を防止し、蛮行を許さず、収容所を公平適切に管理することだと言明した。また、捕虜たちには品行方正なふるまいを望み、そうすればその見返りに収容所当局から適切な扱いを受けることになるとも述べた。一〇〇人の士官は二階の共同寝室に収容され、一方、一階は共用室、食堂、厨房に改装されているところだった。土地の大部分は鉄条網によって分断され、建物周囲に約五〇メートル幅の細長い土地が運動用に確保されていた。

ヴェイチは所長に最近就任したばかりで、脱走を防止するため、保安措置の点検に毎日余念がなく、鉄条網の柵がさらに注文された。また、花崗岩のブロックからなる土台が岩肌の山腹に据え付けられていることから、トンネル堀りは望みのない無駄な遊びに思えた。しかしある日、ヤギが鉄条網を通り抜けて収容所敷地内に入り込んでいるのを見て愕然とした。

動物が入れるのなら、捕虜が出られるはずだ。そこでヴェイチが点検班を組むと、まだ捕虜たちが気付いていない穴が鉄条網に開いているのを見つけた。数トンの鉄条網がさらに注文され、新たな障壁が第一障壁の外側にしつらえた。ヴェイチは、今や捕虜たちが完全に収監されたものと確信した。実際のところ、それが正しかったのは一〇月初旬までのことであり、この月、クレッチマーは初めての脱走を組織化したのだった。

一九四〇年八月、ラームロー中佐（訳注：原文どおり。正しくは大尉）が指揮するU570は北大西洋上において、J・H・トンプソン少佐が操縦する沿岸司令部のハドソン機に降伏した。

このUボートは潜航途中で爆撃を受け、降伏の合図として白地の海図（訳注：ベッドシーツを白旗にしたとの別記録もあり）を潜望鏡からなびかせながら海面に再浮上した。ハドソン機の燃料が少なくなっていたので、トンプソン少佐は救援機と水上艦に後を継ぐよう無線で要請し、航空機に屈した史上初のUボートの降伏を受け入れるよう連絡した。すぐにもう一機がトンプソンを引き継ぎ、一二時間後には駆逐艦が到着してこのUボートを預かった。その中の一隻が突入班を送り込もうとしたが、海があまりに荒れていたためボートを下ろすことができなかった。その代わりラームローに対し、ゴム製の搭載ボートに乗って駆逐艦に来るよう命じた。ラームローはこの難題をうまくやってのけたが、そうすることで先任に指揮を任せて離艦してしまった。

グライズデイル・ホールにいるクレッチマーなどの海軍士官は、この驚愕すべき事件のことを英国の新聞を通じて知り、その記事内容によって、U570が無傷で捕獲された今次大戦初のUボートだということが裏付けられた。この記事は収容所全体を愕然とさせ、事件を解明するため、空軍士官たちがクレッチマーを招き、自分だったら同様な状況下でどうするかと捕虜仲間たちに自説を説いてもらうことにした。クレッチマーは言った。

「私には疑問の余地がない。空襲があっても潜航を継続し、一二時間足らず退避してから、アズディック装置を備えている水上艦がそこにいなければ脱出できたと見なす。もし爆撃による被害が甚大ならば、浮上して最後まで敵機と戦う。私の対空要員は非常に優秀であり、一方、敵機は正確に爆撃するために低空飛行をしなければならないので、撃墜する機会は多いと思う。いずれにせよ、もっとはっきりしたことを言う前にラームローに会わねばならない」

九月になると、U570の先任、次席、機関長がグライズデイル・ホールに到着したが、彼らの洋上での行動に関する問題が解決するまで、怒った捕虜たちは三人を歓迎することを拒否した。クレッチマーは、取るべき行動を検討するため、他の上級士官たちとの会合を招集した。ジュネーブ協定では、捕虜が他の捕虜に対して軍法会議や査問法廷を開催することは許されていなかった。クレッチマーは名誉審議会を秘密裏に設置することでこの規定への抵触を避け、U570の艦長及び士官が敵前の臆病行為で有罪となるか否かは、この審議会がはっきりさせることになった。これにはヘッセルバート大尉と二人のUボート士官が出席した。開会は秘密裏に行なわれ、衛兵の前ではこのことを話さないように捕虜全員が戒められた。質問することになった内容は——

一　ラームローとその士官たちは臆病行為をなしたか

二　ラームローがボートで駆逐艦へ向かい、それによって指揮を放棄したのは誤りであったか

三　なぜ、U570は捕獲をさけるための自沈をなし得なかったのか。

最初に審議会の前に現われたのは、次席と機関長だった。彼らは部下として命令に従ったまでだったことが直ちに立証され、審議会の判断では、この二人の士官は降伏に強硬に反対することによって、より積極的に行動できたはずだが、臆病行為による有罪には当たらないとされた。その晩、クレッチマーは収容者全員を共用室に招集して審議会の裁定を正式に発表し、二人の士官はもはや無視されることなく収容所社会の一員として受け入れられ、階級

に応じた扱いを受けることになる旨知らせた。次にそれぞれと握手し、両人を正式にグライズデイル・ホールへ招き入れた。

翌朝、審議会は先任の件を検討すべく開会された。この件は他とは分離されたが、その前提となったのが、先任は上級幹部士官として降伏に抵抗できるのみならず、必要とあらばラームローを拘禁して指揮権を掌握できる立場にあるという考えだった――Uボートを救うことができたはずだと先任が考えるのなら当然の行為である。第二に、ラームローが英駆逐艦に乗艦しようとして艦を離れた時は、指揮権は自動的に先任の手中にあり、同人が自沈行動をなすべきだった。いずれにせよ、Uボートを絶対に敵の手中に落とさないようにするのが先任の義務だ。

審議会が審問を開始し、敵機発見から最初の爆撃までの間のことや、敵機の高度と爆撃の正確さなど、攻撃の詳細に関する質問を行なった。先任には、自己弁護のためあらゆる弁明をなす機会が与えられると告げられ、審問は先任を罠に入れるためではなく、困難な状況から抜け出るための手助けを目的としている旨保証された。審問は次のように進んだ。

「貴官は、Uボートが敵の手に落ちることを禁じる海軍戦闘指令の内容を理解していたか」

「はい」

「艦長の降伏を撤回して、この指令を実施しようと何らかの行動を取らなかったのはなぜか」

「私が最初に考えたのは部下の生命のことでした。あの最中の私にとって、部下の安全は艦の捕獲よりも第一に重要なことに思えました」

「艦が捕獲されることによって秘密が敵に暴露され、それが将来的に、数百人もの水兵を死に至らしめる恐れがあることを理解していなかったのか」

「今は理解しています。でも、あの時は部下のことで頭が一杯だったのです」

「だが、我々の装備や武器について敵が完全に知るところとなれば、Uボート部隊の攻撃力全体を弱める機会を敵が得ることぐらいは分かっていたはずだ」

「はい」

「それでは、貴官が、貴官自身やその部下の生命に、今なお航海を続けている乗組員多数の生命以上の価値を置いたのは正しいことだと考えるか。それが公平なことだと考えるか」

「はい」

審議会メンバーたちは驚きのあまり息をのまざるを得なかった。質問は明解になされたので、通常の人間であればどんな返答を求められているか正確に分かったはずだ。にもかかわらずこの士官は、自らの行動の結末を考えることもせずに、自分の身を救おうとした艦長と自分自身が正しいと主張しているのだ。審議会のさらなる質問も先任の翻意を促すことはできず、その晩の収容所での会合において、クレッチマーは名誉審議会の判定と自身の判断を発表した。先任は臆病行為により有罪であり、ドイツが英国を占領した暁には正式な軍法会議のため占領軍当局に引き渡されることになった（原注：グライズデイル・ホールの捕虜たちは当時、英国進攻が迫っており、それが成功するものと信じていた。クレッチマーは、先任が銃殺されるだろうと確信していた）。

また、先任は収容所でのいかなる活動への参加も認められないことになった。この宣言は事実上、先任を収容所社会から孤立化させるものであった。先任の同期生である二人の海軍士官が、クレッチマーによって世話役となるよう命じられた。

捕虜となったのみならず、同胞からも仲間外れにされたことによる重圧は先任にとって余りあった。数日後、一人の世話役がクレッチマーのもとを訪れ、今は先任も臆病者のようにふるまったことを理解しており、自決することでその埋め合わせをさせて欲しいと願っていると報告した。クレッチマーは、そんな愚かな提案は自分自身をより一層卑怯者にするだけだと言って返答した。この件は、もし各種新聞の報道がなければここで終わっていただろう。しかし、それらに掲載された記事によれば、U570がバロー・イン・ファーニスに曳航されてきており、そこの狭い水路のブイに係留されているという。

この情報が、おしゃべりな衛兵によって裏づけられ、その後にクレッチマーにもたらされると、彼は直ちに自分の部屋に上級士官たちを集め、U570を破壊すると同時に先任に名誉挽回の機会を与える一石二鳥の計画について告げた。先任には、バローに到達してそのUボートに乗り込み、それを自沈させる任務を負って脱走するよう伝えられることになっていた。もしこの計画に先任が同意すれば、最終的な軍法会議においてこの任務が考慮に入れられるよう名誉審議会が取り計らうことにした。

先任が直ちに同意し、計画は実行に移されることになった。十分な情報が、新聞、雑誌、書籍や捕虜の記憶から驚くほどの短期間に抜き出されたおかげで、クレッチマーは港の水路図を作成することができ、U570が係留されている可能性が最も高い場所を特定することができた。別の士官委員会は地図を作成し、原野や道や鉄道を切り抜けながらグライズデイル・

ホールからバローへと通じる三つの大まかな推定経路を示した。

仕立て屋部門は民間人の衣服を作り出し、偽造された書類には、休暇中のオランダ人漁師が持ち主である旨記載されていた。この部門はほかにも、金銭と引き換えに衛兵に入手させた非常用食糧配給券や身分証明書も提供した。誰何された際に使われることになっていた「作り話」は、休暇でロンドンに来ていたが持ち金を使い果たしてしまったため、船に間に合うようにクライドまでヒッチハイクで戻ろうとしている、というものだった。

準備を完了して機をうかがった。一〇月のある日の午後遅く、収容所全体が、二つの歩哨詰め所の間にある外柵付近で合唱会を行なった。両方の衛兵が、覆いをかけられた小屋の欄干から身を乗り出して見物している傍ら、彼らの視界外では、一方の塔の真下で捕虜二人が鉄条網に穴を開け、たるんだ端を柵の支柱に結びつけていた。合唱会は日暮れに終わり、捕虜は自分の仮屋に戻った。午後一〇時、先任が本館二階の窓から降ろされ、一気に柵までの地を駆けて穴をくぐり抜け、周囲の森の中へと逃亡した。二時間後、いつものように衛兵が寝床に着いている捕虜たちの数を点検した。なにかしら問題ありと思ったらしく、捕虜全員の寝具をひっくり返した。じきに、枕二つにオーバーコートを着せてボタンを掛けただけのおとりが置かれたベッドを見つけた。

不安が高まった。その夜は全収容所が寝付かずに、先任が捕まって戻されてくるのを緊張しながら待ち受けていた。だが、何も起こらなかった。朝になると、捕虜たちはいささか興奮しながら、先任が急いで移動すれば、たとえ徒歩でも収容所からかなり遠くへ行けるに違いないと推測した。しかし、午後になって遠くにかすかな発砲音を聞くと、落胆しつつ、先任が見つかったに違いないと悟った。約一時間後、クレッチマーがヴェイチ少佐のところへ呼ばれ、先任が死んだと無愛想に告げられた。先任は、近くの丘の斜面で石造りの羊小屋に隠れているところを国防市民軍に発見された。先任が隊員に作り話を話すと、それを信じてもらえそうになったが、念のため身分確認をしようと収容所に連れ戻されることになった。その際、もし話が本当なら、船に時間的余裕を持って間に合うよう、クライドに送り届けると確約された。

先任は、グライズデイル・ホール収容所に戻ればすぐに身分が割れてしまうことが分かっていたので、途中でトラックから飛び降りて逃走した。国防市民軍の隊員が、止まらなければ撃つと三度叫んだ。その警告を無視して深い雑木林の中へ消えようとした時、隊員が発砲し、一発が背中に命中した。もだえ苦しむ先任のところに行くとまだ息があったので、そばの農家に運び、農婦が傷を洗う傍ら、国防市民軍の隊員一人が医者を呼びに行った。先任は医者が到着する前に死んだ。

ヴェイチは無表情のクレッチマーに、これほど勇敢な脱走の試みが人の死で終わったことをどれだけ残念に思っているか述べた。収容所の情報士官であるC・H・スレー大尉は、死んだ男の衣服に隠されていたある文書――イングランド北部の地図と海図らしきもの――の意味について、クレッチマーに分かるかどうか尋ねた。大尉はまた、それらがどのように供給されたかについても知りたがった。クレッチマーは頭を振って途方に暮れたふりをした。スレーは険しい顔をして、死んだ男ではない他の者がこの脱走を計画したことは分かっているのだとほのめかしながら、これらの文書をどうやって獲得したのか怒気をこめて聞きただした。協力もなしに、これほど優れた身分証明書を一人で作ることなどできるものかと。クレッチマーはうなずいて同意を表明したが、脱走については全く承知していなかったと述べた。スレーは、死んだ男と捕虜たちの間柄がどこかおかしかったのを知っていたと述べ、それを徹底的に調べるつもりだとほのめかした。クレッチマーはこれを無視し、死んだ男が正式な軍葬で埋葬されるよう求めた。ヴェイチはこれに同意し、三日後、勲章を付けて正装した一二人のドイツ人上級士官たちが、アンブレサイド村近くまで連れて行かれた。そこには英海軍戦闘旗に包まれた棺が、新たに掘られた墓穴の脇に置かれていた。英軍の儀仗兵が弔銃斉射を三回すると、棺が地中にゆっくりと降ろされた——儀式全体がジュネーブ協定に厳正に則ったものであった。

クレッチマーはすでに、墓の傍らで述べる弔辞の許可を得ていた。ヴェイチがクレッチマーのところに行ってみると、ひどく緊張している様子で、頭を振っていた。しかし、クレッチマーは収容所への帰路途中、先任の臆病行為に対する告発を一掃し、今やふさわしい名誉を回復すべきだと宣言した。その三時間後、ラームロー大尉が収容所に到着した。

15　ボーマンヴィル

先任が埋葬されてからすぐにラームローが到着したことは、収容所全体にとって衝撃だった。クレッチマーにとってラームローは、ロリアンで漠然と知っていた程度であり、ラームローはそこでは好かれていなかったので、グライズデイル・ホールに愛着を見出すようなことはありそうになかった。

寝台を割り当てられてからすぐにクレッチマーのところに連れて行かれたラームローは、熱狂的に手を差し伸べ、自分たちのような「エース」二人が再合流して大変良かったと述べた（訳注：ラームローはU570の前にU58の艦長も務めているが、いずれの任期中も戦果を上げていない）。クレッチマーはラームローの手を無視し、つい今しがた先任の埋葬から帰ったばかりだと冷たく告げ、先任が撃たれるに至った事の経緯を説明した。ラームローが釈明しようとしたが、クレッチマーは話をさえぎり、先任や次席などが聴取されたのと同様な名誉審議会の前で、自らの行動を説明する機会を与えられるはずだと手短に知らせた。

捕虜間の不和に関する噂は当局者の耳まで届いた。スレーはすでに何が起きているか良く知っており、それを聞かされたヴェイチは、第二の死亡事件が起きそうな兆しと、陸軍省からの反響に怯えていた。ヴェイチは、安全のためラームローを営倉に置き、その翌日、カーライル近郊の収容所に移したが、そこならU570の話の一部始終が知られることはありそうになかった。

同日、もう一人のUボート艦長がグライズデイル・ホールに到着した。この艦長のUボートは、北大西洋上でカナダのコルベット艦二隻に拿捕された。その際、そのうちの一隻HMCSムースジョーが、そのUボートへの衝突を試みた。高波と荒海の中で、そのコルベット艦は針路から投げ出され、Uボートと舷と舷をぶつけ合いながら、互いに寄り添って走った。Uボートがムースジョーから跳ね返る前に、その艦長は艦橋からコルベット艦の艦首楼に飛び乗って指揮権を放棄してしまったのだ。幸いにも、Uボートが捕獲される前に先任がどうにかそれを自沈させた。

クレッチマーはその艦長に、U570の一件を取り扱った名誉審議会への出頭を告げた。その士官は、それが適切な措置だと同意し、審議会の裁決に身を任せることにした。当局が事態を嗅ぎつけ、この艦長もまた移動された。午後には姿が消えていた。

ヴェイチから地図と海図を受け取っていた海軍省は、収容所に情報調査官を送ってきた。英海軍義勇予備役大尉であるこの士官は何も発見できなかったが、ロンドンの海軍省情報部はこの件のさらなる調査に基づき、U570の士官が脱走した際、同潜水艦がバローにあったという事実に関連付けて考えた。両方の書類を検査した結果、地図はバロー近郊地域への道筋を何本か示しており、海図は港をかなり正確に検分したものであることが分かった。

この情報がヴェイチに送られた時、彼はすでにスレーから名誉審議会のなりゆきについて聞いており、脱走がU570の破壊を目的とした計画の一環だと推測するのにさほど時間はかからなかった。ヴェイチは、名誉審議会は名称がどうであれ実際の軍法会議であり、したがってジュネーブ協定に違反するとの見解を取った。ヴェイチはまた、クレッチマーと審議会委員に対する懲戒措置を取ることになる陸軍省に対して詳細な報告を送付したが、何らかの理由により、ロンドンの当局はこの件をこれ以上追究しないことにした。

しかし、ヴェイチはクレッチマーを自分の事務室に呼び、そっけなくこう言った。死んだ士官は戦争行為に等しい任務を帯びて脱走したので、その点においてこれは意図的破壊工作と考えられるため、ドイツ側首席士官としてのクレッチマーには責任があり、英国軍法による処置を受けることも考え得る。今回は処罰措置は取られないことになったが、同様なことが起きれば間違いなく処罰されるだろう。

U570事件のすぐ後、ヴェイチ少佐はクレッチマーを呼びにやり、収容所建造物及び敷地の緊急検査と臨時点呼のため、捕虜全員が直ちに宿舎に監禁されることになるとの命令を発した。これは二時間以上かかり、終了した時にクレッチマーがスレーに理由を尋ねた。捕虜だと言い張る二人の航空兵が、ハル近くで英空軍部隊によって拘束されていることを知ったのはこの時だった。空軍は、この二人が申し分ない英語とドイツ語を話し、ハリケーン戦闘機で付近に不時着したと電話で伝えてきた。彼らは軍務を放棄した英空軍の逃亡兵ではないかとも疑われたが、当人らはカーライル付近の捕虜収容所から来たと主張した。この収容所は、脱走も行方不明捕虜もなしと報告していたので、付近の全収容所では慣例的検査が行なわれていたのだった。

一週間近くたってから運動場でクレッチマーと顔を合わせたスレーは、この二人が逃亡兵として空軍の軍法会議にかけられることになると言った。会議直前になってカーライル収容所長が、抜き打ち検査によって捕虜二人が行方不明になっていることが判明したと報告し、この時に真相が明らかになった。

それは、つまりこういうことだった。その二人のドイツ空軍パイロットは、作業用オーバーオールを着用して肩にはしごを担ぎ、陽気に口笛を吹きながら収容所の正門から歩いて出て行った。戦闘機用飛行場に着くと、彼らはハリケーンに乗り込んで離陸し、ドイツに向かった。しかし、イギリス沿岸を越えた頃、エンジンが咳き込み、燃料も不足してきた。残っていたガソリンでは大きく旋回するのがやっとで、ハルの北の草原に着陸した。一人の農夫が彼らに茶を振舞いながら、近くの空軍飛行場に電話連絡すると、迎えに車がよこされた。収容所では二人の不在が大変うまく隠されていたので、彼らが捕虜だと主張し続けたにもかかわらず、英空軍は二人が逃亡兵であることを立証するため、ほとんど国をあげた捜査に乗り出したのだった。軍法会議は撤回され、二人の捕虜は元の収容所に戻されたが、その手には、この事件を愉快に思った英空軍兵からの贈り物をどっさりと抱えていた。

一九四一年一二月二六日のボクシング・デーにヴェイチは、衛兵と捕虜双方の正式な閲兵式を開催した。そこで海軍省からの一通の手紙を読み上げ、クレッチマーが剣付柏葉騎士十字章——当時のドイツが海軍士官に与えた最高位の勲章——を授与されたことを告知した。

一九四二年五月末頃、クレッチマーは、捕虜全員が急遽カナダに移送される旨の公式通知をヴェイチ少佐から受けた。数日かけて、私物や捕虜全員の共有財産である野営器具をまとめ上げた。定期船への乗り込み港クライドに向かって列車に乗った日、陸軍トラックの長い車列が捕虜の荷物をアンブレサイド駅まで運んだ。この移動期間中に何らかの脱走が試みられるであろうことは分かっていたので、ヴェイチは衛兵の数を二倍にし、それぞれのトラックの積荷全てを部下の主任保安士官に検査させた。

ある一台のトラックでは、座り心地のよさそうなひじ掛け椅子が一番上に積み込まれていた。この積荷を担当して同行してきた一兵卒は、一五分間の移動中にこの椅子に座り、駅ではその積み下ろしを手伝った。それからまた休もうとこの椅子に座り、タバコを吸いながら無意識にひじ掛けの一つを手でさすった。すると椅子全体が自分の下でうごめいているのを感じて仰天した。跳び上がると、カバーの下からくしゃみと忍び笑いが続けざまに聞こえたので、一層驚きながらそれを見つめた。今や完全に恐れをなして軍曹を呼ぶと、二人でその椅子を分解した。

なんと、座部の下に脚を引っ張りつつ、フレーム内側に紐で縛られていたのは、一人のドイツ人士官だった。この士官は、僚友から椅子の中に縫い付けてもらって脱走しようとしていたのだ。しかし、ももに沿って無意識に愛撫するような兵卒の手の動きには耐え切れず、自制しようと必死になったにもかかわらず、発作的にクスクスと笑い出してしまい、さらに、馬の毛でできた詰め物の中に頭を突っ込むにまかせると、それが鼻の周りに群がって、くしゃみを発作的に誘発させたのだった。

これについて報告を受けたヴェイチは、その椅子が積み込まれる前に主任保安士官がそれに数分間、実際に座っていたことを知った。

四日後、捕虜になって以来、与えられた食事の中でも最高のものを食べながら、カナダへと向かった。ステーキが毎日の献立にのぼり、多くの捕虜——ほとんどが陸空軍——が船酔いになっていたので、海軍の人間にとっては二人前の食事になった。主たる心配事は、意を決したどこかのUボートに雷撃されることだった。

カナダに到着すると特別列車に乗せられ、オンタリオ湖近くのボーマンヴィル収容所（訳注：同所は正式には「第三〇収容所」と呼ばれていた）までの全道中、さらにステーキが出された。正門を通り抜けると、すでにそこには一七〇人ほどの陸空軍捕虜がいることが分かったが、所詮は鉄条網に囲まれた小屋が長く続いている、荒涼とした感じのする収容所にすぎなかった。北アフリカで捉えられた二人の陸軍将官が理屈では首席士官であった（訳注：確かにこの内の一人は、一九四一年一一月二九日にリビア・トブルク近郊でニュージーランド軍に捉えられた第二一機甲師団長のヨハン・フォン・ラーフェンシュタイン中将であるが、もう一人はアフリカ軍団とは関係のない、ゲオルグ・フリーメル少将である。同少将は、一九四〇年五月一〇日にオランダで捕虜になった際は第二二歩兵師団第六五歩兵連隊長で、後に四一年一月一日付けで大佐から少将に昇進していた）。二人とも収容所には関心を持たず、カナダ人収容所長のブル大佐を頑なに拒みながら、自分の殻にこもって収容所社会から距離を置いて暮らすことの方を好んでいた。

クレッチマーは、ヘーフェレ空軍大佐（訳注：この時点では中佐）が首席士官の任を負っていることを見抜き、数日後、二人はこの役割を分かち合うことで一致した。しかし、収容所を変えたのは新たに到着した者たちの行動力だった。ヘーフェレの全面的協力もあって、クレッチマーの指導下、鉄条網内側の荒廃した地は活気ある開拓地となった。花や野菜が植えられ、運動場が作られた。大きなプールが一角に建設された上、テニスコートが敷設され、収容能力の増加のため宿舎が改造された。さらには家具工場が設置されたほか、体育、スポーツ連盟、収容所演奏会、大学標準教育課程など、日々の日課をこなすべく様々な委員会が設立された。

クレッチマーは海軍の視点から、年少士官たちが捕虜生活の悪影響を被らないよう熟慮していた。少尉候補生は、ドイツ本国で受けるのと同様の航海・操艦術課程を受講させられ、慣例周期で「休暇」を取りながら、学期予定表どおりに学課を修めた。

こうした表向きの活動の裏で、全ての脱走計画を指導する秘密組織が生まれた。この組織の中には、民間人の衣服を供給する仕立て部門や、未参戦の米国へ越境するのに必要な偽造文書やパスポートを供給する偽造部門、さらには、カナダの特定地域の詳細な地図を脱走者に供する地図作成部門があった。この組織を統轄するのがクレッチマーとヘーフェレであり、両人は小委員会とともに長期脱走計画を調整し、この年の暮れには、カナダの収容所からドイツ士官一人を始めて脱走させようと準備を整えていた。

ドイツ系米国人は一九四二年を通じて、カナダにいる捕虜たちへ食料衣料品の小包を絶え間なく贈っており、全ての小包の内側には、送り主の名と住所が記されていた。

若い空軍パイロットのクルーク中尉はこの年の元日、モントリオールと国境を挟んだデトロイトの一住所から、絶えず小包が来ていることに気付いた。中尉の計画は、まずセント・

ローレンス川を越えて米国に入った後にこの住所を尋ね、そこで次の行程段階として考えているメキシコへの脱出手助けを得ようというものだった。

ある朝、作業用オーバーオールを着込んだクルークともう一人の士官は、計測用テープと黄色塗料入りの缶を持ちながら、盗んだカナダ軍軍曹の制服を着用した三人目の士官に付き添われて柵のところまでやって来た。二人の「作業員」が柵の支柱に黄色い輪を次々と塗り始める一方、「付き添い」は退屈そうに傍観していた。塔の監視兵たちはこの作業を遠慮がちに見ており、「作業員」が梯子をワイヤーにかけ、それに登って支柱間の距離を測り始めても何の注意も払わなかった。さらに、クルークとその「仕事仲間」が梯子を肩に掛けながら、「付き添い」と監視兵にさよならと手を振り、あたかも仕事を終えて帰宅するかのように歩き去っても気にとめようともしなかった。

その道を一キロ半ほど行ったところで二人はオーバーオールを脱ぎ捨て、その下に着ていた濃紺のスーツ姿になってから別行動をとった。一人は数時間後に捕まったが、クルークは最寄りの駅まで八キロ歩き、トロント行き列車の切符を買った。そこからモントリオールまでヒッチハイクで行き、「借用」した手漕ぎボートで夜にはセント・ローレンス川を越え、デトロイトに到達した。そこからシカゴ経由でテキサスのサン・アントニオに行き、結局そこでFBIに逮捕され、今度は尋問のためワシントンに連行された。米国は参戦していなかったので、ドイツ大使館がクルーク中尉を解放して空路リスボンへ向かわせ、そこで中尉は飛行機を乗り換えてベルリンへと向かった。ドイツのラジオは中尉を英雄と称賛し、まさに「勇敢かつ大胆」と評された脱走に対して騎士十字章が授与された。六ヵ月後、クルークは東部戦線においてシュトゥーカ急降下爆撃機で飛行中に戦死した（訳注：ペーター・クルーク中尉はサン・アントニオで逮捕された後にボーマンヴィル収容所に戻された。また、今もドイツに健在である。したがって本段落の後半部分は著者の誤認である）。

それからU570事件の新たな話が始まった。ラームローがボーマンヴィルに到着したため、クレッチマーはグライズデイル・ホールで何が起きたかを直ちに上級士官たちに報告し、先任の死やラームローが他の収容所に移送されたことを話した。

委員会はこの報告を聞いた後、同件に関するラームローの見解を聴取するため審議会の開催を決定し、同人が義務を全うしたかどうかを判断することになった。審議会は陸空軍士官が独占し、審議員六人と議長一人から構成されていた。ラームローの前の先任同様、ラームロー自身も行動方針に対する謝罪をしようとはせず、自身の行動は部下生命の不必要な損失を避けようとする十分に正当なものだったと真剣に考えていた。初勝利の興奮の中にいた若きUボート士官たちにとって、そうした試みはほとんど何の意味もなさず、こうした行為の理由を理解できるようになるまでには、あと何年かが必要とされたのだった。

この頃、大西洋を挟んだ英独両政府間では大論争が巻き起こっていた。チャネル諸島への攻撃中に捕虜にしたドイツ兵に対して、英軍コマンド部隊が手錠を使ったのだ。ヒトラーは、そのドイツ兵たちの手錠が解かれない限り、同数の英軍捕虜を鎖につなぐと宣言した。そうした時に今度はディエップ奇襲が起き、一〇〇人の英兵とカナダ兵がドイツ軍の捕虜になり、鎖につながれたままドイツに送り返された。ドイツのラジオは、英国の行動への報復として彼らの捕縛を維持すると発表した。一方、チャーチルは、英軍捕虜が解放されるまで、カナダにいる一〇〇人のドイツ士官に手錠をかけることになる旨を英国下院に通知してこれに返答した。

ある夏の朝、今やヘーフェレよりも収容所指導者として活発に活動していたクレッチマーはブル大佐の事務室へ出頭を命じられ、ボーマンヴィル収容者のうち一〇〇人が手かせをした上で、近くの空き農家に長期収監のため移送されることになると告げられた。所長は、こうした行動を取らなければならないことに遺憾の意を表明したものの、命令には従わなくてはならないと指摘した。クレッチマーの猛烈な抗議に対してブル大佐は、必要とあらば命令遂行のため実力を行使すると返答した。その時クレッチマーは、捕虜に手かせをするなどという国際法違反には同意できなかったので、実力が必要になろうとそっけなく述べた。ブル大佐は険しい面持ちでこう言った。

「君たちの方が始めたことだから、これを終わらせるのもそちら次第ということだ。受けた命令は遂行する。以上だ」

「分かりました。ただし、実力には実力をもって対抗します」

クレッチマーも同様に険しく言い返した。

捕虜と衛兵との友好関係は、一年以上に渡って「ワイヤー越し」に互いに顔を合わせながら築かれてきた。ブル大佐は今、収容所の円滑な運営を可能にした友情関係が壊されつつあることを無念に感じていた。大佐は自分の先任士官たちを呼び、衛兵を収容所内に入れて士官一〇〇人を強制的に連れ出すよう手はずを整えた。一方、クレッチマーは、収容所内にいくつかあるレンガ作りの建物の一つ、大厨房の中に抵抗本部を設営した。約一五〇人の士官、下士官、兵卒が、棒切れや鉄棒を持ちながら内部に立てこもった。別のレンガ小屋では、さらに三軍の士官一〇〇人が衛兵の撃退準備をしながら、長期におよぶ包囲に甘んじる覚悟をしていた。ある土曜日の午後二時、警棒と着剣した小銃とで武装した衛兵の第一波が侵入した。彼らはまず厨房に押しかけ、戸口の踏み台や窓下でつばぜり合いが演じられた。

衛兵が退却し、捕虜たちが第一回戦の勝利を勝ち取った。引き続き今度は別の建物への突入が行なわれたが、衛兵たちはまたも撃退された。孤立した捕虜の集団が二つの主要本部間に位置する木造宿舎内に拠点を築き、第三次攻撃がこれに向けられた。斧でドアが壊され、宿舎内で一時間以上に渡る激闘が繰り広げられた。圧力を軽減しようと、捕虜の主要な二集団が立てこもりをやめて衛兵の両翼に突進すると、衛兵は散り散りになって退散した。それから短時間休戦し、その間に、骨折した者や鼻血にまみれた者、頭が割れた者などを主とする双方の負傷者が安全な場所へと移された。消防ホースによる水幕の背後から、衛兵たちが第四次攻撃を仕掛けた。宿舎窓から中へ狙いをつけた強力な水流がバリケードを脇へ投げ飛ばし、防御側をあらゆる方向へと転げ回した。捕虜たちは依然として頑強に反撃していたが、夕方六時には制圧された。

クレッチマーは一〇〇人の捕虜に手錠をして差し出すことを拒み、夕暮れには双方ともに膠着状態になった。しかし双方の合意によって、捕虜たちは堂々と宿舎から出てきて損傷部分を修理し始めた。ブル大佐は兵を簡単に整列させると、必要とする人質を引きずり出すため、付近の野営地にいる正規部隊の一個大隊を衛兵の増援用に呼びにやると発表した。捕虜たちが宿舎を後にする際、厨房ドアわきに立っていた一人のカナダ軍工兵大尉が、一人一人の顔や頭を鞭打った。捕虜たちは無言だったが、近いうちにこの雪辱を晴らすであろうことは目に見えていた。

翌日は日曜日であり、その正規部隊が月曜日の朝より前に到着することは考えられなかった。しかしクレッチマーは、反感が収まるまで例の工兵大尉を再び収容所へ入れないようにとの勧告を衛兵に伝達した。にもかからず、その一時間後に大尉が収容所正門に姿を現わし、無鉄砲にも、あるいは勇敢にも、ぶらつき始めた。クレッチマーが一つの宿舎付近で二人の士官と話していると、捕虜におおむね好かれている年配の衛兵を伴って大尉が角から現われた。クレッチマーが大尉に飛び掛って地面に倒し、僚友士官の一人は傍らの衛兵が動けないようにそのあごに軽い一打を加えた。クレッチマーは、鞭を使ったことに対する借りを全て返してやろうと大尉を叩きのめしにかかった。彼ら三人のドイツ人は、そのカナダ人を宿舎の一つへと引きずり込んだ。

この争いは、捕虜に手錠をするという問題で始まったので、クレッチマーは大尉の手を布切れで後ろ手に縛ることにした。その結び目は、大尉が解こうとすれば簡単に解けただろう。しかし、大尉がそうする前に、外にとり残されていた年配衛兵が意識を回復し、警報を発しながら走り出ていった。宿舎の中では三人が外に出る準備を行ない、人質を間にはさみながら威厳を装って門まで歩もうとしていた。しかし、彼らが出てくると、塔の一つにいた衛兵が小銃を発砲した。クレッチマーは大尉をうつ伏せにさせ、その脇に身を伏せた。ドイツ人たちはカナダ人をその場に残し、銃弾が周囲に土を巻き上げる中、宿舎まで這い戻った。

一旦宿舎に入って身を守ると、クレッチマーは負傷者がいないか点呼した。すると少尉候補生のケーニッヒが、足を撃たれ肉が裂けたと自慢げに報告した。窓の周囲に集まり、先ほどまでの人質が何をしようとしているか窺うと、ちょうど大尉がよろよろと立ち上がり、門をめざして慌てて走り去っていくのが見えた。

この日はそれ以上の動きはなかったが、翌朝になると、ヘルメットを着用し、着剣した小銃と警棒、ホースを携えた正規軍大隊が到着した。クレッチマーを中心にしながら、防火斧やホッケー用スティック、石で武装した捕虜たちの貧弱な防衛線が正門を横切るかたちで引かれた。皆、鞭打たれた頭にクッションや枕をまとっている。双方ともに全力でぶつかり合い、徐々に一次防衛線が、あらかじめ宿舎内に準備していた位置まで後退した。罠にはまったことに部隊が気付くのはあまりに遅く、彼らが宿舎の間を移動していると、雄叫びを上げた捕虜たちが屋根上に現われ、ぴたりと身を寄せ合った部隊めがけてレンガを思い切り投げつけてきたので、後退せざるを得なかった。数分後、およそ四〇〇人の軍勢が全宿舎に突撃し、ドアをこじ開け、窓から入りこんだ。

もみ合いは午後を通じて続き、双方共に徹底的に殴り合いながら歓声を上げた――カナダ兵は温情深くも銃剣を投げ捨て、防御側と同じ武器を使うことにした。戦いは早朝には終わり、情けない顔をしたカナダ軍歩兵とドイツ人士官が入り混じって整列し、その後、双方の軍医によって応急処置所が設立された。夕暮れ時、一〇〇人のドイツ陸軍士官が手錠をされて農家に行進していくのを、収容所の全員が静かに見守った。数日後、手錠は点呼時のみに――つまり一日約二回――されることになったが、これは衛兵によって始められたものであり、収容所当局もそれを黙認した。一週間もしないうちに全てが元通りになった。実際、どちらの側にも得るものはほとんどなかったが、乱闘騒ぎは衛兵にとっても捕虜にとっても、単調と退屈から週末を救ってくれるものとなった。

たとえ鉄条網の背後にいようとも、俊敏な知性をもって戦争を推進しようと常に新たな方策を求めているクレッチマーは、活力の新たな矛先を見つけた。それまでゆっくりとしていた負傷兵の本国送還が、今まで以上に計画準備されるようになり、毎月のようにドイツ人士官たちが東海岸へ送られ、祖国へと戻されていった。クレッチマーにとって彼らは、ドイツに情報を持ち帰るという比類なき好機をもたらしてくれた。そこでクレッチマーは海軍諜報団を組織し、カナダと米国における主要軍需産業と軍用基地の位置を突き止めることを主な任務とさせた。「新世界」で印刷されているほぼ全紙誌を申請すると、その要請は認可された。

記事や広告を丹念に読むことによって、驚くべき量の重要情報が蓄積できることがすぐに分かったのは彼ら自身にとっても驚きだった。たとえば、ある雑誌は船舶用エンジンを製造している米国会社の全面広告を掲載しており、その会社は、ブルックリンの海軍造船所で建造中の新空母のエンジンには自社製品が使われていると宣伝していた。一週間後、無名の技術系雑誌が米国の船舶建造計画に関する記事を載せ、それによって新空母の名前と、製造会社が宣伝したとおりのエンジンの性能が判明した。さらにその一ヵ月後、送還される一人のドイツ人士官が、その空母名、トン数、艦載機数、速力、完成予定日の情報を携えた――処女航海中の空母を待ち伏せ攻撃するUボートを展開させるには、これら情報の全てがデーニッツ提督に必要だ。

この時以来、ボーマンヴィルからドイツに向かう全捕虜が重要な情報を携えるようになり、その内容範囲は、陸軍練兵場、戦闘機・爆撃機用飛行場、魚雷その他の武器製造工場、主要な船団基地の位置などにまで及んだ。

ボーマンヴィルで「ロリアン諜報団」として知られるようになったこの組織は、強力な無線送受信機を作り上げ、それを共用室テーブルの太い中心脚に隠した。無線機は夜間のみに取り出され、デーニッツの司令部や洋上のUボートと連絡を取ろうと、短時間の送信が行なわれた。この組織はまた、通常の家族宛手紙の中に情報を暗号化して流し続けた。ドイツが降伏し、ベルリンが占領された後、アメリカの情報士官はドイツ空軍の記録の中に、米国とカナダに対する爆撃計画の全容を見つけ出した。これには優先目標のリストが含まれ、その中には軍用基地や産業の中心地が列記されていたが、これらは「ロリアン諜報団」によってもたらされた情報からまとめ上げられたものだった。

クレッチマーは、自身の脱走に備える時機が迫ったと判断した。先任のクネーベル・デーベリッツは以前から、デーニッツを説得してUボートをセントローレンス川河口まで派遣してもらい、捕虜になった艦長をできるだけ多く連れ出すよう力説していた。今やクレッチマーは、この計画を実行に移す準備を行なった。

ボーマンヴィルの上級Uボート指揮官にはクレッチマー自身の他に、クネーベル・デーベリッツや、南大西洋でHMSヘスペラスに撃沈されたU93の艦長で、かつてU99の次席を務めたエルフェ大尉、さらにはHMSマリーゴールドに撃沈されたU433艦長のアイ少佐がおり、この四人が脱走することが決められた（訳注：この時点のハンス・アイの階級は大尉）。

クレッチマーらは、ある一つの宿舎から百メートルのトンネルを掘り、鉄条網から約二〇メートル離れた森の内側で地上に出るという計画を立てた。同じ宿舎からは、さらに二本のトンネルが違う方向へと伸びることになっており、これらは掘削が完了する前に衛兵に発見された場合、「おとり」役を演じることになっていた。一五〇人以上の捕虜がこれらのトンネル掘りを支援することになり、デーニッツと連絡を取るため、無線送信と手紙を通じた取り組みがなされた。

選定された宿舎の中には、床から天井に伸びる特別な衣装戸棚が作られた。これは二人の捕虜が作業するには十分な大きさで、閉められた扉の背後にトンネルの入り口があった。戸棚の一番上と天井には一つの穴が切り開かれており、土が屋根裏に手渡しで上げられるようになっていた。縦坑は戸棚の下三メートルに伸び、そこから、二人のしゃがんだ捕虜を収容できるほどの洞穴のような部屋に通じていた。屋根裏では、技術担当が四隅に続く木製線路を敷設した。かつては果物の缶詰が入っていた箱に木製車輪が取り付けられ、手製袋に入れられた土が上がってくると、それが箱の中に注がれ、今度は四隅にいる捕虜がロープでそれを引き寄せ、屋根脇に土を盛り固めた。

縦坑を完成させ、棚の方向に水平に掘り始めるのに一ヵ月以上かかった。作業は、捕虜たちが交代しながら昼夜問わず進められた。二人が掘削を行ない、もう一人が横穴の中で土をかき出して「リフト」に袋をつなぎ、別の一人が衣装戸棚の中で「リフト」を導き、さらに四人が屋根裏で土を出して空になった袋を下に降ろした。さらに多数の捕虜が、他の二つの

「おとり」用トンネルでも同様な作業についたが、四ヵ月目の最後になってこれらは放棄され、作業は脱走用の主トンネルに集中した。

この頃には、暗号書簡によるデーニッツとの連絡が確立され、脱走期限日に大型外洋潜水艦がカナダ東海岸の合意会合地点で停泊待機するということで合意されていた。今や全てがトンネルの成功にかかっていた。六ヵ月後、すなわち一九四三年末頃、トンネルは現代的な炭鉱のような様相を呈していた。それはトンネル掘りがひざまつけるほどの大きさがあり、土は縦坑——七〇メートルほどの距離——を抜けて木製線路で引っ張り出された。また、技術担当者たちは収容所の電気線に支線をつなげ、電球付き電線をトンネルのあちらこちらに張り巡らせて明かりを供給した。さらに、五〇〇個以上の果物缶が溶接で接合され、トンネル内への通気パイプとして利用された。

不思議なことに、この全期間中、収容所当局が脱走を怪しんでいるような気配を示すことは全くなかった。クレッチマーの心配は主に屋根裏に向けられた。すでにかなりの土が蓄えられているため、重みで天井がたわみ始めている。

芸術の才があるドイツ人三人は、等身大の替え玉人形四体を製作しており、これらは脱走当夜に軍服を着せられ、脱走者の欠員を隠すために用いられることになっていた（原注：同様な企みがドイツにいた英軍捕虜によってなされた。その物語は今日、「アルバートＮＲ」として知られる）。しかし、製作者の苦労にもかかわらず、これらは予行演習の際、歩行することを頑なに拒んだ。なんらかの原因で、足がきちんと動かなかったのだ。

この頃には、作業は順調に日々平均してはかどったので、クレッチマーは脱走の決行日を決定し、それをデーニッツに伝えた。その返答――クネーベル・デーベリッツの母親からの手紙に暗号化されていた――によると、シャウエンブルク少佐が艦長を務める七四〇トン級のU577が、セントローレンス川河口北の小さな湾内で、二週間に渡って毎夜二時間浮上することになっていた（訳注：これはU577ではなくU536である。両艦の艦長が二人ともシャウエンブルクという姓だったため著者が混同したのであろう。以下、原文標記を正してU536とする。ちなみに、U577艦長はヘルベルト・シャウエンブルク大尉で、一方のU536艦長はロルフ・シャウエンブルク大尉である）。

これは、クレッチマーと三人の僚友が収容所を脱走してから会合地点に到達するまで、最大一四日かかることを意味していた。九ヵ月目、トンネルは九五メートルの長さになり、そこから上方に枝分かれして地表から約六〇センチ以内に迫っていた。四人の士官には、民間人用スーツ、靴、シャツ、中折れ帽、身分証明書、それに商船員であることを示す文書が与えられた。さらに加えて、ある全国紙が東部海岸線カナダ軍司令官の署名付き指令書を複写掲載していた。U536との会合地域が民間人立入禁止区域にある場合にそなえて、偽造部門がこの署名を複写し、制限海岸区域で自由に移動できる権利を彼らに付与する公式許可書にそっくり写した。脱走期限の約一週間前、クレッチマーは一通の暗号化された手紙をドイツに送り、全て順調であるので会合合意を維持するつもりだと知らせた。

ある夜、天井が崩れ、何トンもの土が就寝中の捕虜に降りかかった。半狂乱になってこの災厄の形跡を消そうとしたが、天井全体がたわみ裂ける時の大きな鋭い破砕音で衛兵が宿舎に走り寄り、トンネルを探す捜索が始まった。心配になった捕虜たちは、翌日まる一日かけて衛兵の注意を衣装戸棚からそらし、第一「おとり」トンネルが発見されるがままにした。綿密に調べた結果、トンネルが水浸しになっていたため、しばらく前に放棄されたはずだということが明らかになった。第二トンネルも暴かれたが、新所長のテーラー少佐は、屋根裏から落ちた土の量を生むにはこのトンネルでは小さすぎると推論した。一年のほとんどを地中で働いてきた捕虜たちは、あきらめ気分で主トンネルが発見されるのを待った。二四時間以上続いた捜索は、喜ばしいことに第三トンネルを発見しないまま終わった。

クレッチマーはもはやこれまでと、その晩に脱走を決行することにした。時間がだらだらと過ぎた。午後になると、庭いじりの好きな捕虜が、自分の花壇用に使えそうな表土を探しだした。鉄条網柵近くにいくらか見つけると、塔の衛兵と冗談を言い合いながら、ショベルを使って袋に土を詰め始めた。普段より少し深めに掘ると、衛兵が驚いたことに、突如としてショベルが取っ手部分まで地中に消え、この捕虜もうつ伏せに倒れた。トンネルの屋根が崩落したのだ。警報が収容所全体に鳴り響く間も、地表は陥没し続けた。

秘密が暴かれた。衛兵が少量のダイナマイトをトンネルルート沿いに配置したほか、縦坑を隠していた衣装戸棚も撤去した。クレッチマーは別の宿舎で緊急会議を開き、U536と無線連絡を取って失敗を伝えることにした。ぐずぐずしていれば、同艦が撃沈される可能性が高まることを恐れたためだ。そこでハイダ少佐が、単独での脱走を明晩に試みることを提案し、会合地点までたどり着いてからU536に何が起きたかを伝えると述べた（原注：少佐は、HMSスタンレーに撃沈されたU434の艦長だった。訳注：この時点での階級は大尉。以下、大尉と改めておく）。

計画は大胆だった。収容所に電気を流している木製の電柱列は四隅のうちの一つを横切っており、そこの鉄条網の内側には電柱が一本ある。大尉は二個の木製滑車の付いた吊り腰掛けを作ろうとした。それを電線に引っ掛け、座ったまま収容所の外にある次の電柱まで行こうという訳だ。かなりの議論を尽くした後、無線でU536と連絡を取れる公算もないことから、クレッチマーはこれに同意した。

宿舎の床板から釘を抜き取り、それを大尉のブーツ底に付けて、電柱を登る際のスパイクにした。翌日の昼には、吊り腰掛けが滑車を付けて完成し、準備が整った。午後の体操が終わってから、吊り腰掛けをコートの下に隠し持った民間服姿のハイダがスポーツ舎に隠れる一方、「替え玉」の一体が整列点呼の際に大尉にとって代わった。その夜、大尉が電柱に登り、木製の座席に危なげに座るとロープをつかみ、祈りの言葉をつぶやきながら電線の下を威勢良く滑っていった。大尉を援護するため、捕虜たちは宿舎の一つで大乱闘を演じた。暴動の兆候だと思った衛兵があちらこちらから走ってきて、乱闘を鎮めた。

すでに第一段階を完全に成功させていたハイダは収容所が静まりかえった頃には、そこから相当離れていた。カナダから東海岸半ばまでを列車で横断し、四夜目に指定会合地点に到達した。身を隠せる好都合な位置から湾を見渡すと、驚いたことにコルベット艦が四隻、駆逐艦が一隻停泊しているのが見えた。大尉はとっさに、会合を取り決めた暗号をカナダ当局が何らかの方法で解読し、シャウエンブルクを罠にかけるためにこの小艦隊を送ってきたのではないかといぶかった。

今後の展開を見守ることができる最寄り地点まで行くしかない。崖ふちを苦労して進んでいると、大声で誰何されて仰天した。立ち止まると、すぐにカナダ軍の巡回隊に囲まれた。隊を率いる士官に、禁止区域への立ち入りを許可する偽造証明書のたぐいを見せると、その士官はそれ以上あれこれ言われずに敬礼し、夜遅くに出歩かないほうがよいと忠告した。彼らとともに最寄りの幹線道路まで行き、陽気に手を振って巡回隊と別れ、その区域から歩き去った。

　翌日は一日中、森の中で眠り、翌晩にもう一度海岸に近づこうとした。しかしまたも巡回隊に止められ、今度は尋問のため彼らの本部に連れて行かれた。一人の士官がハイダの書類を明かりの下で検査したが、今回も何事もなく受け入れられた。安堵のため息を大きくつくと、ハイダは書類をポケットにしまい、その士官にお休みを言ってからそこを去ろうと向きを変えた。ドアまで行った時、士官が叫んだ。

「止まれ！　お前はドイツ人捕虜だろ」

　ハイダはゆっくりと向き直った。

「何でそう思うんですか」

　士官はニヤリとしながら言った。

「お前が被っている帽子は絶対に店で買ったものじゃない。後ろの真ん中に縫い目がまっすぐ下に走っているだろう——収容所で手作りするとそんなことになるんだ」

　三日後、ハイダはボーマンヴィルに戻された。顛末を聞いた捕虜たちは、U536が待ち伏せされて撃沈されたという知らせを待った。クレッチマーが後に知ったところでは、シャウエンブルクは初日に潜望鏡で敵艦を視認したため、その場から離れていた。これを一週間のあいだ夜ごとに繰り返し、最終的にデーニッツに対して、会合実施は不可能であるので、北大西洋での通常の哨戒に戻ると伝えた（原注：U536は大戦を生き抜き、シャウエンブルクは今日もハンブルクに健在である。訳注：ロルフ・シャウエンブルクは一九九〇年一〇月二日に死去した）。

これが、クレッチマーが試みた唯一の脱走計画であった。この後、クレッチマーはデーニッツから、これ以上の計画を立案しないよう指示を受けた。指揮下にある「ロリアン諜報団」からもたらされる情報の流れが、海軍諜報活動の重要な一部をなしていたからである。ドイツのラジオが後に、クレッチマーが大佐に昇進したと伝えたことがこれを如実に示している（訳注：クレッチマーが昇進した階級は中佐）。

16　部下とともに

U99の下士官・兵は、士官と同時に英国からカナダに向かったが、連れて行かれた先は同じオンタリオ湖近郊の「その他の階級」用モンティース収容所だった。そこには四〇〇〇人近くが収容され、ペーターゼンが首席兵曹長として収容所統率者の地位を引き継いだ。

一九四二年五月に到着してから数日もしないうちに、彼らはスカンクというものに初めて出会った。ちょうど、厨房の床板の下に隠れて寝付いているところだった。スカンクは邪魔されない限り、鼻孔を刺激する嫌な臭いを発して身を守ることもない。しかし、ある日の午後、厨房から走り出たスカンクをクラーゼンが見つけると、それをウサギと勘違いして夢中になって追いかけた。なんとかそれを隅に追い込み、飛び掛って決着をつけるべく近寄ると、その動物は尾を上げ、驚くクラーゼンに対して持てる防御物の全てを食らわした。クラーゼンの上着は悪臭を放ち、衛兵が笑いながら何が起きたのかを説明した。何日かかけて臭いを取ろうとはしたものの、僚友たちが上着を捨てるように懇願してもそれを聞き入れようとしなかった。ある夜、クラーゼンが寝ている間、U99乗組員の遣いの者が上着をベッド脇から盗み出し、焼却してしまった。

モンティースの物作り名人たちは、脱走を隠すため、捕虜の「替え玉」を作ることを考案した。これは歩行できないのでベッドに置かれた。就寝中の捕虜たちに懐中電灯を照らす衛兵も、宿舎から宿舎へ回されて乱れた頭部が、実は偽物であることを発見できなかった。この「替え玉」は、ブロージクという名の降下猟兵によって主に使用された。同人は、カナダに来た最初の捕虜の一人で、他の誰よりも多く脱走しており、同類の冒険者から「脱走王」という名声を得ていた。ある時は空のパン用ダンボール箱の中に入り、ある時は鉄条網柵を越え、またある時はトンネルで脱走していた。ブロージクの計画的脱走は毎秋に行なわれたが、ほかの三シーズン中にも好機があればそれを逃すようなまねはしなかった。

ブロージクは音楽好きだったので、Dデー後にモントゴメリーの軍が一軍楽隊を丸ごと無傷で捕らえた時には脱走の意志が揺らいだ。その軍楽隊は楽器もろともモンティースに送られ、そこで毎週コンサートを行なったのだ。たいそう感銘を受けた収容所長は、カナダの代表的オーケストラの指揮者であるマクミラン氏を収容所に招き入れて演奏を聞いてもらうことにした。最後にマクミランは聴衆にこう言った。

「カナダには二つの最優秀楽団がある。一番目は私の楽団、二番目が皆さんのものだ」

一九四五年初頭、数百人の捕虜が、農作業用にドイツ人を求めているアルバータ・メディシンハットの農村地帯に移動させられた。労働力が極端に不足しており、仮釈放として働く意志のある捕虜は移動の志願をするよう求められた。その中にいたカッセルは、農家数件にわたる大規模灌漑計画に取り組む捕虜労働部隊の責任者に任命された。まずメディシンハットの収容所に連れて行かれると、計画を担う労働団の拠点となっているブルックスの小さな田舎町への移動準備をするよう言われた。

列車での長旅中、カッセルとその護送兵——伍長と兵卒——が使う仕切り客室の風通しが悪くなり、暑くなってしまった。特にカッセルは、軍服の上、海軍の厚地のコートを着込んでいたのでなおさらだった。食堂車は休暇帰省する兵士たちで一杯で、捕虜のカッセルを護送する二人の兵士は、笑い声とグラスの響く通路をもの欲しそうにじっと見詰めていた。そのうちの一人が遂にしびれを切らせ、カッセルに内緒話をするように寄りかかって言った。

「いいか、おれたちは食堂車に一杯やりに行くからな。お前はここにいて俺たちの小銃を見ているんだぞ。ビールをいくらか持ってきてやるからな」

カッセルは同意してうなずいた——とにかく自分は保釈中の身だ——二梃の小銃を自分の脇に隠してやると、護送兵たちは通路沿いに消えていった。

一時間が経過して、列車が片田舎の駅に数分間停車すると、一陸軍士官が客室の中に入ってきてカッセルの向かい側に座った。列車が動き出すと、カッセルのコートをじろじろと見ながら、海軍は近頃珍しい厚地のコートを着ているなと言った。それから、この戦争と自分の役割についてしばらく話をしてから居眠りを始めると、カッセルが暑さに耐え切れなくなってコートを脱いだ。その後しばらくしてその士官が目を覚ますと、自分の向かいに座っている、鉄十字章の付いたドイツ海軍の制服を見て目を丸くした。

「なんと、お前はナチか」

士官は驚いてとっさに叫んだ。それから二梃の小銃を見ると、ぎょっとするのが見て取れた。カッセルは、すでにナチと呼ばれることには慣れていた。

「いいえ」

丁寧に返答した。

「私はナチではありません。私はドイツ人です」

カッセルはその士官に事情を説明し、二人の護送兵が揉め事に巻き込まれるようなことは何も言わないよう頼んだ。カッセルが話している間、そのカナダ人士官はドアの方ににじり寄ると、今や飛び上がって食堂車に走っていった。小銃二梃で武装したナチが野放しだとか何とか叫びながら。陽気に騒いでいる兵士たちが、この目でそれを見ようと道をかき分けて客室に押しかけた。カッセルが陽気に手を振って応えると、彼らは爆笑に包まれた。ビール、タバコ、食べ物がその客室に持ち込まれ、その数分後に二人の護送兵が酔っ払って現われた。実際のところ二人は泥酔しており、そのためブルックスの前の駅で列車を降りることにして、そこでカッセルを拾ってもらうトラックを呼ぶことにしたが、その駅に着くまでの間、さらに車中で飲みつづけた。

彼らが駅長室に行って電話でトラックを呼んでいる間も、駅のプラットフォームではカッセルが彼らの銃を抱えてやらねばならなかった。二人は戻ってくると、どうすれば護送記録に署名せずにカッセルをおいていけるかを考え始めた。捕虜の護送が変わる際は、「一人引き渡し」などと署名してもらうことが慣わしとなっていたのだ。伍長はカッセルに、自分で護送記録に署名しろと言った。カッセルはこれに対し、自分は護送される身なのだからそんなことをするのはあまり良くないことだと言い返した。伍長はこれに怒ってぶつぶつと言い張ったが、結局、兵卒はカッセルに味方し、そばに立っていた民間人の一人も伍長に反対する側に回った。そこで二人の兵士は、ろれつの回らぬ大声で、ああだこうだとプラットフォーム上で議論を始めてしまったので、カッセルは手元に銃を抱えながらそれに苦笑していた。最後には伍長が、議論は十分尽くしたと決然として述べた。もう一度ブルックスに電話して、軍曹の判断を得ることになろうと。

伍長は兵卒とともに消え、二人は二度と現われなかった。カッセルが、伍長に反対した民間人と話をしていると、古い型のTフォードが止まり、農夫が窓から頭を突き出してこう叫んだ。

「ブルックスに行く捕虜はどこだ」

カッセルは、その民間人と握手してから古臭い車に乗り、そして立ち去った。翌朝、カルガリーの一新聞がこの一部始終を記事にした。それには次のような見出しが付いていた。

温情ナチ、酩酊護送兵の世話を焼く

あの民間人は、この新聞の支局長だったのだ。カッセルは終戦までアルバータの農村地帯に留まった。カッセルの部下たちはある日、メディシンハット収容所の士官から視察訪問を受けた。その士官が農場経営者と話している間、カッセルはジープの運転手と冗談を言い合い、士官たちを農家から農家へと乗せていくようなうんざりする任務に同情してやった。その運転手は、以前は商船員をやっていたのだが、船が雷撃されて沈められてしまったと言った。負傷したため、退院すると陸軍に徴兵されて本国勤務についたという。カッセルがその船名を尋ねると、マゴッグ号だと言われて驚いた。元船員が沈没の詳細を話そうとしたのでカッセルがさえぎった。

「話さなくてもいいよ。全部知ってるんだ。君たちが救命艇の中にいる時にUボートがその脇に来て、君の船長にブランディ一本と食料をいくらかあげただろ。それから、もし記憶が正しければ、そのUボートが離れていくと君の船長が立ち上がって、俺の艦長に礼を言ったはずだ」

動揺するのは今度はその兵士の番だ。信じられないといった面持ちでカッセルを見た。

「なんで全部知ってるんだ」

カッセルは穏やかに微笑んだ。

「知ってて当然さ。そのUボートはおれのU99だ。君の船はおれたちが大西洋で沈めた最初か二番目の船だったんだ。よく覚えているよ」

カッセルは一瞬、その兵士が自分の咽もとに飛び掛かってくるのではないかとも思ったが、それどころか兵士は平静を取り戻して微笑むと、運転席の下を探してビールを二本取り出した。二人がそれを空けてから、視察にきた士官が戻ってきた。そして、カッセルが新たに見つけた友人は土ぼこりの中に消えていった。

一九四六年暮れ頃、カナダから英国へと捕虜が一斉に移動し始め、U99の水兵たちはリバプール行きSSアクィタニア号の船上で自分たちの士官と再合流した。リバプールに到着すると、水兵たちはオールドハムの収容所に送られ、一方、クレッチマーとその士官たちはシェフィールド近郊のロッジムーア収容所に護送された。これはちょうど大選別の時期であり、その頃英国政府は、本国送還する捕虜の第一陣を、ナチ思想に染まっておらず、軍の階級制度も支持しない者に限定しようとしていた。概してUボート艦長は、自動的に有害捕虜に分類されるものと当局から見なされており、最後に英国を離れることになっていた。

一九四七年の新年早々、態度を改めない軍国主義者に分類された四〇人のUボート艦長がスコットランド・カイスネスのワッテン収容所に送られ、ナチシンパの嫌疑を負った空軍戦闘機パイロットや親衛隊士官と十把一からげにされた。

ワッテンで二ヵ月近く過ごすと、クレッチマーは病を患い、胃疾患の手当てを受けるためウェールズのカーマーゼン捕虜専用病院に送られた。ここでクレッチマーは、名誉審議会の亡霊が甦り、早期解放の夢に付きまとっていることを知った。

17 母港

一九四七年が明けて数週間後、数千人のドイツ人捕虜が同じことを考えていた。戦友の多くをナチと非難しながら自らは教訓を学んだと認めれば、自身の解放をより早めることができるはずだと。ナチだと言われた捕虜にしてみれば、実際に訴えられたことで、新たに設立された特別収容所に最後まで残されて処断されることになった。これは特に、捕虜の大部分を占める陸軍と空軍に適用されたが、海軍側については連合軍の一指令が、Uボート艦長を軍国主義者と区分しており、したがって早急な解放は同様に相応しくないとされた。

海軍省の一尋問官が、四〇人のUボート艦長に質問を行なうべくワッテンに派遣された。ラームローは以前の弁明に固執し、自艦のUボートがあれ以上抵抗しても無駄だったという点を再度力説した。

数週間におよぶ尋問の末、四〇人の「危険」Uボート艦長は二五人に減り、それから海軍省尋問官が海軍軍人集団の系統的調査を始め、U570の先任の死に対するクレッチマーの直接責任を立証するさらなる証拠を追い求めた。

この段階では、U570事件は二人の艦長の個人的確執にまで発展していたようだ。クレッチマーは、一旦ドイツが戦争に突入するや、優れて勇敢で無謀なまでの艦長になったのだから、軍国主義者であったことはほとんど疑いない。一方、ラームローが人道主義的な考えに重きを置く人物であったことは明白で、恐らく自分の見方が同僚士官に及ぼすであろう影響というものに十分気付いていなかった。いずれにせよ、クレッチマーのような気質を持った艦長と、本能的に良心の言いなりになるラームローの間に摩擦以外ありようがなかった。

尋問官が調査を行なっているという情報は、カーマーゼンの英国人軍医を通じてクレッチマーに届いた。その軍医はそっけなくこう言った。

「君の血に飢えている者がいる。重罪尋問に君が耐えうるかどうか聞かれたよ」

クレッチマーの病はすでに治っていたが、ドイツでは恩給がもらえず支払うべき治療費もなかろうと分かっていたので、英国政府の費用持ちでその病院に留まり、ドイツで何をやっても生計が立てられるように身を養っていたところだった。尋問官は、クレッチマーが厳しい取り調べに耐えうると告げられた。一週間後、病院当局者を脇におきながら二人は個室で面会した。尋問官は単刀直入だった。

「貴官はUボートを自沈させる目的で、捕虜をグライズデイル・ホールからバローに赴かせたのか」

「いいえ、私が彼を行かせたわけではありません。彼はその任務に志願したいかと聞かれたのです」

「違法だと分かっている軍法会議を開催したのはなぜか」

「軍法会議は開いていません。名誉審議会は、U570の士官たちが義務を全うしたかを判断するため我々専用に設立されたのです。いずれにせよ、それまで航空機に屈した潜水艦はなかったので、どのようにしてそれが起きたのか知りたかったのです」

「もし私が、ラームローの士官の死に対する貴官の責任を認めれば、貴官は軍法会議で裁かれ、死刑判決を言い渡される可能性もあることを理解していると思うが」

「それは全く理解できかねます。あの士官は進んで任務を遂行したのだということを理解しなくてはいけません。もし彼が国防市民軍から逃げなかったら、あるいは少なくとも彼らが発砲の警告をした時に止っていたら、彼は今でも生きていただろうし、不名誉の中に生きるのではなく、勇敢な行動により我々皆に尊敬されていたことでしょうに。いずれにせよ、陸軍省がこの件を調査して何らの措置も取らないことにしたのです」

「ラームローについてはどうか。ボーマンヴィルで同人を迫害させたのはなぜか」

「彼が孤立したのは私のせいではありません。彼が事情を聞かれた独立委員会には、私は出席を許されませんでした」

　これを境に追及が緩み、自分の証言を立証できるドイツ人士官の名を教えるよう言われた。クレッチマーは、詳細に通じている士官数人の名を挙げた。尋問官が去ってから数日後、クレッチマーは驚くべきことを聞いた。その士官の中の一人で、親友でもある人物が、同様に尋問を受け、名誉審議会と捕虜の死はクレッチマー自身の策謀の結果であり、出席した他の士官たちはただ空席を埋め、「象徴的」役割を演じたに過ぎないと「自白」したというのだ
（原注：クレッチマー大佐は、自分を裏切った者の名を公表しないとの約束を理由に、この士官の

名を伏せるよう要請した)。

カーマーゼンに戻ってきた尋問官はクレッチマーに、恐らく英軍法会議に出頭せねばならず、絞首刑を免れたとしてもドイツへの帰還が最後になるのは確実だろうと告げた。クレッチマーは、抑えて冷淡にこの警告を受け止めた。

それからわずか後の一九四七年二月、クレッチマーはホールトウィスル近郊のフェザーストーン収容所で他の二四人の「危険」Uボート艦長と再合流し、自分を裏切ったと思った友人に真っ先に会った。この士官は陳述に署名したことは認めたが、そうしたのは個人的理由によるものだったと述べた。どうやら、仮釈放で出所した際に、田舎道の散歩に長らく付き合ってくれた若い英国人女性と親しくなったらしい。荒廃したドイツに帰っても未来はないだろうから、彼女と結婚して英国に定住できればと願った。

尋問官に取り調べられた際は、名誉審議会が暗黙のうちに承認されていたことを認めてしまったら、滞在を許可してもらう公算が危うくなるだろうと考えた。こうした理由で、もし全責任を背負う余裕があり、それでもうまくやっていける人間がいるとしたらそれはクレッチマーだということが分かっていたので、彼一人に責任を負わせたというわけだ。それは逆の意味にも取れる屈折した世辞だったが、クレッチマーはその説明を怒りよりも無念のうちに受け止め、その士官に対し、前の陳述を撤回するよう、また、そんなことをした理由を書き連ねた別の陳述に署名するよう頼んだ。それが終わると、クレッチマーはその文書を短上着の中に忍ばせた。

そうこうしているうちに、その友人にとってはさらに決まりの悪いことになった。滞在許可がおりたら結婚しようというプロポーズを彼女が断わったのだ。教会の祭壇へ決意の歩を進めるよりも、野原をたまに散策する方が彼女には楽しいらしい。

クレッチマーは、いつの日か護送兵が呼びに来て、軍法会議に連れ去られるものと予想していたが、数週間が経過したので、陸軍省に倣って海軍省もこれを断念したのだろうと思った。Uボート艦長たちは三月、すでに解放されていたラームローを除き、サドベリーに連れて行かれ、ドイツへの移送準備にかかった。各人が四五キログラム以内にまとめた私物を持って列車に乗り込むと、まずはハーウィッチまで行き、そこからオランダ南西部へと船出した。そこから今度はラインラントのムンスター収容所に列車で向かい、今後の抑留に備えた。その収容所で数日過ごすと、次にハンブルク近郊のノイエンガメに移送され、非軍国主義化の認定と最終的な解放を獲得すべく英海軍覆審委員会に出頭する準備を整えた。

この収容所に着いてから三週間後、クレッチマーはハンブルクの英海軍司令部に連行され、覆審委員会向けの文書作成を担う少佐の事務室に案内された。机上に置かれていたのは、海軍省尋問官によって英全土の収容所で行なわれた取り調べの詳述報告書だった。この面談の目的は三つあった。この報告内容に満足のいく説明がクレッチマーにできるか。収容所内でなされた多くの戦争行為を後悔しているか。頑な態度を改め、ドイツが悪で連合国が正しいという見方を受け入れるか。

クレッチマーはこうした瞬間こそ待ち望んでいたので、懐に忍ばせた例の文書を差し出し、「友人」が先の裏切りを撤回したことを示した。少佐が上官の助言を求め、二人でこの陳述書を綿密に調べた。それからクレッチマーはノイエンガメに連れ戻され、さらに六週間、一人取り残された。再びハンブルクに召喚されると、疑念が涌きはじめた。ドイツで裁判を受けなければならないのはU570事件のためというよりも、自分の戦果のためではないか。今回、クレッチマーは軍歴の最終舞台に立つことになった——海軍覆審委員会が事情聴取することになったのだ。

「法廷」は海軍司令部の殺風景な小部屋で開かれ、長机の後ろに覆審委員会議長——英海兵隊大佐——が、さらにその両側には二人の中佐が座っていた。各人の前にはクレッチマーの履歴の写しがあった。クレッチマーは少佐と共に別の机に付いた。廊下の外でラームローが証人として呼ばれるのを待っていたのにはかなり驚いた。部屋の空気には険悪なものを感じた。質問は冷淡で、解放される見込みはさらに乏しくなったと思った。答弁の中で自分の経歴を再度述べると、最後には少佐が立ち上がり、被告人を弁護するかのようにこう言った。U570事件に関する英独での追加調査結果と捕虜の陳述は合致する、と。

委員会はクレッチマーに外で待つように言うと、今度はラームローが呼ばれた。クレッチマーが後で知ったところでは、その元U570艦長は、なぜ指揮を放棄したのか、さらには、捕虜収容所で続けざまに自分の身に何が起きたのかを精査されたという。二時間ほどしてクレッチマーが再度呼ばれると、先ほどまでの妥協を許さないよそよそしさが、親しい打ち解けた雰囲気に変わっているのに驚いた。タバコを勧められたが、それを断わった。そして議長がクレッチマーに向き直った。

「戦争は終わったよ、クレッチマー中佐。君の解放に政治的異議はない。もしあれば別の法廷に出廷しているはずだ。しかし君は、機敏頑強な稀有な敵であることを自ら証明した。ただし、もし占領法規に反するようなことをしたら、厳罰に処せられることだけは忠告しておく。君の軍歴の中には、我々が強い異議を唱えることができるものは何もない。したがって、今や正式に囚われの身から解放され帰郷することになった。解放のための文書が揃うまでここで待たねばならんが、その後に自由の身となろう。ドイツでの市民生活はどう見ても困難であることは分かっているだろうし、六年間の収容所暮らしの後ではそれに順応するのも難しかろう。しかし、我々は君が選択したものが何であれ、幸あるよう祈っているよ」

荷造りして書類を回収し、衛兵や捕虜仲間たちに別れの挨拶をするなど、クレッチマーもまごつくほどの数日が目まぐるしく過ぎていった。澄み切った夏の朝の眩い陽光の中で、クレッチマーはキール駅から波止場へと歩を進めた。一一年前、初めて潜水艦に乗ったのがここだった。シェプケの色濃い陽気な瞳と、几帳面なプリーンの退屈ぎみで皮肉っぽい微笑みに出会ったのがここだった。デーニッツが若き志願者に語りかけるのを聞いたのがここだった。

「諸君の将来は、私の求める基準を満たさんとしてなされる諸君個々人の努力にかかっているのだ……」

かつての波止場は、入り組んだ巨大な足場の下から何隻もの真新しい船が滑り出していくほどの活気に包まれていた。澄んだ爽やかな空気に恵まれたシュレージェンの山間部出身の、涼しげな目をした青年は、自世代の活力で脈動する新生海軍の出現を、気をもみながら眺めていた。それが今では、港には錆びついた鉄屑が散らかっているし、そびえ立つクレーンも、輝く鋼鉄の足場も悲しいほどに乱雑としている。東方を見れば、山麓の自宅はロシア人に差し押さえられている。シェプケもプリーンも激烈な戦闘の中で自艦と共に沈んだし、デーニッツは獄中で悩み暮らしている。

最高の勲章を授与され、最も称賛された敗戦国の一艦長は、陰鬱な気分でそこから歩き去ると一軒の家へと向かった。武装解除された一民間人としてその友人宅に泊まるつもりだったのだ（原注：これは第一次大戦で最初にU99と名付けられた艦の艦長のこと。訳注：同艦の艦長マックス・エルテスターは一九一七年七月七日に戦死している。これはおそらく、UC99の艦長を務めたフリードリヒ・ヴァイスフンのことだと思われる）。しかし、クレッチマーはすでに自分の母港に到達しており、ここに自らの居所を築くことになるのであった。

エピローグ

　クレッチマーは、腕のいい開業医と結婚してキールに家を建てた。昔の敵意は消え去り、もはやラームローとの間に確執は存在しなかった。戦争という重圧の中でなされたことは、個々人の信念を回顧尊重できる余裕が生まれる平時には何の意味も持たない。クレッチマーはキール大学で海事法を学んだが、「冷戦」が始まり、ドイツがその後速やかに国家復権・再軍備をなしたため、得ることができたはずの学位を取れなかった。直ちにボンに呼ばれると渉外部門の官職に就き、今や大佐となって新生ドイツ海軍沿岸警備隊の上級士官を務めている。部下のうち、ケーニッヒはまだ身を固めておらず、ハンブルクでプラスチック製品業を営んでいる。カッセルは結婚して、世界中のタバコ産業向けに機械類を製造する企業の輸出販売部長になった。クラーゼンもハンブルクにおり、多くの船を沈めたクレッチマーの手助けをした後に商船を建造している。かつて捕虜収容所でクレッチマーと共に首席士官を務めたヘーフェレ大佐は、今やハンブルクの有名なホテル「四季」の支配人である（訳注：二〇〇五年五月現在、この五人の中で健在なのはケーニッヒのみ）。

デーニッツ提督は年齢を理由としてシュパンダウ刑務所から釈放された。いずれにせよ、提督の刑期は昨年秋に消滅することになっていた（訳注：デーニッツは禁固刑一〇年を終えて一九五六年一〇月一日に出所しており、年齢を理由とした早期釈放は認められていない）。

一九五四年五月、私はキール近郊のラボーでの式典にクレッチマー大佐夫妻と同席した。この際、ヴァイキングのガレー船の船首に似せたドイツ海軍記念碑が、クレッチマー会長の海軍連盟の手に正式に返還された。それは感動的で厳粛な式だったが、目に入った軍服は英米伊の海軍代表のものだけだった。記念碑下の地下室には、ユトランドやフォークランド諸島のような有名な海戦で戦った軍艦の傷ついた戦闘旗が置かれ、一方、その上では民間人の服を着用した海軍軍楽隊が、ドイツで八年間聞かれることのなかった懐かしい行進曲を演奏した。その最初が「クレッチマー行進曲」だった。

クレッチマーは、シュレスヴィヒ・ホルシュタイン州首相から正式に記念碑を受領し、その際に短い演説をぶった。それは、「大西洋の狼」の熱烈な精神が依然として健在であることを明示していた。

「海の戦いは」

第二次世界大戦に言及してクレッチマーはこう言った。

「騎士道を保ちながら憎悪を抱くことなく戦われました。海という領域は、これからも常に諸国の船乗りの絆となりましょう。それゆえ、各々が他の全員と生命を分かち合う海上において、また、隠し事をしても素顔がすぐにさらされてしまう海上において、戦時に平時に寝起きを共にしたことで、我々は帝国が崩壊した後もこのドイツ海軍連盟の下に結束したわけであります。しかし我々は、過去のみに生きる昔ながらの連盟ではありません。船乗りとは、いつまでも後ろを振り返っているものではなく、常に前向きに未来を見据え、水平線の彼方に世界と自らの命運を探ろうとするものであります。我々は自らの世代に課された責務を認識し、その達成を支援します。この点において、海で学んだことは我々自身に役立ちましょう。チームワーク、開かれた心と世界的思考、友情、それに寛容です。我々は、世界の諸国が——男と女、労働者と農民、政治家と兵士が——海の経済的、政治的、文化的重要性を理解してこれに感謝するよう欲します。我々の運命が大陸の枠にとらわれず、他国との平和的協力関係の中にあるよう、世界的視野で物事を考えることを学ばなくてはなりません。平和を求める我々の決意は、自由を伴う平和を求める決意と結合します。我々はこの点を明確にしようと思います。ヨーロッパの共同防衛問題に関する我々の肯定的立場についてはいささかの疑いもなきよう……」

付録

付録A
デーニッツ提督がベルリンの海軍総司令部に宛てたクレッチマーに関する一九三九年暮れの秘密報告

オットー・クレッチマー大尉の戦隊司令任命断念に関する現状報告
オットー・クレッチマー大尉は、一九三七年秋の指揮配置換え以来、ヴェディゲン戦隊に所属するU23の艦長を務めている。

同人は年齢に似合わず寡黙だが、芯は強く、決然とした性格を有している。大変哀れみ深く、控えめかつ作法外見においては品が良い。また、うぬぼれることも決してない。身なり容姿良く、対外的には控えめだが、物事を良くわきまえている。注意深く好奇心旺盛、博識で、はにかみとよそよそしさが多少あるものの、それを克服すれば対話相手として魅力的。独断専行的で一匹狼的なところもあるが、根は陽気で親しみやすく、とぼけたようなユーモア心を持つため同僚には人気がある。

平時の二年間をUボート艦長としてそつなくこなし、部下の訓練指導にあたり、さらには、艦をいかようにも操った。この際、操艦術の素質が顕著に認められた。慎重かつ安全な航行を志向。演習においては、戦術的素質・理解を示す。

数回の敵対行動において能力をいかんなく発揮し、十二月には、すでに二級鉄十字章を受章、その後さらに、特に困難な特殊任務を大胆かつ安全に遂行し、一級鉄十字章を受章している。

同人の行動における特徴は、物事に動ぜず冷静、決断力があり、実行力が大いにある点である。困難な任務を遂行するUボート艦長に特に適任であり、心身共に健全であるため、将来さらなる成功が期待される。

同人は現在のところ、大型Uボートの艦長に最適であり、相応の年齢に達した後に、戦隊司令あるいは参謀に任用するのが適していよう。与えられた役職はいかなるものでも不満なく務めるであろうし、将来が嘱望される。

一九三九年一二月三一日　キールにて

付録B
戦隊司令がベルリンのデーニッツに宛てたクレッチマーの性格及び能力に関する秘密報告

一九四〇年一月一日から同年四月一日の期間におけるクレッチマー大尉のU23指揮権返上に関する現状報告

クレッチマー大尉は大変寡黙で控えめだが、有能かつ精力的な士官である。才能に恵まれ、判断明哲、安全かつ確実に目的を達成する姿は、現職に好適であることを示している。

クレッチマーは部下同僚に大変評判良く、よそよそしいながら、皆が直ちに同人の長所を認めるところである。

クレッチマーの仕事ぶりに関する前任者の好意的報告内容は全面的に承認できる。

さらなる三度の敵対行動においてクレッチマーは、攻撃の手を緩めることなく、部下と共に最大限奮闘した。

同人は常に、入港期間の短縮化と搭載魚雷数の増加について考えている。

同人は、その能力、冷静さ、決断力のため、数次に渡る特段困難な任務を無休で遂行することができた。

クレッチマーは、大型Uボートの艦長に極めて適任である。

一九四〇年三月四日　艦上にて

エッカーマン署名　デーニッツ承認

付録C
デーニッツがレーダー提督に宛てたクレッチマーの高位職への適応性に関する秘密報告

Uボート艦長に関する報告

一九四〇年一二月一日――戦隊司令更迭時におけるU99艦長、オットー・クレッチマー大尉に関する報告

(一) どの地位に適任か　Uボート艦長、後に戦隊司令
(二) 昇進にふさわしいか　現大尉、一九三〇年期生
(三) 職責を果たしているか　然り
(四) 一般報告：クレッチマー大尉は、一九四〇年四月一八日から同年九月二日まで第七潜水戦隊所属U99の艦長を務めた。新任艦での短期間における殊勲は、同人の類まれなる能力、冷静沈着並びに攻撃意欲の賜物である。同人はまた、短期の内に乗組員に対してもこうした資質を首尾よく感化させた。

実直かつ控えめな性格であり、物事の判断は明哲かつ自立的である。大変寡黙で控えめだが、欠点なく評判の良い僚友である。

付録D
「長いナイフの夜」後に騎士十字章を受章したクレッチマーへの祝辞

無電　一九四〇年一一月五日

宛　クレッチマー大尉

わが民族の将来を掛けた戦闘における英雄的偉業に大いなる謝意を示すところ、敵商船二〇万BRT（原注：英登録トン）撃沈に際し、柏葉騎士鉄十字章を第六番目の国防軍士官として貴官に授与する。

アドルフ・ヒトラー

宛　U99艦長

柏葉騎士十字章受章に際し、貴官の偉業に感謝し、それを誇りつつ、心から祝福す。

総司令官（原注：レーダー提督）

宛　U99

おめでとう。この調子でいき給え。

BDU（原注：潜水艦隊司令長官）

付録E
U99の未帰還及び喪失の推定を示すロリアン・Uボート司令部用ファイルカード

ハンブルク・アルスタードルフ24a番地所在英海軍司令部海軍文書センターから葉書の形で郵送されたもの

U99　クレッチマー中佐　★★（原注：星一つは未帰還を、星二つは未帰還及び喪失推定を表わす）　一九四一年三月一七日

一九四一年二月二二日、ロリアン出港
一九四一年三月一七日午前六時から船団失尾まで、最終発信
艦長と乗組員の一部は北大西洋にて捕虜
星一つ：一九四一年三月一七日　星二つ：一九四一年三月十七日
一九四一年三月一七日、北緯一六度、西経一二度にてHMSウォーカーにより撃沈

付録F
Uボート戦に関するドイツ国防軍コミュニケの抜粋

一九四〇年七月一九日　ドイツ潜水艦部隊はさらなる成功を収めた。あるUボートは敵商船三万一三〇〇BRTを撃沈したほか、別のUボート（原注：U99）は、強力なる護送船団の大型武装汽船を砲撃してこれをしとめた。

一九四〇年八月三日　クレッチマー大尉麾下のUボートは一度の哨戒で、船団中のタンカー三隻を含む七隻の敵武装商船五万六一一八BRTを撃沈した。これにより、敵商船及び英駆逐艦デアリングを含めた同艦の総撃沈トン数は一一万七三六七BRTとなった。

一九四〇年八月八日　騎士鉄十字章が右に授与された：水雷戦隊司令フリッツ・ベルガー中佐、駆逐艦艦長マックス・エッカールト・ヴォルフ少佐、高速水雷戦隊司令ルドルフ・ペーターゾン少佐、Uボート艦長オットー・クレッチマー大尉。

一九四〇年一〇月一九日　ドイツ潜水艦はここ数日のうちに三一隻の敵商船、総計一七万三六五〇BRTを撃沈した。このうち二六隻の撃沈は、強力なる護送船団中から得られたものである。これらの戦果は次のUボートによってもたらされたものである：フラウエンハイム大尉隷下のUボート（汽船一〇隻、五万一〇〇〇BRT）、クレッチマー大尉隷下のUボート（汽船七隻、四万五〇〇〇BRT）、メーレ大尉隷下のUボート（汽船七隻、四万四〇五〇BRT）。これ以外にも二隻のUボートが汽船四隻、二万一〇〇〇BRTと汽船三隻、一万二六〇〇BRTを撃沈している。

一九四〇年一一月四日　クレッチマー大尉麾下のUボートは、ローレンティック（一万八七二四BRT）及びパトロクラス（一万一三一四BRT）の二隻の補助巡洋艦並びに五三七六BRTの武装商船カサナーレ号を撃沈した。この戦果によりクレッチマー大尉の撃沈トン数は二一万七一九八BRTに達し、二〇万BRT以上を撃沈した二番目のUボート艦長となった。

一九四〇年一一月四日　柏葉騎士鉄十字章。総統兼国防軍最高司令官は、敵商船二〇万BRTを撃沈したクレッチマー大尉に柏葉を授与した。

一九四〇年一二月一七日　特別報告：戦闘哨戒から帰還したクレッチマー大尉は、三万四九三五BRTの撃沈を報告。これにより、同士官の総撃沈トン数は二五万二一〇〇BRTとなり、二五万トン以上に達した最初のUボート艦長になった。この戦果の中には補助巡洋艦三隻及び英駆逐艦デアリングが含まれる。

一九四一年三月二〇日　クレッチマー少佐及びシェプケ大尉隷下のUボートが戦闘哨戒から帰還していない。二隻の艦は、困難極まる状況の中で通商破壊戦に参加した。クレッチマー少佐はこれまでに、補助巡洋艦ローレンティック、パトロクラス並びにフォーファーを含めた三一万三六一一BRT（原注：これには二万トンのテルイェ・ヴィケン号と駆逐艦デアリングが除外されている）のほか、最終哨戒での二隻を含めた敵駆逐艦三隻（原注：これはクレッチマーのロリアン宛最終電を誤り伝えたもの）を撃沈している。またシェプケ大尉は、二三万三八七一トンの敵商船を撃沈している。ドイツ民族の闘争において殊勲を認められたことにより柏葉騎士鉄十字章を授与されたこの二人の艦長は、その勇敢なる乗組員とともに永遠なる栄誉を獲得した。

総登録トン数	船　籍	備　　考（積荷など）
876	英国	空荷
2400	デンマーク	空荷
		U20により撃沈
		U30により撃沈
1150	ノルウェー	空荷
10517	デンマーク	燃料１万4000トン
		U25により撃沈
		U19により撃沈
1000	ノルウェー	石炭
5225	英国	鉄鉱石
*1375	英国	トン数は排水量
4996	英国	穀物2000トン、板材6000トン、航空機
2053	英国	材木512本
1964	英国	陶土（U30,U34又はU99により撃沈）
1514	スウェーデン	材木又はパルプ材
5758	英国	鋼材・新聞用紙等約7000トン
		U34により撃沈
4860	ギリシャ	小麦等約7500トン
		U34により撃沈
4434	英国	缶詰肉・小麦等8000トン
13212	英国	錫・鋼材・皮革等１万700トン
7336	英国	小麦・乾燥果実等7400トン
5475	英国	バナナ・柑橘類・ココナツ約1200トン
6322	英国	空荷
10973	ノルウェー	空荷（文中では Baron Recht Dutch-type）
6556	英国	空荷
8016	英国	空荷
		U46により撃沈
2468	英国	鉄鉱石3500トン
		U65により撃沈
1780	英国	材木2000トン
1327	ノルウェー	材木500本
2372	ノルウェー	炭坑用支柱2800トン
9154	英国	燃料１万3241トン
3668	英国	鉄鉱石5450トン
5156	英国	材木・金属
6055	英国	鋼材・鉄鉱石
3854	ギリシャ	硫黄5426トン
4815	英国	鋼材

オットー・クレッチマー全戦果一覧表

艦名	日付	位置	船名
U23	1939/10/4	58.52N/01.31W	Glen Farg
	12/7-8	57.31N/02.17E	Scotia
	(12/9)	(57.48N/00.35W)	(Magnus)
	(12/13)	(Honningsvaag)	(Deptford)
	1940/1/11	58.25N/01.10W	Fredville
	1/12	58.59N/02.53W	Danmark
	(1/17)	(Muckle Flugga)	(Polzella)
	(1/23)	(55.35N/01.27W)	(Baltanglia)
	1/24	North Sea	Bisp
	2/14	E of the Orkneys	Tiberton
	2/18	58.40N/01.40W	Daring
	2/22	Copinsay,Orkneys	Loch Maddy
U99	1940/7/5	50.31N/11.05W	Magog
	7/7	North Atlantic	Sea Glory
	7/7	50.06N/10.23W	Bissen
	7/8	50.36N/09.24W	Humber Arm
	(7/10)	(51.08N/09.22W)	(Petsamo)
	7/12	51.　N/14.　W	Ia
	(7/15)	(SW-Ireland)	(Evdoxia)
	7/18	50.46N/13.56W	Woodbury
	7/28	52.17N/12.32W	Auckland Star
	7/29	54.10N/12.　W	Clan Menzies
	7/31	56.26N/08.30W	Jamaica Progress
	7/31	55.47N/09.18W	Jersey City
	8/2	55.10N/17.16W	Strinda(損傷)
	8/2	55.18N/16.39W	Lucerna(損傷)
	8/2	55.30N/15.30W	Alexia(損傷)
	(9/4)	(47.50N/09.12W)	(Luimneach)
	9/11	North Atlantic	Albionic
	(9/15)	(NNE of Rockall)	(Hird)
	9/16	54.42N/15.02W	Kenordoc
	9/16	15m NE Rockall	Lotos
	9/17	58.02N/14.18W	Crown Arum
	9/21	55.40N/22.04W	Invershannon
	9/21	56.　N/23.　W	Baron Blythwood
	9/21	55.20N/22.30W	Elmbank
	10/18	Rathlin Head	Empire Miniver
	10/18	57.14N/10.38W	Niritos
	10/18	57.29N/11.10W	Fiscus

総登録トン数	船　籍	備　　考（積荷など）
5154	英国	鋼材・鉄合金・銅等約2000トン
		U123により撃沈
		U123により撃沈
5875	英国	鋼材・錫・亜鉛
1643	ノルウェー	板材
3106	英国	パルプ材3850トン
5376	英国	バナナ1500トン
18724	英国	仮装巡洋艦
11314	英国	仮装巡洋艦
6993	英国	燃料約１万トン
16402	英国	仮装巡洋艦
4276	ノルウェー	
8376	英国	燃料１万1214トン
5237	オランダ	石炭8200トン
20638	英国	空荷
6568	英国	空荷
6593	ノルウェー	燃料8935トン
8136	ノルウェー	ガソリン１万1000トン
9314	英国	燃料
5728	英国	とうもろこし7052トン
7375	カナダ	鋼材2500トン、新聞用紙4500トン
6673	スウェーデン	一般・特殊物資7,979トン

Juergen Rohwer “Axis Submarine Successes of World War Two” Naval Institute Press 1983, Kenneth Wynn “U-boat Operations of the Second World War” Chatham Publishing 1997, ubootwaffe.net などを基に並木作成

艦名	日付	位置	船名
	10/19	57.12N/10.43W	Empire Brigade
	(10/19)	(57.12N/11.08W)	(Shekaticka)
	(10/19)	(57.20N/11.22W)	(Sedgepool)
	10/19	57.00N/11.30W	Thalia
	10/19	57.28N/11.10W	Snefjeld
	10/19	57.10N/11.20W	Clintonia（損傷）
	11/3	53.58N/14.13W	Casanare
	11/3	54.09N/13.44W	Laurentic
	11/3	53.43N/14.41W	Patroclus
	11/5	54.36N/14.23W	Scottish Maiden
	12/2	54.35N/18.18W	Forfar
	1941/12/2	W of Ireland	Samnanger
	12/3	55.40N/19.00W	Conch
	12/7	52.11N/22.56W	Farmsum
	3/7	60.　N/12.50W	Terje Viken
	3/7	60.30N/13.30W	Athelbeach
	3/16	60.42N/13.10W	Ferm
	3/16	60.42N/13.10W	Beduin
	3/16	61.15N/12.30W	Franche Comte（損傷）
	3/16	61.　N/12.36W	Venetia
	3/16	60.57N/12.27W	JB White
	3/17	61.09N/12.20W	Korshamn

	Heinrich, Gerhard	Maschinistermaat
	Jakubowski, Richard	Maschinistermaat
	Strauss, Wilhelm	Maschinistermaat
	Kohlruss, Ernst	Maschinenhauptgereiter
	Berg, Peter	Maschinenobergefreiter
	Fleisch, Emil	Maschinenobergefreiter
	Kaeding, Emil	Maschinenobergefreiter
	Puls, Hans	Maschinenobergefreiter
	Schiemang, Hans	Maschinenobergefreiter
	Uberscher, Erich	Maschinenobergefreiter
	Zender, Hans	Maschinenobergefreiter
	Krausch, Martin	Maschinengefreiter
	Maeling, Valentin	Maschinengefreiter
	Mock, Heinz	Maschinengefreiter
	Schneider, Heinz（戦死）	Maschinengefreiter
	Stellmach, Ernst	Maschinengefreiter
同乗者	Hesselbarth, Horst	Kapitaenleutnant
	Rubahn, Guenther	Oberfaehnrich zur See
	Koenig, Volkmar	Faehnrich zur See

以上、ubootwaffe.net 及び Volkmar Koenig 氏からの提供により並木作成

U 99最終哨戒時における乗組員リスト

役職	氏名	階級
艦長	Kretschmer, Otto	Kapitaenleutnant
先任	Knebel-Doeberitz von, Hans-Joachim	Oberleutnant zur See
次席	Petersen, Heinrich	Stabsobersteuermann
機関長	Schroeder, Gottried（戦死）	Oberleutnant Ingenieur
航海長（三席）	Ellrich, Rudolf	Obersteuermann
掌帆長	Thoennes, Gerhard	Stabsbootsmann
掌帆	Quellmalz, Heinrich	Bootsmannsmaat
	Binder, Franz	Matrosenobergefreiter
	Haeger, Andreas	Matrosenobergefreiter
	Teske, Paul	Matrosenobergefreiter
	Waltl, Jahann	Matrosenobergefreiter
	Loeffler, Herbert（戦死）	Matrosengefreiter
	Graf, Heinrich	Matrose
	Lapierre, Hans	Matrose
電信・音響	Kassell, Josef	Oberfunkmaat
	Stohrer, Otto	Oberfunkmaat
	Gottschalk, Werner	Funkobergefreiter
水雷	Wendt, Franz	Mechanikermaat
	Boerner, Wilhelm	Mechanikerobergefreiter
	Helling, Wilhelm	Mechanikerobergefreiter
機関	Bergmann, Karl	Obermaschinist
	Popp, Arthur	Obermaschinist
	Stiller	Obermaschinist
	Weigelt, Armin	Obermaschinist
	Clasen, Johannes	Maschinistermaat

訳者あとがき

チャーチル英首相曰く、「戦争中、私の心胆を寒からしめたものはUボートの脅威、ただそれのみであった」。本書の冒頭にあるこの言葉ほど、島国に課された戦略的脆弱性と第二次世界大戦欧州戦線の本質を表わしているものはないだろう。物資の供給を海上輸送に頼る英国にとっては、シーレーンの安全確保こそが自国の命運を決する鍵である。それに対する最大の脅威がUボートだと、チャーチルは痛感していたのだ。

当時、すでに戦前からそれを誰よりもよく理解していた人物が海の向こうに一人いた。ドイツ海軍のカール・デーニッツ潜水艦隊司令長官である。提督は、大型艦建造に労力をつぎ込むよりも中型Uボートを三〇〇隻建造し、これを通商破壊に利用すれば英国の供給線を分断できると計算していた。しかし、ドイツ指導部はそれを理解せず、開戦時にデーニッツが保有していたのは五六隻、そのうち外洋型はわずか二〇隻強に過ぎなかった。にもかかわらず、彼らは続々と戦果を上げはじめ、徐々に保有艦を増加させていくUボート部隊に対処することが、英国にとって喫緊の課題とされたのである。

さらに、大西洋の戦いは、欧州戦線そのものの趨勢に直接的な影響力を持っていた。Uボートの脅威を打破しない限り、ナチス・ドイツ打倒の前提となる第二戦線の構築はあり得なかったであろう。欧州大陸に上陸させる兵員、武器、弾薬、食糧その他物資は全て海上からもたらされるものだからだ。したがってそれにはまず、Uボート部隊を屈服させる絶対的必要性があったのである。

まさにこうした重要な戦いの初期に登場したのが、本書の主人公となっているオットー・クレッチマーであった。彼の戦術は、夜陰に乗じて敵船団の中で浮上したまま、至近距離から敵船一隻につき魚雷一発で確実にこれを仕留めていくという誠に大胆なものであった。これは、英国が全幅の信頼を置いていた潜水艦探知機「アズディック」の短所、すなわち、潜航している潜水艦しか探知できないという技術的特性に依拠していた。

クレッチマーはこうして、Uボート部隊の中でも最高の撃沈トン数を誇るトップエースに登りつめ、一九四一年という戦争初期に捕虜になったにもかかわらず、その記録は大戦を通じて破られることがなかった。しかし、彼の戦術は、「暗闇や遠方からでも物体の存在を認識することができる装置が開発・装備されない限りにおいて有効である」という前提条件を内在していた。本書の中でも、エースの一人であったシェプケのU100が、駆逐艦に搭載された黎明期のレーダーに探知されていたことが描写されており、興味深い。クレッチマーのU99が撃沈されたのはレーダーによるものではないが、もしこの時、彼が撃沈を免れていたとしても、いつまで対船団水上攻撃を行ない得たか疑問である。

Uボート部隊の凋落は一九四三年五月に始まったとみるのが有力説であるが、クレッチマーなど三人のエースが失われた一九四一年三月にその起源を求める少数意見もある。確かに一九四三年五月にはUボート四一隻、約二〇〇〇人が一挙に失われ、以降、損失が急増していくことになった。しかし、対船団戦においては一九四一年三月を境に、一人で何十万トンもの船舶を撃沈するようなエースが出現する状況ではなくなっており、個艦戦力の低下がすでに始まっていた。それは英国側の装備練度が向上し、中でもレーダーが大きく貢献したためである。その後ドイツ側が本格的に導入した狼群作戦は一時多大の戦果を上げたが、これも結局はレーダーその他の電子装置、護衛空母、暗号解読努力などを連合軍側が結集した結果、敗れ去った。当時の潜水艦は、攻撃時や退避時にのみ潜航する、所詮は「可潜艦」でしかなかった。したがって、護送船団システムに対する潜水艦による通商破壊戦の、当時としては究極の姿であった狼群作戦も、結局はレーダーの出現時にその衰退の萌芽をすでに抱えていたのであり、それが四一年三月の時点であったとする見解にも一定の説得力があるように思える。もしそうであれば、クレッチマーはまさに決定的戦いの中の決定的瞬間を生き、戦い、そして敗れたことになる。本書はその歴史的経緯を非常に生々しく再現してくれる。

また、本書の中に、捕虜になったクレッチマーが、自分の個人的情報までを英国が知り尽くしていたことに驚愕する場面が登場する。これは、英国の情報活動の凄まじさを見せつけると共に、戦争の勝敗とは決して武器の物理的行使のみで決するものではないことを教えてくれる。

後に米国が参戦してからは、あらゆる頭脳が対Uボート戦に投入された。「対潜作戦研究調査団」（Anti-Submarine Warfare Operations Research Group＝ASWORG）は数学者、生物学者、物理学者などを擁する民間人科学者の集団であり、対潜護衛戦法の改善発展に多大の貢献をした。中でも生物学者が大活躍したという。軍事的専門知識とは無縁の学者をこうした作業に従事させるという発想自体が、日独の軍指導部にはなかった。この組織はやがて、「オペレーションズ・リサーチ・グループ」（ORG）に発展解消し、太平洋上のカミカゼの攻撃から米空母機動部隊を効果的に防御する理論確立に貢献し、こうした手法が戦後の今日においても様々の分野で応用されていることは周知のとおりである。

いずれにせよ、クレッチマーが去った後の大西洋の戦いはさらに熾烈さを増し、最終的にUボート乗組員の四人に三人が、また、英国商船隊員の四人に一人が還らぬ人となった。特にUボート部隊の損耗率の高さは、単一の兵科としては近代の戦史に例を見ない極めて異常なものであった。逆に言えば、連合軍側は完膚なきまでに徹底して彼らを叩き潰したのだ。その理由は前に述べたとおりである。

オットー・クレッチマーは戦後、西ドイツ海軍の再建に貢献し、一九七〇年九月、海軍少将として軍歴を終えた。その後、夫人と共にスペインで暮らしていたが、一九九八年八月五日に八六歳で死去した。ドナウ川観光のため乗っていた遊覧船の階段を踏み外して転倒、脳に損傷を受けてそのまま意識が戻らなかったという。狭い潜水艦の中を縦横無尽に駆け回ったであろう勇猛果敢な男の、誠に皮肉極まる最期だった。

本書は一九五五年に初版が発刊されたものであり、当時はまだ現在ほど客観的な情報がそろっていなかったこともあってか、事実関係に誤りが散見される。その点についてはその都度、訳者注として正しい事実を記載し、資料としての本書の価値を損なわないよう期したつもりである。もとより本書は五〇年前に出版されて以来、版をいくつも重ね、諸外国でも翻訳出版されている。こうした事実は、本書の価値と人気を如実に示すものであろう。

最後に、本書翻訳出版の機会を与えて頂いた光人社を始め、多数の方々、特に、U99の最終哨戒時に少尉候補生として同艦に乗り込み、今回貴重な情報を提供していただいたフォルクマー・ケーニッヒ氏、それに、視力が衰えるなか、訳文全体に目を通してくれた父・茂にこの場を借りて衷心よりお礼申し上げたい。

平成一七年四月

並木　均

光人社ＮＦ文庫

大西洋の脅威Ｕ99

二〇〇五年七月十一日 印刷
二〇〇五年七月十七日 発行

著 者 Ｔ・ロバートソン
訳 者 並木 均
発行者 高城直一
発行所 株式会社光人社
〒102-0073 東京都千代田区九段北一-九-十一
振替／〇〇一七〇-六-五四六九三
電話／〇三-三二六五-一八六四㈹
印刷・製本 図書印刷株式会社

定価はカバーに表示してあります
乱丁・落丁のものはお取りかえ
致します。本文は中性紙を使用

ISBN4-7698-2460-2 C0195
http://www.kojinsha.co.jp

光人社ＮＦ文庫

刊行のことば

第二次世界大戦の戦火が熄《や》んで五〇年——その間、小社は夥しい数の戦争の記録を渉猟し、発掘し、常に公正なる立場を貫いて書誌とし、大方の絶讃を博して今日に及ぶが、その源は、散華された世代への熱き思い入れであり、同時に、その記録を誌して平和の礎とし、後世に伝えんとするにある。

小社の出版物は、戦記、伝記、文学、エッセイ、写真集、その他、すでに一、〇〇〇点を越え、加えて戦後五〇年になんなんとするを契機として、「光人社ＮＦ（ノンフィクション）文庫」を創刊して、読者諸賢の熱烈要望におこたえする次第である。人生のバイブルとして、心弱きときの活性の糧《かて》として、散華の世代からの感動の肉声に、あなたもぜひ、耳を傾けて下さい。

＊光人社が贈る勇気と感動を伝える人生のバイブル＊

光人社ＮＦ文庫

大空のサムライ　正・続
坂井三郎
出撃すること二百余回——みごと己れ自身に勝ち抜いた日本のエース・坂井が描き上げた零戦と空戦に青春を賭けた強者の記録。

紫電改の六機　若き撃墜王と列機の生涯
碇　義朗
本土防空の尖兵となって散った若者たちを描いたベストセラー。新鋭機を駆って戦い抜いた三四三空の六人の空の男たちの物語。

連合艦隊の栄光　太平洋海戦史
伊藤正徳
第一級ジャーナリストが晩年八年間の歳月を費やし、残り火の全てを燃焼させて執筆した白眉の〝伊藤戦史〟の掉尾を飾る感動作。

ガダルカナル戦記　全三巻
亀井　宏
太平洋戦争の縮図——ガダルカナル。硬直化した日本軍の風土とその中で死んでいった名もなき兵士たちの声を綴る力作四千枚。

レイテ沖海戦〈上・下〉
佐藤和正
日米戦の大転換を狙った〝史上最大の海戦〟を、内外の資料と貴重な証言を駆使して今日的視野で描いた〈日米海軍の激突〉の全貌。

沖縄　日米最後の戦闘
米国陸軍省　編
外間正四郎　訳
悲劇の戦場、90日間の戦いのすべて——米国陸軍省が内外の資料を網羅して築きあげた沖縄戦史の決定版。図版・写真多数収載。